uni-texte

Studienbücher

G. Frühauf, Praktikum Elektrische Meßtechnik
für Elektrotechniker (3. und 4. Semester)

G. Grawert, Quantenmechanik I, II
für Mathematiker, Physiker und Physiko-Chemiker (4. und 5. Semester)

P. Guillery, Werkstoffkunde für Elektroingenieure
für Elektrotechniker (4. Semester)

E. Henze / H. H. Homuth, Einführung in die Informationstheorie
für Mathematiker, Physiker und Elektrotechniker (3. Semester)

R. Jötten / H. Zürneck, Einführung in die Elektrotechnik I
für Elektrotechniker, Maschinenbauer und Wirtschaftsingenieure (1. bis 3. Semester)

L. D. Landau / E. M. Lifschitz, Mechanik
für Mathematiker und Physiker (2. und 3. Semester)

W. Leonhard, Wechselströme und Netzwerke
für Elektrotechniker (3. Semester)

W. Leonhard, Einführung in die Regelungstechnik, Lineare Regelvorgänge
für Elektrotechniker, Physiker und Maschinenbauer (5. Semester)

W. Leonhard, Einführung in die Regelungstechnik, Nichtlineare Regelvorgänge
für Elektrotechniker, Physiker und Maschinenbauer (6. Semester)

K. Mathiak / P. Stingl, Gruppentheorie
für Chemiker, Physiko-Chemiker und Mineralogen (ab 5. Semester)

K.-A. Reckling, Mechanik I, II, III
für Studenten der Ingenieurwissenschaften (1. und 2. Semester)

K. Torkar / H. Krischner, Rechenseminar in Physikalischer Chemie
für Chemiker, Verfahrenstechniker und Physiker (ab 3. Semester)

In Vorbereitung

K. Brinkmann, Einführung in die elektrische Energiewirtschaft
für Elektrotechniker, Maschinenbauer und Wirtschaftsingenieure (ab 5. Semester)

H. Friedburg, Einführung in die elektrische Schaltungstechnik
für Elektrotechniker (3. Semester)

H. Glaser, Einführung in die Technische Wärmelehre
für Maschinenbauer und Technische Physiker (3. Semester)

K.-B. Gundlach, Einführung in die Infinitesimalrechnung
für Mathematiker und Physiker (1. und 2. Semester)

R. Jötten / H. Zürneck, Einführung in die Elektrotechnik II
für Elektrotechniker, Maschinenbauer und Wirtschaftsingenieure (2. bis 4. Semester)

R. Jötten, Energieelektronik I, II
für Elektrotechniker (5. und 6. Semester)

G. Kempter, Organisch-chemisches Praktikum
für Chemiker, Biologen und Mediziner (3. Semester)

D. Kind, Der elektrische Durchschlag
für Elektrotechniker (5. Semester)

E. Letzner, Grundbegriffe der Mathematik
für Mathematiker und Physiker (1. Semester)

R. Oswatitsch / E. Leiter, Strömungsmechanik
für Maschinenbauer, Physiker und Elektrotechniker (3. Semester)

K.-A. Reckling, Mechanik, Aufgabensammlung
für Studenten der Ingenieurwissenschaften (1. bis 3. Semester)

E. Rossow / E. Macherauch, Werkstoffkunde
für Maschinenbauer und Elektrotechniker (3. Semester)

J. Ruge, Technologie der Werkstoffe
für Maschinenbauer und Elektrotechniker (3. Semester)

uni—text

Gerhard Frühauf

Praktikum Elektrische Meßtechnik

für Elektrotechniker,
Technische Physiker und
Maschinenbauer
im 3. und 4. Semester

Mit 189 Bildern

Friedr. Vieweg + Sohn
Braunschweig

Verlagsredaktion: *Alfred Schubert, Werner Schröder*

ISBN 978-3-663-02013-4 ISBN 978-3-663-02012-7 (eBook)
DOI 10.1007/978-3-663-02012-7

1970

Library of Congress Catalog Card No. 71–116630
Satz: Friedr. Vieweg + Sohn GmbH, Braunschweig

Umschlaggestaltung: Peter Kohlhase, Lübeck

Best.-Nr. 3016

Vorwort

Dieses Buch ist kein Lehrbuch im üblichen Sinne, sondern eine Zusammenstellung von Praktikumsaufgaben, wie sie im „Praktikum Elektrische Meßtechnik“ in der Technischen Hochschule Darmstadt von Studenten der Elektrotechnik im 3. und 4. Semester durchgeführt werden. Die Aufgabenstellungen sind also den bis dahin in den Vorlesungen über Grundlagen der Elektrotechnik und Elektrische Meßtechnik erworbenen Grundlagenkenntnissen angepaßt. Speziellere Versuche aus der Hochspannungsmeßtechnik oder der Hochfrequenzmeßtechnik sind daher in die Sammlung nicht aufgenommen. Sie soll vielmehr die Grundsätze des Messens mit Instrumenten und Meßschaltungen in praktischen Beispielen vermitteln und zugleich über die physikalischen, mathematischen und technischen Voraussetzungen für jede verwendete Meßmethode aufklären.

Der wichtigere Teil jeder Meßaufgabe ist die ihr vorangestellte allgemeine Beschreibung des Problems, der Meßmethode als solcher, der Theorie der Schaltung, der Verwendung besonderer Meßgeräte und der Fehlerquellen. Die dann jeweils anschließenden Hinweise auf den praktischen Versuchsaufbau und die eigentliche Durchführung der Messung treten demgegenüber an Bedeutung zurück, weil sie streng genommen nur für die Praktikumsversuche an der Technischen Hochschule Darmstadt gelten und im Bedarfsfalle weitgehend abgeändert werden können. Einige Abschnitte von allgemeingültigem Inhalt sind den Versuchsbeschreibungen vorangestellt, damit der Leser sich im Zweifelsfall über einzelne Begriffe, Bezeichnungen und Einheiten durch Nachschlagen jederzeit orientieren kann.

Die Versuche und die Versuchsbeschreibungen sind in den vergangenen 20 Jahren unter Mitwirkung von Generationen von Assistenten und Diplomanden entstanden und immer wieder abgeändert, konzentriert und verbessert worden. Allen Mitarbeitern, die aus eigener Erfahrung dazu beigetragen haben, danke ich hier dafür. Dem Verlag Vieweg danke ich für seine Bereitschaft, dieses Buch nun auch einer größeren Öffentlichkeit zugänglich zu machen.

Darmstadt, im April 1970 *Prof. Dr.-Ing. Gerhard Frühauf*

Inhaltsverzeichnis

1.	**Das MKSA-System**	1
2.	**Meßfehler**	4
2.1.	Fehlerarten	4
2.2.	Anzeigefehler	4
2.3.	Schwankende Fehler	5
3.	**Die einfachsten anzeigenden Meßgeräte**	6
3.1.	Das Drehspulmeßwerk	6
3.2.	Das Dreheisenmeßwerk	8
3.3.	Das elektrodynamische Meßwerk	9
3.4.	Das elektrostatische Meßwerk	10
3.5.	Kennzeichnung der Meßgeräte	11
4.	**Allgemeine Hinweise zur Durchführung der Praktikumsaufgaben**	12
4.1.	Vorbereitung	12
4.2.	Behandlung der Meßgeräte	12
4.3.	Aufbau der Schaltung	12
4.4.	Durchführung der Messung	12
4.5.	Ausführung des Meßprotokolls	14
5.	**Versuchsaufgaben mit Erläuterungen**	16
Versuch 1:	Eichung von Strom-, Spannungs- und Leistungsmessern	16
Versuch 2:	Messungen mit Galvanometern	27
Versuch 3:	Kathodenstrahl-Oszillograph	39
Versuch 4:	Wechselstrommessungen mit dem Kontaktgleichrichter (Vektormesser)	51
Versuch 5:	Gleichrichter-Meßgeräte (Kurvenformfehler)	61
Versuch 6:	Thermoelement, Thermoumformer (Frequenzabhängigkeit von Meßgeräten)	73
Versuch 7:	Scheitelwertmessung	83
Versuch 8:	Leistungsmessung im Einphasensystem, Eisenverluste	91
Versuch 9:	Leistungsmessung im Drehstromsystem	103
Versuch 10:	Der Wechselstrom-Induktionszähler	114

Versuch 11: Messungen mit Wandlern 126
Versuch 12: Gleichstrom-Brücken (Widerstands- und Temperaturmessungen) 133
Versuch 13: Gleichstrom-Kompensator 146
Versuch 14: Wechselstrom-Brücken 151
Versuch 15: Frequenzmessung 165
Versuch 16: Messung nichtelektrischer Größen 174
Versuch 17: Strahlungsmessung, Zählrohre 188

1. Das MKSA-System

Das MKSA-System ist ein Maßsystem, das sich auf den 4 Grundgrößen:

Länge – Masse – Zeit – Stromstärke

aufbaut, für die die 4 Grundeinheiten

m (Meter) – kg (Kilogramm) – s (Sekunde) – A (Ampere)

frei definiert sind. Es wurde ab 1948 international anerkannt.

Die aus seinen Grundeinheiten abgeleiteten Einheiten sind sämtlich rational und kohärent, d.h., in ihren Definitionsgleichungen kommt nur der Zahlenfaktor „eins" vor (z.B.: $1\ \mathrm{kg} \cdot 1\ \mathrm{m} \cdot 1\ \mathrm{s}^{-2} = 1\ \mathrm{N}$), während irrationale Faktoren nur in den Größenbeziehungen auftauchen können z.B.:

$$D = \frac{1}{4\pi} \cdot \frac{Q}{r^2} .$$

Tabelle 1 enthält die für die Messung mechanischer, elektrischer und magnetischer Erscheinungen wichtigsten Größen und Konstanten, die zugehörigen abgeleiteten Einheiten, sowie in der letzten Spalte einige wichtige Beziehungen zu anderen Maßsystemen.

Literatur

G. Oberdorfer: Die Maßsysteme in Physik und Technik. Kritische Untersuchung der Grundlagen zur Aufstellung einwandfreier Maßsysteme und Vergleich der bestehenden Systeme in Physik und Technik. Springer, Wien 1956.

U. Stille: Messen und Rechnen in der Physik. 2. Aufl. Vieweg, Braunschweig 1961.

DIN 1301: Einheiten

DIN 1304: Allgemeine Formelzeichen

Tabelle 1. Größen und Einheiten im MKSA-System

Größe	übliche Formelzeichen	Name der Einheit	Symbol der Einheit
Grundgrößen:			
Länge	l, s	Meter	m
Masse	m	Kilogramm	kg
Zeit	t	Sekunde	s
Stromstärke	i	Ampere	A
Abgeleitete Größen:			
Geschwindigkeit	v	–	–
Beschleunigung	b, g	–	–
Kraft	F, K, G	Newton	N
Zug- oder Druckspannung	p, σ	–	N/m^2
Leistung	P, N	Watt	W, VA
Arbeit, Energie	W	Joule = Wattsekunde = Newtonmeter	J Ws, VAs Nm
Spannung	u	Volt	V
Widerstand	R, Z	Ohm	Ω
Leitwert	G	Siemens	S
el. Leitfähigkeit	K	–	S/m
Stromdichte	S, G	–	A/m^2
el. Feldstärke	E	–	V/m
el. Ladung = Verschiebungsfluß	Q	Coulomb	C
Verschiebungsdichte	D	–	C/m^2
Kapazität	C	Farad	F
magn. Feldstärke	H	–	A/m
magn. Spannung = Durchflutung	V	Ampere Amperewindg.	A
magn. Fluß	ϕ, ψ	Weber	Wb, Vs
magn. Induktion = Flußdichte	B	Tesla	T
Induktivität	L, M	Henry	H
Permeabilität	μ	–	H/m
Dielektrizitätskonstante	ϵ	–	F/m
Elementarladung	e	–	C
Boltzmann-Konstante	k	–	Ws/grd

Dimension in Grundeinheiten	Bezug auf andere Einheiten
m	1 Å (Angström) = 10^{-10} m
kg	
s	
A	1 A_i = 0,99985 A
$m \cdot s^{-1}$	$c_0 = 2{,}99792 \cdot 10^8$ m/s (Lichtgeschw.)
$m \cdot s^{-2}$	1 Gal = 0,01 ms^{-2}
$m \cdot kg \cdot s^{-2}$	1 kp = 9,80665 N
	1 dyn = 10^{-5} N
$m^{-1} \cdot kg \cdot s^{-2}$	**1 Torr = 1,333 mbar = 133,3 N/m²**
	1 at = 735,559 Torr = $98{,}0665 \cdot 10^3$ N/m²
$m^2 \cdot kg \cdot s^{-3}$	1 PS = 735,5 W
$m^2 \cdot kg \cdot s^{-2}$	1 J = 1 VAs = 10^7 erg = 10200 p · cm
$m^2 \cdot kg \cdot s^{-2}$	1 cal = 4,1868 J
	1 kWh = $3{,}6 \cdot 10^6$ J
	1 eV = $1{,}602 \cdot 10^{-19}$ J
$m^2 \cdot kg \cdot s^{-3} \cdot A^{-1}$	
$m^2 \cdot kg \cdot s^{-3} \cdot A^{-2}$	
$m^{-2} \cdot kg^{-1} \cdot s^3 \cdot A^2$	1 S = $1 \Omega^{-1}$
$m^{-3} \cdot kg^{-1} \cdot s^3 \cdot A^2$	1 S/cm = 100 $(\Omega m)^{-1}$
$m^{-2} \cdot A$	1 A/mm² = 10^6 A/m²
$m \cdot kg \cdot s^{-3} \cdot A^{-1}$	
$s \cdot A$	1 C = 1 As
$m^{-2} \cdot s \cdot A$	
$m^{-2} \cdot kg^{-1} \cdot s^4 \cdot A^2$	1 F = 1 As/V = 10^6 µF = 10^{12} pF
$m^{-1} \cdot A$	1 Oe = $\frac{1000}{4\pi}$ A/m
A	1 Oe · cm = $\frac{10}{4\pi}$ A
$m^2 \cdot kg \cdot s^{-2} \cdot A^{-1}$	1 Maxwell (M) = 10^{-8} Wb
$kg \cdot s^{-2} \cdot A^{-1}$	1 Gauß (G) = 10^{-4} T
$m^2 \cdot kg \cdot s^{-2} \cdot A^{-2}$	1 H = 1 Vs/A
$m \cdot kg \cdot s^{-2} \cdot A^{-2}$	im leeren Raum ist: $\mu_0 = 4\pi \cdot 10^{-7}$ H/m
$m^{-3} \cdot kg^{-1} \cdot s^4 \cdot A^2$	$\epsilon_0 = \frac{1}{\mu_0 \cdot c_0^2} = 8{,}854 \cdot 10^{-12}$ F/m
$s \cdot A$	$e = 1{,}602 \cdot 10^{19}$ C
	$k = 1{,}380 \cdot 10^{-23}$ Ws/grd

2. Meßfehler

2.1. Fehlerarten

Meßfehler können entstehen durch:

Unvollkommenheiten der Meßschaltung, Umwelteinflüsse, fehlerhafte Beobachtung (methodische, systematische, persönliche Fehler),
Streuung der Meßwerte innerhalb einer Meßreihe (streuende, schwankende Fehler),
fehlerhafte Anzeige der verwendeten Meßgeräte (Instrumentenfehler, Anzeigefehler).
Meßfehler können bei Kenntnis ihrer Ursachen in gewissen Grenzen korrigiert oder durch mathematische Methoden ausgeglichen werden.

Der *Fehler* $F = A - W$ gilt als positiv, wenn die „Anzeige" A (der abgelesene oder falsche Wert) größer ist als der „wahre Wert" W. Oder: Fehler = Falsch − Richtig.

Demgemäß hat die *Korrektur* das umgekehrte Vorzeichen:

$$K = -F = W - A.$$

Der *relative Fehler* ist:

$$f = \frac{A - W}{W} = \frac{F}{W} = \frac{-K}{W},$$

er wird also auf den wahren Wert bezogen. Bei kleinen Fehlern ($f \ll 1$) begeht man einen Fehler von kleinerer Größenordnung, wenn man im Nenner W durch A ersetzt, was bei Auswertungen oft angenehmer ist.
Als *prozentualen Fehler* p bezeichnet man das 100fache von f: $p = 100 \cdot f$.

2.2. Anzeigefehler

Nach den Regeln für Meßgeräte (VDE 0410) gilt als Anzeigefehler der Unterschied zwischen dem angezeigten und dem wahren Meßwert; er wird auf den Endwert E des Meßbereiches (der Skala) bezogen und in Prozenten angegeben:

$$p_e = \frac{A - W}{E} \cdot 100\,\%$$

Bei Skalen, bei denen der Nullpunkt nicht an einem Ende liegt, bei Skalen mit unterdrücktem Nullpunkt und für Meßgeräte ohne mechanische Richtkraft (Quotientenmesser) gibt es besondere Bestimmungen für die Wahl von E.

Die *Klasse* eines Meßgerätes ist der Wert von p_e, den das Gerät unter bestimmten Normalbedingungen (Temperatur, Frequenz, Fremdfeld, Lage usw.) nach VDE 0410 haben kann. Bei Abweichung von den Normalbedingungen können also weit größere Anzeigefehler auftreten, als das Klassenzeichen angibt.

2.3. Schwankende Fehler

Aus einer Meßreihe mit n Werten der gleichen Größe x erhält man als wahrscheinlichsten Wert von x den arithmetischen Mittelwert

$$\bar{x} = \frac{\sum_{i=1}^{n} x_i}{n}$$

Die einzeln gemessenen Werte x_i liegen streuend beiderseits von $\bar{x}$, mit der Abweichung $v_i = x_i - \bar{x}$. Die mittlere Breite s des Streubereiches wird bezeichnet als

$$\text{Standard-Abweichung:} \quad s = \pm\sqrt{\frac{\sum v_i^2}{n-1}}\,.$$

2.4. Fehlerfortpflanzung

Wird eine Größe $u = f(x, y, z)$ durch Messung der Größen x, y, z ermittelt, und haben x, y, z die möglichen Fehler Δx, Δy, Δz, so wird der mögliche *maximale* Fehler von u:

$$\Delta u = \pm\left\{\left|\frac{\partial u}{\partial x}\cdot\Delta x\right| + \left|\frac{\partial u}{\partial y}\cdot\Delta y\right| + \left|\frac{\partial u}{\partial z}\cdot\Delta z\right|\right\}$$

und der *mittlere* Fehler

$$\Delta u_{mi} = \pm\sqrt{\left(\frac{\partial u}{\partial x}\cdot\Delta x\right)^2 + \left(\frac{\partial u}{\partial y}\cdot\Delta y\right)^2 + \left(\frac{\partial u}{\partial z}\cdot\Delta z\right)^2}$$

Bei Potenzformeln gelangt man durch Logarithmieren und Differenzieren leicht zum *relativen* Fehler $\frac{\Delta u}{u}$ der Größe u, z. B.:

$$u = a\cdot x^p\cdot y^q$$

$$\ln u = \ln a + p\cdot\ln x + q\cdot\ln y$$

$$\frac{\Delta u}{u} = p\cdot\frac{\Delta x}{x} + q\cdot\frac{\Delta y}{y}\,.$$

Literatur

R. Zurmühl: Praktische Mathematik für Ingenieure und Physiker. 5. Aufl. Springer, Berlin 1965.
Normblatt DIN 1319

3. Die einfachsten anzeigenden Meßgeräte

3.1. Das Drehspulmeßwerk

Die zylindrisch ausgedrehten Polschuhe eines kräftigen Dauermagneten umschließen konzentrisch einen Weicheisenzylinder, so daß ein ringförmiger Luftspalt mit radialem Magnetfeld von konstanter Induktion gebildet wird, vgl. Bild 1. Im Luftspalt ist eine meist auf einen Aluminiumrahmen gewickelte Spule drehbar angeordnet. Im stromlosen Zustand wird sie durch zwei Spiralfedern, die gleichzeitig als Stromzuführung dienen können, in der Nullage gehalten. Fließt ein Meßstrom durch die Spule, so entsteht ein diesem Strom proportionales Drehmoment. Die Spule dreht sich so weit, bis durch die Federn ein Gegenmoment gleicher Größe erzeugt wird.

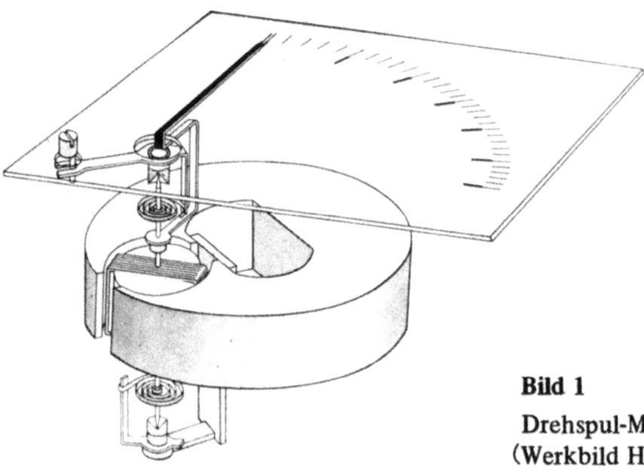

Bild 1
Drehspul-Meßwerk mit Außenmagnet
(Werkbild Hartmann & Braun AG)

Die Auslenkung ist somit der Stromstärke proportional, die Skalenteilung ist linear. Während der Drehung der Spule beim Einschwingen auf den Anzeigewert werden im Aluminiumrähmchen Wirbelströme induziert, die den Einschwingvorgang dämpfen (vgl. Versuch 2).

Das Drehspulgerät mißt nur Gleichströme oder sehr langsam veränderliche Ströme beider Richtungen oder schneller pulsierende Ströme. Im letzten Fall zeigt es den arithmetischen Mittelwert an. Anzeigefehler und Eigenverbrauch können sehr niedrig gehalten werden. Drehspulgeräte werden deshalb sowohl als Präzisionsgeräte im Laboratorium wie auch als Betriebsmeßgeräte für Strom- und Spannungsmessungen verwendet. Der Meßbereich läßt sich durch Neben- bzw. Vorwiderstände bequem erweitern.

Für die Messung kleinster Ströme kann die Empfindlichkeit dadurch gesteigert werden, daß die Drehspule nicht in Spitzen, sondern zwischen zwei Spannbändern gelagert oder an einem dünnen Metallband aufgehängt wird, dessen geringe Torsionskraft als Rückstellkraft dient. An die Stelle des Zeigers kann ein Lichtstrahl treten (Spiegelgalvanometer).

Abweichende Ausführungsarten: Bei besonderer Bemessung eignet sich das Drehspulmeßwerk auch zur Messung des Zeitintegrals von Strom- und Spannungsstößen (Ballistisches Galvanometer, Kriechgalvanometer). In Umkehrung des oben beschriebenen Aufbaues kann ferner die Spule auf einem Weicheisenkern und der Dauermagnet zwischen den Polen drehbar angeordnet sein (Drehmagnet-Meßwerk).

Mit Drehspulgeräten kann auch Wechselstrom beliebiger Frequenz gemessen werden, wenn er durch einen besonderen Meßumformer (Kontakt- oder Sperrschicht-Gleichrichter oder Thermoumformer) vorher in einen pulsierenden Gleichstrom umgeformt wird, vgl. Bild 2.

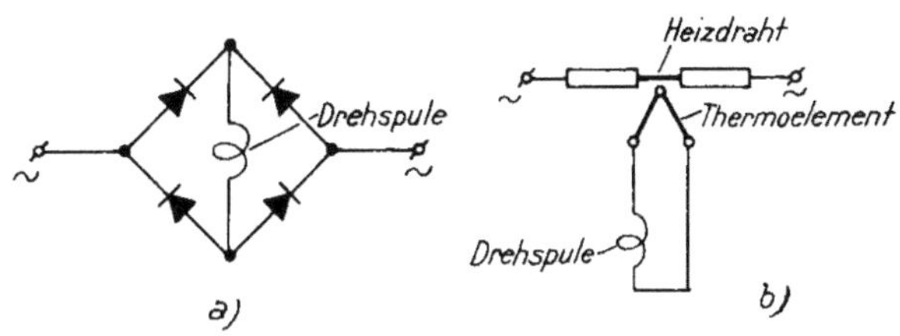

Bild 2
Verwendung des Drehspulmeßwerkes zur Messung von Wechselströmen
a) Drehspulmeßwerk mit Gleichrichter
b) Drehspulmeßwerk mit Thermoumformer

Im ersten Fall wird der Gleichrichtwert, im zweiten Fall der Effektivwert des Wechselstromes angezeigt. Der Scheitelwert kann über RC-Schaltungen in Verbindung mit Gleichrichtern gemessen werden.

Ein Instrument, das dem Drehspulgerät ähnlich ist, ist das *Kreuzspulgerät.* Statt einer einzigen Drehspule besitzt es zwei fest verbundene gekreuzte Spulen, die sich um die gleiche Achse in einem inhomogenen Magnetfeld drehen (Bild 3).

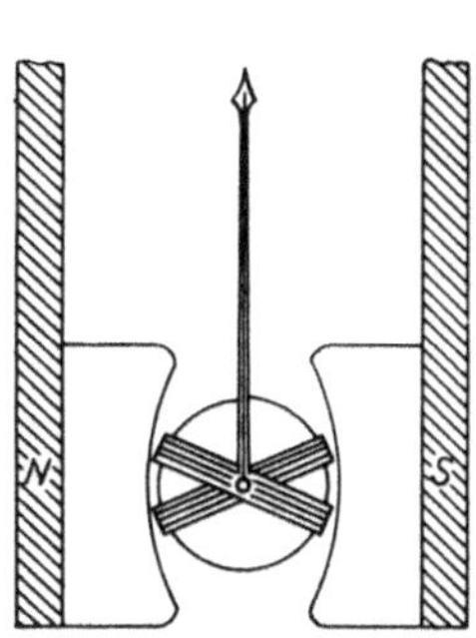

Bild 3
Kreuzspul-Meßwerk

Eine mechanische Rückstellkraft (Spiralfeder) gibt es bei diesem Gerät nicht. Der Strom wird den Spulen über richtkraftfrei Bändchen zugeführt. In jeder Spule entsteht ein Drehmoment, das hier wegen des inhomogenen Magnetfeldes vom Ausschlagwinkel und vom Spulenstrom abhängt. Die Spulen sind so geschaltet, daß die Drehmomente einander entgegenwirken. Das bewegliche System stellt sich dann so ein, daß die Summe der Momente gleich Null ist. Gemessen bzw. angezeigt wird daher das Verhältnis der beiden Spulenströme (Quotientenmesser). –

Im stromlosen Zustand des Meßwerkes bleibt der Zeiger wegen fehlender Richtkraft an einer beliebigen Stelle stehen. Um Irrtümer zu vermeiden, wird daher manchmal ein elektrisch betätigter Rücksteller angebracht, der den Zeiger gegen einen Anschlag drückt.

3.2. Das Dreheisenmeßwerk

In einer vom Meßstrom durchflossenen feststehenden Spule sind zwei Weicheisenkörper in Form von Blechstreifen oder Plättchen so angeordnet, daß der eine am Spulenkörper, der andere an einer drehbaren Achse befestigt ist (Bild 4).

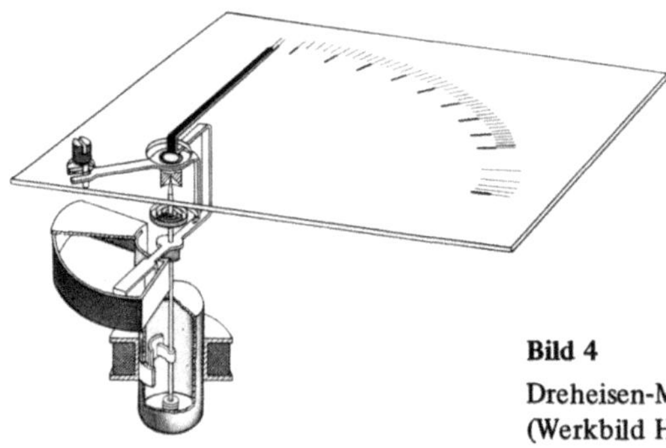

Bild 4
Dreheisen-Meßwerk
(Werkbild Hartmann & Braun AG)

Durch das vom Meßstrom in der Spule erzeugte magnetische Feld werden beide Weicheisen-Plättchen gleichsinnig magnetisiert und stoßen einander ab. Das entstehende Drehmoment dreht die Achse mit dem Zeiger so weit, bis die zunehmende Spannung einer Spiralfeder ein Gegenmoment gleicher Größe ergibt. Das System hat meist eine Luftkammerdämpfung.

Da die abstoßende Kraft zwischen beiden Plättchen vom Quadrat der Induktion, die Induktion aber weitgehend vom Spulenstrom abhängt, hat das Instrument eine annähernd quadratische Skalenteilung. Durch geeignete Formgebung der Plättchen läßt sich jedoch fast jede beliebige andere Skalenteilung erreichen. Dadurch kann das Gerät dem jeweiligen Verwendungszweck angepaßt werden.

Infolge der Krümmung der Magnetisierungskennlinie kann der quadratische Mittelwert der Induktion, der für die Anzeige maßgebend ist, kleiner sein als der quadratische Mittelwert der Meßgröße. Das Dreheisengerät zeigt deshalb bei Wechselstrom weniger an als bei Gleichstrom, die Skalenteilungen für Gleich- und Wechselstrom stimmen nicht überein. Bei modernen Präzisionsgeräten ist es durch Wahl besonderer Eisensorten gelungen, diesen Unterschied zu beseitigen.

Die Verwendung des Gerätes als Strom- oder Spannungsmesser bestimmt die Ausführung der Spulenwicklung. Eine Erweiterung des Meßbereichs ist bei Wechselstrommessungen nicht durch Nebenwiderstände möglich, da sich die Ströme entsprechend den frequenzabhängigen Impedanzen aufteilen. Durch Unterteilung oder Anzapfungen der Spule lassen sich aber mehrere Meßbereiche erhalten. Für große Meßbereiche verwendet man Strom- oder Spannungswandler.

Das Dreheisengerät ist mechanisch widerstandsfähig und thermisch überlastbar. Es eignet sich deshalb besonders als Betriebs- und Schalttafelinstrument, in Sonderausführung auch als Feinmeßgerät im Labor. Der Eigenverbrauch ist höher als beim Drehspulgerät, da das Dreheisengerät sein Feld selbst aufbauen muß. Für die Messung von Strömen im Milliampere-Bereich ist es deshalb nicht geeignet.

3.3. Das elektrodynamische Meßwerk

Eine drehbare Spule befindet sich im Feld einer zweiten feststehenden Spule. Werden beide von Strömen durchflossen, entsteht ein Drehmoment, das die bewegliche Spule so weit dreht, bis das zunehmende Gegenmoment zweier Spiralfedern dem elektrischen Moment das Gleichgewicht hält. Die Dämpfung ist meist eine Luftkammerdämpfung.

Das elektrische Drehmoment ist proportional dem Produkt beider Spulenströme. Da bei Umkehr der Stromrichtung in *beiden* Spulen das Drehmoment die gleiche Richtung behält, eignet sich das Meßwerk für Gleich- und Wechselstrom. Bei Reihenschaltung beider Spulen wird der Effektivwert von Strömen und Spannungen gemessen (quadratische Skalenteilung). Wird hingegen die feste Spule vom Strom durchflossen und die bewegliche an die Spannung gelegt, so ist der Ausschlag proportional der Leistung, bei Wechselstrom der Wirkleistung. Für die Leistung als Produktgröße ist dann die Skalenteilung linear.

Beim *eisengeschlossenen* elektrodynamischen Meßwerk (Bild 5) ist die feste Spule in einem geschlossenen lamellierten Eisenring eingebaut. Im Innern der beweglichen Spule befindet sich ein feststehender lamellierter Eisenzylinder, so daß ein ringförmiger Luftspalt entsteht. Dadurch wird das Drehmoment vergrößert, außerdem schirmt der Eisenrückschluß magnetische Fremdfelder ab.

Das *eisenlose* elektrodynamische Meßwerk wird zur Vermeidung des Fremdfeldeinflusses entweder „astatisch“ ausgeführt (2 Spulensysteme mit entgegengesetzter Strom- und Feldrichtung), oder es erhält eine äußere magnetische Abschirmung. Solche Instrumente werden als Laborgeräte zur genauen Strom-, Spannungs- und Leistungsmessung benutzt, die eisengeschlossenen dagegen vorwiegend als Betriebsmeßgeräte.

Zur Erweiterung des Meßbereiches dienen im Spannungspfad Vorwiderstände oder Spannungswandler, im Strompfad Spulenanzapfungen oder Stromwanlder.

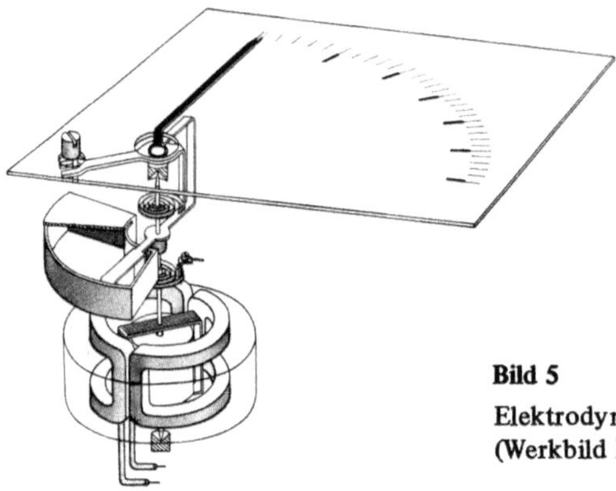

Bild 5
Elektrodynamisches Meßwerk, eisengeschlossen
(Werkbild Hartmann & Braun AG)

3.4. Das elektrostatische Meßwerk

Das Drehmoment wird bei diesen Instrumenten durch die Anziehung zweier Metallplatten (Elektroden, Kondensatorplatten) gebildet, zwischen denen bei Anlegung einer Spannung ein elektrisches Feld entsteht.

Dabei bewegt sich entweder die eine Platte unter Verringerung des Abstandes zur anderen hin (Bild 6 a, b), oder sie dreht sich in die kammerförmig ausgebildete zweite Elektrode hinein (Bild 6 c). Elektrostatische Instrumente sind reine Spannungsmesser für Gleich- und Wechselspannung. Angezeigt wird der Effektivwert

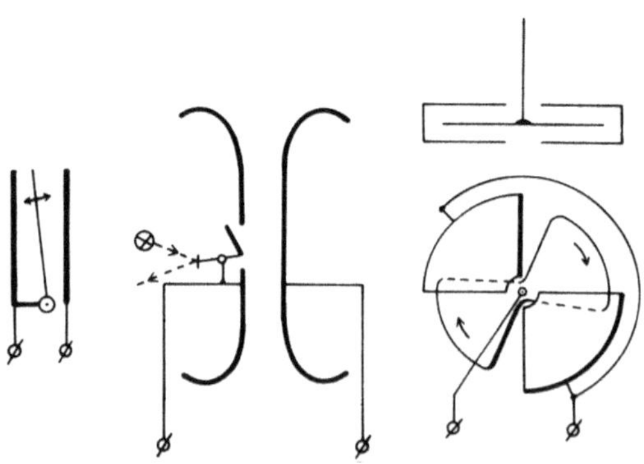

Bild 6
a) Platten-Voltmeter
b) Hochspannungsvoltmeter nach Starke-Schröder
c) Kammer-Voltmeter

der Spannung. Die Skalenteilung ist etwa quadratisch, da Feldkraft und Drehmoment mit dem Quadrat der Spannung steigen. Die Anzeige ist frequenzunabhängig. Der Eigenverbrauch ist verschwindend gering, er hängt aber bei Wechselspannung vom Ausschlag selbst und von der Frequenz ab.

Bauarten ähnlich Bild 6 a eignen sich für Spannungen bis etwa 5 kV, ähnlich Bild 6 b bis 500 kV, ähnlich 6 c jedoch bis herunter zu 100 Volt. Der Meßbereich läßt sich bei einem gegebenen Instrument nach 6 a und b durch Veränderung des Elektrodenabstandes ändern, bei der Kammerbauart (Quadrantelektrometer, Multizellular-Instrumente) nach 6 c durch Vervielfachung der Kammer und empfindliche Spannbandaufhängung noch herabsetzen. Ferner können bei Wechselspannung kapazitive Teiler oder Vorschalt-Kondensatoren zur Erweiterung des Meßbereiches dienen.

3.5. Kennzeichnung der Meßgeräte

Zur Kennzeichnung ihrer Eigenschaften erhalten die meisten Meßgeräte außer der Herstellermarke noch folgende Aufschriften auf der Skalenfläche:

Einheit der Meßgröße
Stromartzeichen
Sinnbild des Meßwerkes
Klassezeichen
Kennzeichnung der Gebrauchslage
Prüfspannungszeichen mit Ziffer in kV

Die hierbei verwendeten Sinnbilder und Zeichen sind in Bild 7 zusammengestellt.

Die Klassezahl gibt den möglichen und zulässigen Anzeigefehler (vgl. Abschnitt 2. Meßfehler) in Prozenten des Skalen-Endwertes an. Man unterscheidet die Klassen

	0,1	0,2	0,5		für Feinmeßgeräte
und	1,0	1,5	2,5	5,0	für Betriebsmeßgeräte.

Weitere Bestimmungen vgl. Vorschrift VDE 0410.

4. Allgemeine Hinweise zur Durchführung der Praktikumsaufgaben

4.1. Vorbereitung

Vor Beginn jeder Meßaufgabe mache man sich die physikalischen und meßtechnischen Voraussetzungen des Versuches klar. Hierzu soll der jeder Aufgabe beigegebene Textteil dienen.

4.2. Behandlung der Meßgeräte

Meßgeräte vertragen keine rauhe Behandlung und nur selten eine größere Überlastung! Zum Beispiel liegt die Belastung von Lagerspitzen schon dicht unter der Fließgrenze bei ca. 300 ... 800 kp/cm^2. Jede zusätzliche Erschütterung kann also zur Beschädigung des Instruments führen. Feststelleinrichtungen (Arretierung) sind für den Transport zu benutzen. Die Nullstellung der Geräte ist vor Inbetriebnahme zu prüfen und gegebenenfalls mit Hilfe der dafür angebrachten Korrekturschraube zu verbessern. Man benutze die Geräte nur in der auf der Skale angegebenen Gebrauchslage (vgl. Bild 7). Bei der Aufstellung der Meßgeräte in der Versuchsanordnung achte man auf Fremdfeldeinflüsse, z. B. starke magnetische oder elektrische Felder in der Nähe, die etwa durch Stromleitungen oder durch zu große Annäherung von Instrumenten mit Dauermagneten entstehen können.

4.3. Aufbau der Schaltung

Vor der Verlegung der Meßleitungen stelle man die Meßgeräte und die übrigen Schaltungseinrichtungen übersichtlich auf, so daß sie leicht abgelesen und bedient werden können. Die Schaltung wird an Hand eines vollständigen und übersichtlichen Schaltbildes, das alle Geräte und Leitungen enthält, aufgebaut. Man schalte zuerst die Hauptstromkreise und füge dann die Meßkreise hinzu. Jeder Anschluß an die Schalttafel oder andere energiereiche Stromquellen ist durch Schmelzsicherungen oder Automaten abzusichern. – Nach dem Aufbau der Schaltung sind alle Stromwege nochmals zu überprüfen, besonders auf mögliche eingebaute Kurzschlüsse, Unterbrechungen oder Überlastungen und auf richtige Wahl des Meßbereichs von umschaltbaren Meßgeräten.

4.4. Durchführung der Messung

Ehrlichkeit ist oberstes Gebot. Man messe nicht das, was man möchte, sondern das, was tatsächlich angezeigt wird. Auch Abweichungen von 100 % vom Erwarteten dürfen nicht verschwiegen werden. – Vor der Messung betrachte man die Skalen der Meßgeräte und bestimme die Instrumentenkonstanten, besonders bei

Nr	Bezeichnung der Instrumente	Sinnbild	Nr	Bezeichnung der Instrumente	Sinnbild
1	Drehspulinstrument mit Dauermagnet allgemein		20	Thermoumformer mit Drehspulinstrument	
2	Drehspulinstrument mit Dauermagnet, Quotientenmesser		21	Gleichrichter	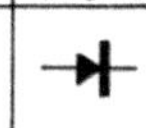
3	Eisennadelinstrument		22	Drehspulinstrument in Verbindung mit Gleichrichter	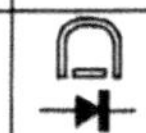
4	Drehmagnetinstrument	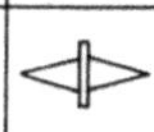	23	Instrument mit Eisenschirm (Sinnbild für den Schirm)	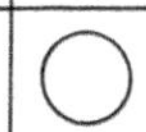
5	Drehmagnet-Quotientenmesser		24	Instrument mit elektrostatischem Schirm (Sinnbild für den Schirm)	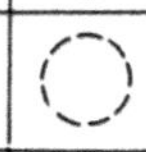
6	Dreheiseninstrument	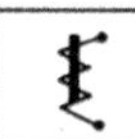	25	Astatisches Meßwerk	ast.
7	Dreheisen-Quotientenmesser	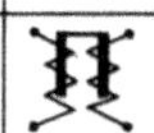	26	Gleichstrom	—
8	Elektrodynamisches Instrument, eisenlos	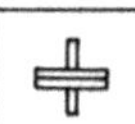	27	Wechselstrom	~
9	Elektrodynamisches Instrument, eisengeschlossen	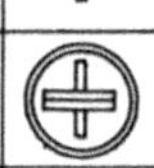	28	Gleich- und Wechselstrom	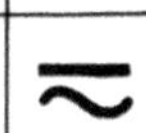
10	Elektrodynamischer Quotientenmesser, eisenlos		29	Drehstrom-Instrument mit einem Meßwerk	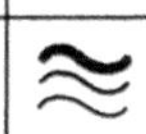
11	Elektrodynamischer Quotientenmesser, eisengeschlossen		30	Drehstrom-Instrument mit zwei Meßwerken	
12	Induktionsinstrument	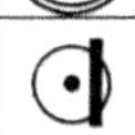	31	Drehstrom-Instrument mit drei Meßwerken	
13	Induktions-Quotientenmesser	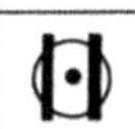	32	Senkrechte Gebrauchslage	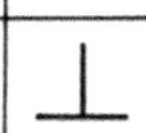
14	Hitzdrahtinstrument	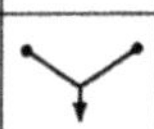	33	Waagerechte Gebrauchslage	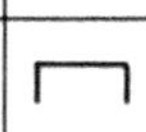
15	Bimetallinstrument		34	Schräge Gebrauchslage mit Angabe des Neigungswinkels	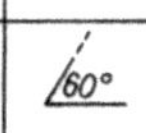
16	Elektrostatisches Instrument	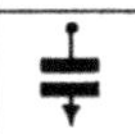	35	Zeigernullstellvorrichtung	
17	Vibrationsinstrument		36	Prüfspannungszeichen: schwarz umrandeter Stern	
18	Thermoumformer allgemein	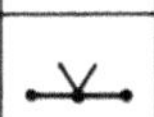	37	Achtung (Gebrauchsanweisung beachten)	
19	Isolierter Thermoumformer	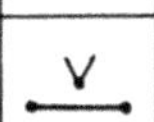	38	Instrument entspricht bezüglich Prüfspannung nicht den Regeln	

Bild 7. Sinnbilder und Zeichen für Meßinstrumente nach VDE 0410

Instrumenten, auf denen nur Skalenteile abzulesen sind. Durch den Eigenbrauch des Meßgerätes kann, besonders bei Stromquellen mit hohem Innenwiderstand, die Zuschaltung des Instrumentes selbst eine Änderung des Meßwertes bewirken. In solchen Fällen ist der angezeigte Meßwert rechnerisch zu korrigieren. – Die aufgenommenen Werte sind schon während der Messung nicht nur in Form eines Protokolls festzuhalten, sondern auch in Kurvenform darzustellen. Dadurch lassen sich sofort Meßfehler erkennen. Auch gibt die Kurvendarstellung Aufschluß über die Zahl und Dichte der aufzunehmenden Meßpunkte.

4.5. Ausführung des Meßprotokolls

Das Meßprotokoll soll folgende Angaben enthalten:

a) Ort, Datum, eventuell Uhrzeit, Name des Bearbeiters
b) Aufgabenstellung und Zweck des Versuchs
c) Beschreibung des Verfahrens und Begründung. Physikalische Tatsachen, Formeln, Konstanten und ähnliche Daten, die für die Auswertung gebraucht werden
d) Daten der Prüflinge, Meßgeräte und übrigen wesentlichen Einrichtungen und Geräte
e) Aufzeichnung des Schaltbildes und Erläuterung seiner Wirkungsweise
f) Wiedergabe der Meßergebnisse in Tabellen, Kurven und sonstigen Diagrammen. Die Maßstäbe sind dabei so zu wählen, daß keine größere Genauigkeit vorgetäuscht wird, als mit den Meßgeräten und -methoden erreichbar ist.
g) Kritische Betrachtung der Ergebnisse, Kurvendiskussion, Fehlerbetrachtung. Man überprüfe die Zuverlässigkeit der Meßergebnisse. Wertlose oder anzuweifelnde Ergebnisse sind deutlich als solche zu kennzeichnen.

Notizen

5. Versuchsaufgaben mit Erläuterungen

Versuch 1

Eichung von Strom-, Spannungs- und Leistungsmessern

1. Allgemeines

Zur Eichung von Feinmeßgeräten (Klasse 0,1 0,2 und 0,5) wird im allgemeinen das Kompensationsverfahren benutzt (siehe Versuch 13). Dagegen werden Betriebsmeßgeräte (Klasse 1, 1,5, 2,5 und 5) durch Vergleich mit direkt anzeigenden Feinmeßgeräten geeicht. – Da der relative Fehler eines Meßinstrumentes mit kleiner werdendem Ausschlag zunimmt, ist der Meßbereich des Vergleichinstrumentes so zu wählen, daß sein Zeigerausschlag möglichst groß wird.

2. Eichung von Strom- und Spannungsmessern

Betriebsstrommesser werden in einer Schaltung nach Bild 1 geeicht. Der zu eichende Strommesser 2 wird mit einem Eichinstrument 1 in Reihe geschaltet. Mit dem regelbaren Vorwiderstand R_v stellt man verschieden große Ströme ein und vergleicht die Zeigerausschläge der beiden Instrumente.

Bild 2 gibt die Schaltung an, in der Betriebsspannungsmesser geeicht werden. Der zu eichende Spannungsmesser 2 liegt parallel zu dem Eichinstrument 1. Mit Hilfe des Spannungsteilers R kann die Spannung an den Instrumenten geändert werden. Die Spannung ändert sich annähernd proportional mit der Schleiferstellung, wenn folgende Beziehung erfüllt ist:

$$R \ll \frac{R_1\ R_2}{R_1 + R_2}$$

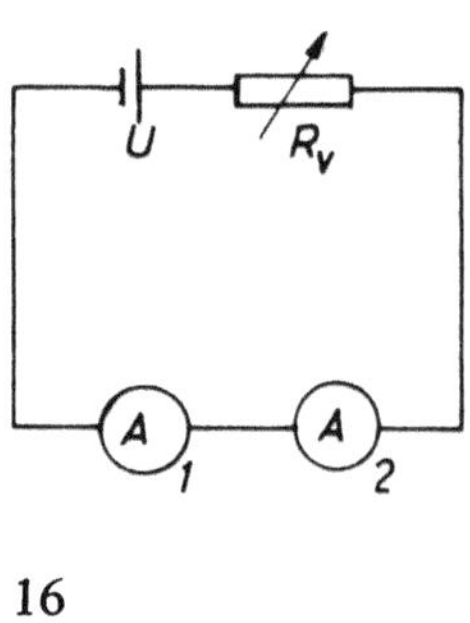

Bild 1

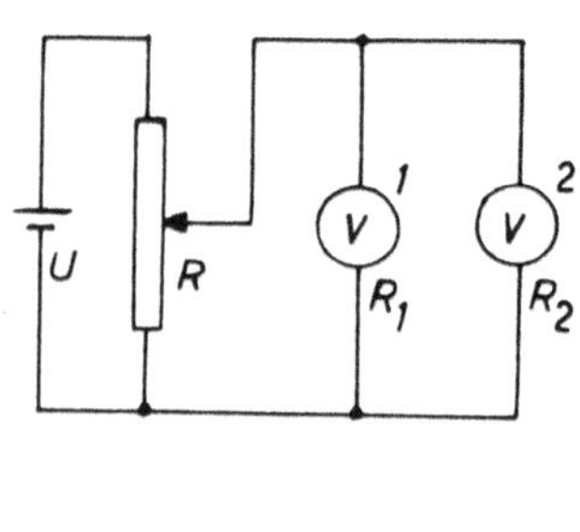

Bild 2

3. Meßbereicherweiterung

Der mit einem Meßwerk meßbare Strom wird durch die Belastbarkeit seiner Wicklungen und durch die Eigenschaften seiner mechanischen Bauteile begrenzt. Bei einer Reihe von Geräten will man den Meßbereich durch einfaches Umschalten verändern. Hierzu dienen bei Drehspulinstrumenten Vor- und Nebenwiderstände, bei Dreheisengeräten Vorwiderstände und eine veränderliche Feldwicklung. Im Folgenden soll nur die Meßbereicherweiterung von Drehspulinstrumenten durch Vor- und Nebenwiderstände betrachtet werden.

3.1. Erweiterung des Spannungsmeßbereiches von Drehspulinstrumenten durch Vorwiderstände

Bild 3 zeigt die grundsätzliche Schaltung zur Erweiterung des Spannungsmeßbereiches. Es gilt in dieser Schaltung:

$$\frac{U}{U_i} = \frac{R_v + R_i}{R_i}$$

Soll der Meßbereich auf das n-fache erweitert werden:

$$n = \frac{R_v + R_i}{R_i}$$

und damit

$$R_v = (n - 1)\, R_i$$

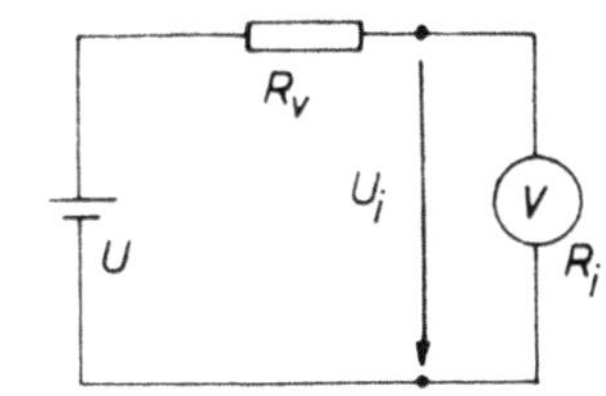

Bild 3

3.2. Erweiterung des Strommeßbereiches von Drehspulinstrumenten durch Nebenwiderstände

Bild 4 zeigt hierzu die prinzipielle Schaltung. In ihr gilt:

$$\frac{I}{I_i} = 1 + \frac{R_i}{R_N}$$

Soll der Meßbereich um das n-fache erweitert werden, dann wird:

$$R_N = \frac{1}{n - 1}\, R_i$$

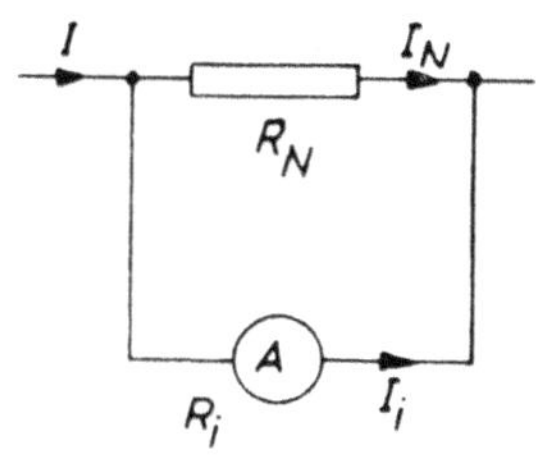

Bild 4

Um die durch Vor- und Nebenwiderstände bedingten Meßfehler klein zu halten, werden an diese besondere Bedingungen gestellt. Die Widerstände sollen weitgehend von der Temperatur unabhängig sein. Aus diesem Grunde verwendet man meist Manganin als Widerstandsmaterial. Für Vorwiderstände verwendet man heute häufig Schichtwiderstände, die so geringfügig belastet werden, daß ihre Erwärmung keine Rolle spielt. Manganin-Wickelwiderstände werden zur Verringerung ihrer Selbstinduktivität bifilar oder nach *Chaperon* gewickelt.

3.3. Meßmethoden zur Messung von ohmschen Widerständen

Um die im Laufe des Praktikumsversuches auftretenden Messungen von Widerständen zu ermöglichen, soll kurz auf einige einfache Methoden dazu eingegangen werden.

Bild 5 zeigt die Schaltung zur Bestimmung eines Widerstandes durch Strom- und Spannungsmessung. Hier ist

$$R_x = \frac{U}{I} \frac{1}{1 - \frac{U}{I\,R_{iv}}}$$

Für $R_{iv} \gg R_x$ wird

$$R_x \approx \frac{U}{I}$$

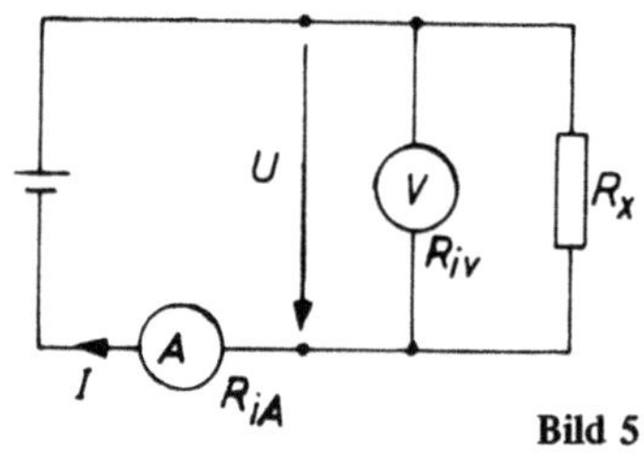

Bild 5

Die Schaltung eignet sich besonders zur Messung kleiner Widerstände. Eine entsprechende Schaltung zur Messung hoher Widerstände zeigt Bild 6. Hier ist:

$$R_x = \frac{U}{I} - R_{iA}$$

Eine weitere, häufig angewandte Methode, die des Spannungsvergleiches, zeigt die Schaltung in Bild 7. Hier ist:

$$R_x = \frac{U_x}{U} R$$

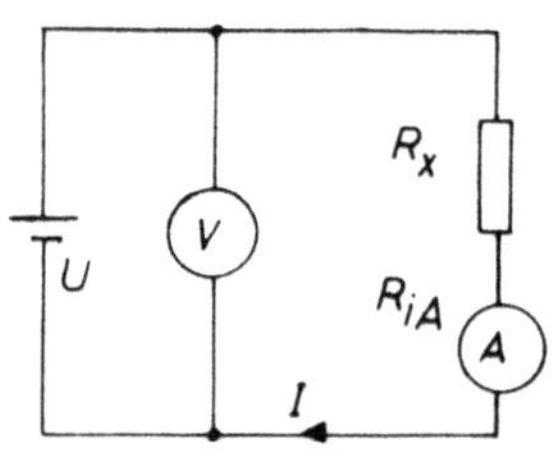

Bild 6

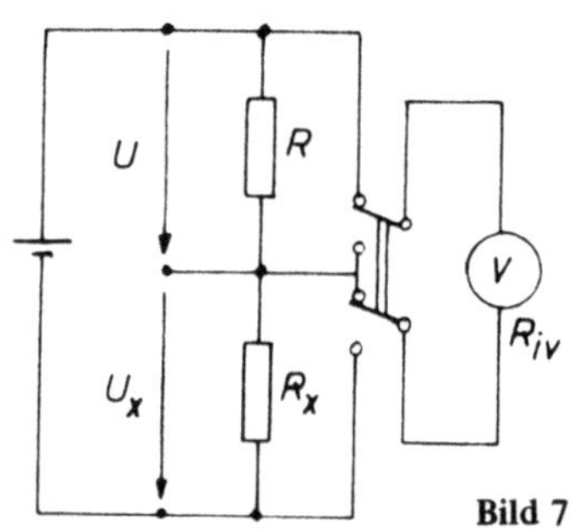

Bild 7

Bedingung für eine genaue Messung mit dieser Schaltung ist, daß R und R_x etwa gleich groß sind, und daß der Innenwiderstand des Spannungsmessers R_{iv} vielfach größer als R_x und R ist (10^2- bis 10^4 fach). Diese Schaltung ist also nicht ohne weiteres verwendbar. Sie sei auch nur deshalb hier aufgeführt, weil sie zu dem sehr einfachen „Verfahren des direkten Ausschlages", wie es Bild 8 zeigt, führt. Diese Schaltung eignet sich besonders für praktische Messung von Widerständen, die in der Größenordnung des Innenwiderstandes des Spannungsmessers liegen. Der Widerstand R_x bestimmt sich als

$$R_x = R_{iv}\left(\frac{U}{U_i} - 1\right) .$$

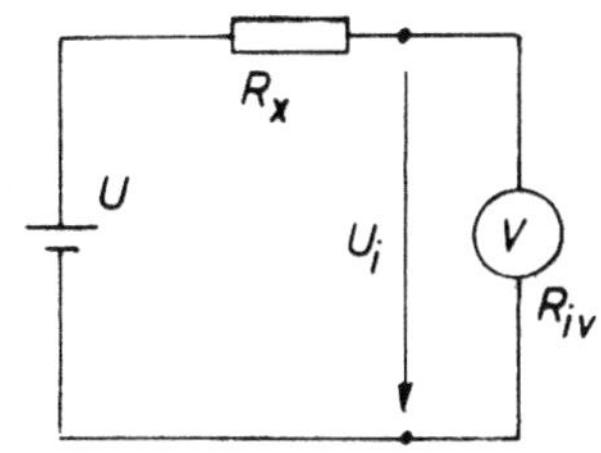

Bild 8

Das Meßverfahren ist folgendes: Man bestimmt zunächst die Spannung U. Dann schaltet man den gesuchten Widerstand und das Voltmeter in Reihe und liest U_i ab. Daraus errechnet man nach der oben angegebenen Formel R_x. – Die Widerstandsbestimmung mit Brückenschaltungen wird in Versuch 12 genau behandelt. Sie soll deshalb hier nicht betrachtet werden.

4. Messung von Wechselstromgrößen mit dem Gleichrichtergerät

Wegen seines geringen Eigenverbrauches wird das Drehspulgerät in Verbindung mit einem Meßgleichrichter heute häufig auch zur Messung von Wechselstromgrößen benutzt. Die Eigenschaften dieses Meßgerätes werden im Versuch 5 ausführlich beschrieben. Es soll hier nur so weit darauf eingegangen werden, wie sie in Zusammenhang mit dem hier durchgeführten Versuch stehen.

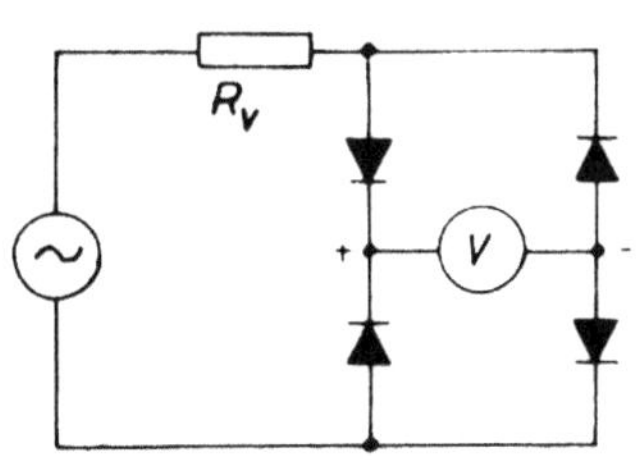

Bild 9

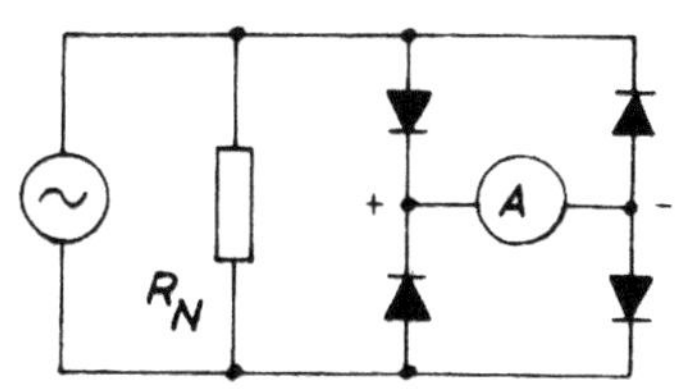

Bild 10

Bild 9 zeigt die prinzipielle Schaltung eines Gleichrichterspannungsmessers mit Vorwiderstand R_v, Bild 10 die eines Gleichrichterstrommessers mit Nebenwiderstand R_N. Bei der Verwendung von Gleichrichtergeräten muß darauf geachtet werden, daß das Gerät den Gleichrichtwert $|\bar{i}|$ der Größe mißt. Die Skalen der im Handel befindlichen Meßgeräte werden jedoch meist durch Multiplikation mit dem Formfaktor f = 1,11 in Effektivwerten für rein sinusförmige Größen geeicht.

5. Eichung von Leistungsmessern

5.1. Das elektrodynamische Meßwerk

Zur Leistungsmessung wird heute bis zu Frequenzen von 500 Hz fast ausschließlich das elektrodynamische Meßwerk benutzt. Seine Wirkungsweise ersieht man aus Bild 11 (siehe auch Abschnitt 3).

Die vom Strom i_1 durchflossene feste Spule S_1 erzeugt ein magnetisches Feld, das im interessierenden Bereich ungefähr radialhomogen ist. Seine Induktion B ist bei konstanter Permeabilität des vom magnetischen Fluß durchsetzten Kreises in jedem Augenblick dem Strom i_1 proportional.

$$B = c_1 \, i_1$$

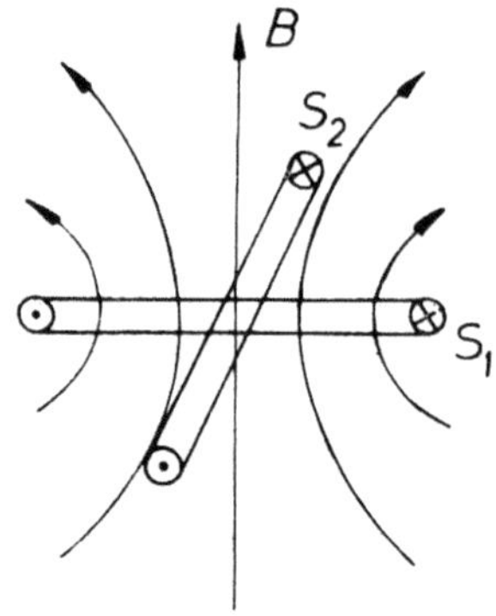

Bild 11

Um eine größere Induktion zu erreichen, kann der magnetische Kreis der Spule S_1 einen Eisenrückschluß bekommen. In diesem Feld wird auf die vom Strom i_2 durchflossene bewegliche Spule S_2 ein Drehmoment ausgeübt, das der Induktion B und dem Strom i_2 proportional ist.

$$M_t = c_2 \, B \, i_2 = c_1 \, c_2 \, i_1 \, i_2$$

Legt man zur Leistungsmessung z. B. die bewegliche Spule S_2 über einen Vorwiderstand an die Spannung u eines Verbrauchers und schickt den Verbraucherstrom i durch die feste Spule S_1, so wird

$$M_t = \frac{c_1 \, c_2}{R_{sp}} \, u \, i = c_3 \, P_t$$

R_{sp} Gesamtwiderstand des Spannungspfades.

Über zwei Spiralfedern, die gleichzeitig das Rückstellmoment aufbringen, wird der Strom der beweglichen Spule zugeführt. Das Rückstellmoment ist dem Ausschlag proportional, demnach hat das elektrodynamische Meßwerk als Leistungsmesser eine lineare Skala.

Bei Wechselstrom kann das System infolge seiner mechanischen Trägheit dem Augenblickswert des Drehmomentes nicht folgen. Das Gerät zeigt einen mittleren Ausschlag α an, dieser ist

$$\alpha = c_4 \, \frac{1}{T} \int_0^T u \, i \, dt$$

Sind Strom und Spannung sinusförmig und von gleicher Frequenz, so wird bei einer Phasenverschiebung zwischen Strom und Spannung um den Winkel φ

$$\alpha = c_4 \frac{1}{T} \int_0^T u \sin \omega t \; i \sin(\omega t + \varphi)\, dt = c_4 \frac{u\,i}{2} \cos\varphi = c_4 \; U\, I \cos\varphi$$

T Periodendauer des Wechselstroms.

Der Ausschlag α ist also dem mittleren Leistungsumsatz des Verbrauchers, d.h. seiner Wirkleistung, proportional.

Die Messung mit dem elektrodynamischen Meßwerk kann durch verschiedene Einflüsse gefälscht werden. Zunächst sei eine *Gleichstromleistungsmessung* auf Fehlereinflüsse untersucht:

Besteht zwischen der beweglichen und festen Spule eine Potentialdifferenz, so rufen elektrostatische Kräfte eine Fehlanzeige hervor. Man muß also immer die Schaltung so anlegen, daß wesentliche Potentialunterschiede vermieden werden.

Bei eisenlosen Meßwerken erzeugt die Stromspule ein magnetisches Feld geringer Dichte (ca. 20.10^{-4} T = 20 Gauß). Magnetische Fremdfelder können daher erhebliche Fehler verursachen. Bereits das Erdfeld (ca. 0,5 Gauß) ist von merklichem Einfluß. Es empfiehlt sich daher, immer eine zweite Messung mit kommutierter Spannung und kommutiertem Strom zu machen. – Die magnetischen Fremdfelder bleiben ohne Wirkung bei einem astatisch gebauten, eisengeschirmten oder eisengeschlossenen Meßwerk. Die Anwesenheit von Eisen oder anderen hochpermeablen Werkstoffen ruft jedoch einen anderen Fehler hervor. Infolge der Remanenz wird die Anzeige abhängig von der magnetischen Vorgeschichte des Eisens. Außerdem ist bei hohen Induktionen die Proportionalität zwischen Strom und Induktion nicht mehr gewahrt, es tritt der sogenannte Krümmungsfehler auf.

Bei einer *Wechselstromleistungsmessung* sind mehrere Fehlereinflüsse zu beachten. Fehler durch elektrostatische Kräfte sind hier in gleicher Weise möglich wie bei Gleichstrommessungen. Die Anzeige eines eisenlosen Meßwerks kann ebenfalls durch magnetische Fremdfelder verfälscht werden, allerdings sind permanente Felder, wie z. B. das Erdfeld, ohne Einfluß, da sich ihre Wirkung im Mittel aufhebt.

Der Strom in der Spannungsspule ist nicht mit der Verbraucherspannung in Phase und ihr nicht unbedingt proportional; das hat zwei Gründe. Erstens besitzt die Spannungsspule Induktivität, so daß ein Fehlwinkel auftritt, der mit steigender Frequenz und abnehmendem Vorwiderstand zunimmt. Zweitens ist die Spannungsspule dem magnetischen Fluß der Stromspule ausgesetzt. Es wird in ihr eine Spannung induziert, die dem Fluß um 90° voreilt. Diese Spannung ist von der gegenseitigen Lage der beiden Spulen abhängig; sie ist Null, wenn die beiden Spulenachsen senkrecht aufeinander stehen.

Bei eisengeschirmten und eisengeschlossenen Meßwerken treten jetzt Wirbelstrom- und Hystereseverluste auf. Dadurch wird der Fluß der Stromspule nicht mehr vom Gesamtstrom erzeugt und ist auch nicht mehr mit diesem in Phase. Dieser Fehler ist von der Induktion und der Frequenz des Wechselstroms abhängig. – Bei hohen Induktionen tritt ebenfalls wieder der Krümmungsfehler auf.

5.2. Eichmethoden

Leistungsmesser werden meist in der Schaltung des „blinden Effektes" geeicht. Dabei speist man Strom- und Spannungsspule aus getrennten Stromquellen. Diese Schaltung hat den Vorteil, daß zur Berechnung der Leistung keine Korrekturen erforderlich sind (z. B. Leistungsverbrauch der Spannungsspule – siehe Versuch 8). Außerdem wird bei der Eichung nur eine geringe Leistung verbraucht; bei der direkten Eichung von Leistungsmessern müßten erhebliche Energiemengen in Widerständen umgesetzt werden. Diese Methode hat den weiteren Vorteil, daß man Strom und Spannung unabhängig voneinander verändern kann.

Eichung im Kompensationsverfahren

Eisenlose Leistungsmesser der Klasse 0,2 und 0,5 werden mit Gleichstrom im Kompensationsverfahren geeicht. Dieses Verfahren entspricht der Eichung von Strom- und Spannungsmessern nach dem Kompensationsverfahren (siehe Versuch 13). Dabei muß für jeden Meßpunkt zweimal kompensiert werden, einmal für den Strompfad und einmal für den Spannungspfad. Um den Einfluß von fremden Gleichfeldern auszuschalten, muß eine zweite Messung mit kommutiertem Strom und kommutierter Spannung durchgeführt werden. Das arithmetische Mittel der beiden Ausschläge ist dann unabhängig vom Einfluß des Fremdfeldes.

Eichung mit Strom- und Spannungsmesser

Betriebsleistungsmesser mit eisenlosem Meßwerk können auch mit Gleichstrom durch Strom- und Spannungsmessung geeicht werden. Auch in diesem Fall müssen Strom und Spannung kommutiert werden, um den Einfluß von Fremdfeldern auszuschalten.

Eichung mit Normalleistungsmesser

Die meisten Betriebsleistungsmesser haben ein eisengeschlossenes Meßwerk. Daher ist eine Eichung mit Gleichstrom wegen verschiedener Anzeige bei Gleich- und Wechselstrom nicht mehr möglich. Eisengeschlossene Geräte werden daher mit Hilfe eines Normalleistungsmessers geeicht. Dazu werden ebenfalls nach der Schaltung des blinden Effektes die Stromspulen der beiden Leistungsmesser in Reihe, die Spannungspfade parallel geschaltet. Die Änderung des Leistungsfaktors erfolgt zum Beispiel durch einen Drehregler im Spannungspfad.

Aufgaben

1) Nach der in Bild 12 angegebenen Schaltung ist ein Strommesser (Klasse 1) nachzueichen. Der auf den Endausschlag bezogene prozentuale Fehler ist zu berechnen und als Funktion des angezeigten Stromes I_2 aufzutragen. Der Verlauf der Kurve ist zu diskutieren. Wie hoch ist der maximal mögliche Fehler?

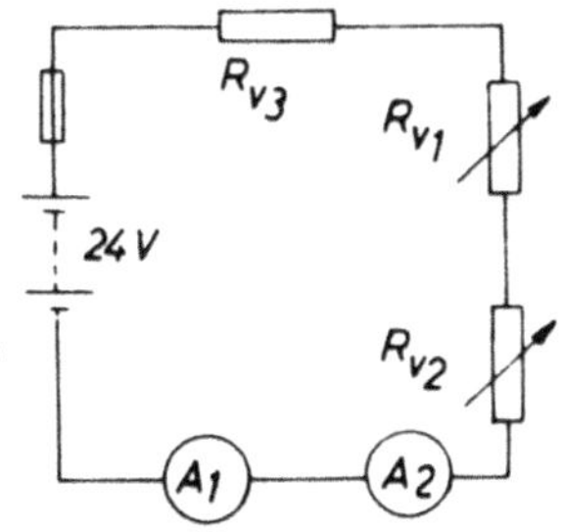

Bild 12

Anmerkung: Der Widerstand R_{v3} begrenzt den Strom auf 3 mA. Er dient dadurch dem Schutz der Meßgeräte.

2) Aus dem unter 1) geeichten Strommesser ist durch Vorschalten eines Vorwiderstandes ein Spannungsmesser für 250 V Endausschlag zu bilden. Die Größe des Vorwiderstandes ist zu berechnen und nach dem Verfahren des direkten Ausschlages nach Bild 8 mit R_v einzustellen. Als Voltmeter wird ein Drehspulinstrument mit umschaltbarem Vorwiderstand (V_1) benutzt. Der bei der Einstellung von R_v gemachte Fehler ist zu berechnen.

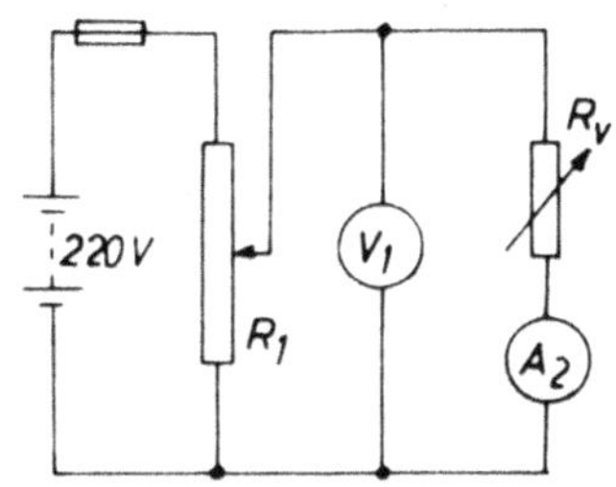

Bild 13

Der so gewonnene Spannungsmesser ist nach der in Bild 13 angegebenen Schaltung von 0 bis 220 V zu eichen. Der auf den Endausschlag bezogene prozentuale Fehler ist zu berechnen und über der angezeigten Spannung aufzutragen. Der Verlauf der Kurve ist zu diskutieren.

3) Mit Hilfe eines Brückengleichrichters ist aus dem unter 2) geeichten Gleichspannungsmesser nach Bild 14 ein Wechselspannungsmesser (Endausschlag 250 V) zusammenzuschalten und zu eichen. Der Vorwiderstand R_v hat dieselbe Größe wie beim Gleichspannungsmesser. Die Anzeige des Drehspulgerätes ist über dem wahren Effektivwert aufzutragen.

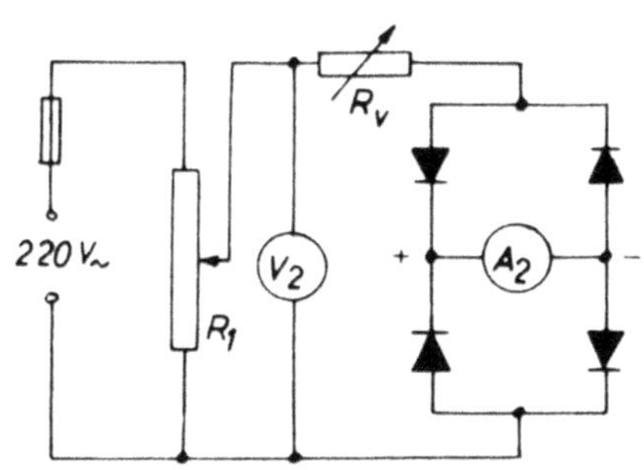

Bild 14

Aus der Eichung des Gleichspannungsmessers kann man diese Anzeige errechnen. Die Unterschiede zwischen der gerechneten Kurve und der gemessenen sind zu ermitteln und über dem wahren Effektivwert aufzutragen.

4) Nach der in Bild 15 angegebenen Schaltung ist ein Leistungsmesser mit eisengeschlossenem Meßwerk nachzueichen.

U = 110 V, I = 0–5 A.

Der auf die jeweilige wahre Leistung, gemessen durch das Eichwattmeter, bezogene prozentuale Fehler ist zu berechnen und grafisch darzustellen. Die Leistung, die sich aus dem Produkt von Strom und Spannung ermitteln läßt, ist mit der wahren Leistung zu vergleichen.

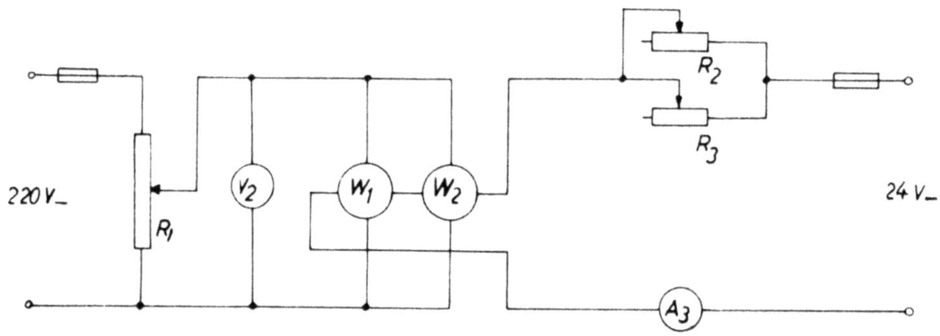

Bild 15

Anmerkung: Die Stromeinstellung erfolgt über die beiden parallel liegenden Widerstände R_2 und R_3. Mit dem Widerstand R_2 wird ein Strom eingestellt, der etwas kleiner als der gewünschte ist. R_3 übernimmt dann die Feineinstellung. Damit R_3 nicht überlastet ist, stellt man ihn vor jeder Stromänderung auf den maximalen Widerstandswert.

Anhang:

A_1 Drehspulinstrument, Klasse 0,5
Innenwiderstand: R_i = 20 Ohm
Meßbereich: 60 mV; 3 mA

A_2 Drehspulinstrument, Klasse 1
Innenwiderstand: R_i = 80 Ohm
Meßbereich: 2,5 mA; 200 mV

V_1, A_3 Drehspulinstrument mit umschaltbarem Vor- und Nebenwiderstand, Klasse 0,5
Innenwiderstand: R_i = 333 Ohm/V
Meßbereich: 0,06 / 0,3 / 1,2 / 6 / 30 A 0,3 / 1,2 / 6 / 30 / 120 / 600 V

V_2	Dreheiseninstrument, Klasse 0,5	
	Meßbereich:	130 / 260 V
W_1	Wattmeter, Klasse 1	
	Meßbereich:	5 A; 60 / 120 V
W_2	Wattmeter, Klasse 2,5	
	Meßbereich:	5 A; 110 V

Literatur

W. Skirl: Elektrische Messungen,

P. M. Pflier, Jahn: Elektrische Meßgeräte und Meßverfahren, 3. Aufl., Springer, Berlin 1965.

W. Schwerdtfeger, G. Graßhof: Elektrische Meßtechnik, Teil I: Gleichstrom – Meßtechnik, 7. Aufl., C. F. Winter'sche Verlagshandlung, Braunschweig 1968.

W. Schwerdtfeger: Elektrische Meßtechnik, Teil II: Wechselstrom – Meßtechnik, 5. Aufl., C. F. Winter'sche Verlagshandlung, Braunschweig 1960.

M. Stöckl, Winterling: Elektrische Meßtechnik, 4. Aufl., Teubner, Stuttgart 1968.

Notizen

Versuch 2

Messungen mit Galvanometern

Theorie des Drehspulinstrumentes

1. Die Bewegungsgleichung des Systems

Im homogenen Feld eines Dauermagneten (Bild 1) ist die Meßwerkspule drehbar gelagert. Wird durch diese Strom geschickt, so entsteht ein Drehmoment

$$M = w\,B\,i\,h\,b, \tag{1a}$$

wobei

- w Windungszahl der Drehspule
- B konstante Induktion des Luftspaltfeldes (1000–3000 G)
- i Meßstrom
- h Seitenlänge der Spule im Magnetfeld
- b Breite der Spule.

Beispiel:

B = 2000 G, w = 250,

$b\,h = 2\ \text{cm}^2$ und i = 5 mA,

$$M = 250 \cdot 2000 \cdot 10^{-8}\ \frac{\text{Vs}}{\text{cm}^2} \cdot 5 \cdot 10^{-3}\ \text{A} \cdot 2\ \text{cm}^2 =$$

$$= 5 \cdot 10^{-5}\ \text{VAs} = 0{,}51\ \text{pcm},$$

da $1\ \text{VAs} = 10{,}2 \cdot 10^3\ \text{pcm}$.

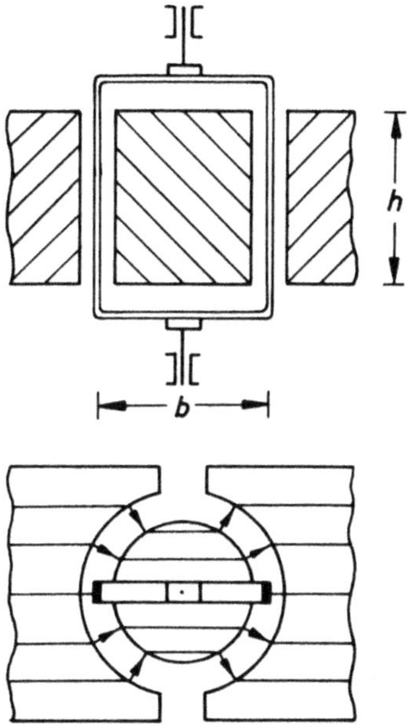

Bild 1

Im folgenden werden die Konstanten in Gl. (1a) zu einer Größe q zusammengefaßt, so daß

$$M = q\,i. \tag{1b}$$

Die Drehspule und der daran befestigte Zeiger drehen sich so weit, bis die Gegenkraft der Rückstellfedern dem Drehmoment der Spule das Gleichgewicht hält. Diese Drehbewegung wird durch eine Differentialgleichung 2. Ordnung beschrieben:

$$\Theta\ddot{\varphi} + p\,\dot{\varphi} + D\,\varphi = q\,i, \tag{2}$$

wobei

Θ Trägheitsmoment des beweglichen Systems

φ Drehwinkel des Systems

$\dot{\varphi}$ und $\ddot{\varphi}$ dessen zeitliche Ableitungen

p Dämpfungskonstante

D Federkonstante = Rückstellmoment bei $\varphi = 1$

Wenn das System zur Ruhe gekommen ist ($\dot{\varphi}$ und $\ddot{\varphi}$ sind Null), beträgt der Endausschlag

$$\varphi_0 = \frac{q}{D}\, i. \tag{3}$$

Die Einstellung auf diesen Endwert erfolgt im allgemeinen nach einer gedämpften Schwingung. Die Dämpfung, in Gl. (2) geschwindigkeitsproportional gesetzt, umfaßt die meist geringe Luftreibung sowie die rein elektromagnetische Dämpfung. Diese kommt wie folgt zustande:

Bei der Drehung der Meßwerkspule im Feld des permanenten Magneten wird eine Spannung induziert:

$$u = w\,\frac{d\Phi}{dt} = w\,B\,h\,b\,\dot{\varphi} = q\,\dot{\varphi}. \tag{4}$$

Diese Spannung treibt durch den Innenwiderstand R_g der Spule und ihren äußeren Schließungswiderstand R_M einen Strom, der bewegungshemmend ist. Dieser ist z. B. nach Bild 2

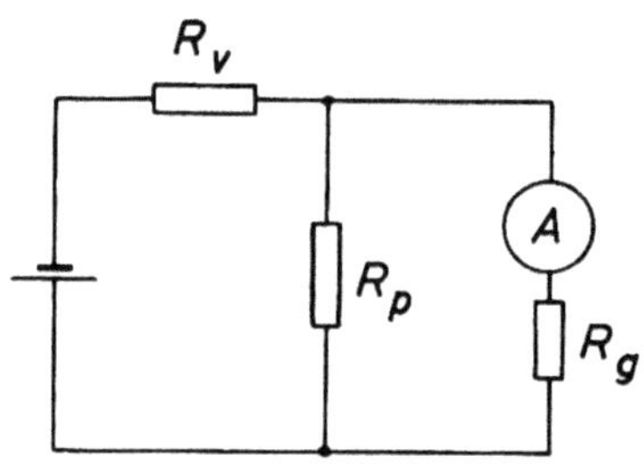

Bild 2

$$i = \frac{u}{R_g + R_M} = \frac{q}{R_g + R_M}\,\dot{\varphi}$$

mit $R_M = \dfrac{R_p \; R_v}{R_p + R_v}$.

Das Dämpfungsmoment wird hiermit

$$M_p = q\,i = \frac{q^2}{R_g + R_M}\,\dot{\varphi} = p\,\dot{\varphi}. \tag{5}$$

2. Lösungen der Differentialgleichung

Mit der partikulären Lösung nach Gl. (3) lautet die allgemeine Lösung der Schwingungsgleichung (Gl. 2):

$$\varphi = C_1\,e^{\gamma_1 t} + C_2\,e^{\gamma_2 t} + \frac{q}{D}\,i\,. \tag{6}$$

Die Wurzeln der charakteristischen Gleichung ergeben sich zu

$$\gamma_{1,2} = -\frac{p}{2\Theta} \pm \sqrt{\frac{p^2}{4\Theta^2} - \frac{D}{\Theta}}. \tag{7a}$$

Mit den gebräuchlichen Abkürzungen

$\omega_0 = \sqrt{\frac{D}{\Theta}}$ Kreisfrequenz des ungedämpften Systems

$\delta = \frac{p}{2\Theta}$ Dämpfungsfaktor

$\alpha = \frac{\delta}{\omega_0} = \frac{p}{2\sqrt{\Theta D}}$ Dämpfungsgrad

$\omega = \sqrt{\omega_0^2 - \delta^2}$ Kreisfrequenz des gedämpften Systems

$T_0 = \frac{2\pi}{\omega_0}$ Schwingungsdauer des ungedämpften Systems

wird Gl. (7a)

$$\gamma_{1,2} = -\delta \pm \sqrt{\delta^2 - \omega_0^2} = -\delta \pm \omega_0 \sqrt{\alpha^2 - 1}. \tag{7b}$$

Die Gl. (7b) läßt erkennen, daß je nach Größe des Dämpfungsgrades α die Lösung der Schwingungsgleichung zwei typische Formen annehmen kann:

a) $\alpha < 1$, periodischer Fall

Die Wurzeln der charakteristischen Gleichung werden konjugiert komplex ($\gamma_{1,2} = -\delta \pm j\omega$). Das bedeutet physikalisch, die Drehspule erreicht den Endausschlag über eine gedämpfte Schwingung:

$$\varphi = \varphi_0 \left[1 - \frac{\omega_0}{\omega} e^{-\delta t} \cos(\omega t - \beta)\right] \tag{8}$$

wobei

$$\beta = \arccos \frac{\omega}{\omega_0}.$$

Das Verhältnis zweier aufeinanderfolgender gleichsinniger Maxima der Schwingung ist konstant und zwar

$$k = e^{2\pi \frac{\alpha}{\sqrt{1-\alpha^2}}} \tag{9}$$

Den Exponenten $2\pi\alpha/\sqrt{1-\alpha^2}$ nennt man logarithmisches Dekrement.

b) $\alpha > 1$, aperiodischer Fall

Die Wurzeln der charakteristischen Gleichung sind reell. Im Gegensatz zum periodischen Fall wird der Endwert ohne Überschwingen erreicht. Mit den Abkürzungen

$$A = \frac{\alpha + \sqrt{\alpha^2 - 1}}{2\sqrt{\alpha^2 - 1}} \quad \text{und} \quad B = \frac{\alpha - \sqrt{\alpha^2 - 1}}{2\sqrt{\alpha^2 - 1}}$$

lautet die Lösung der Differentialgleichung

$$\varphi = \varphi_0 \,[1 - e^{-\delta t} (A\, e^{\omega_0 \sqrt{\alpha^2 - 1}\, t} - B\, e^{-\omega_0 \sqrt{\alpha^2 - 1}\, t})]. \tag{10}$$

Der Sonderfall $\alpha = 1$ wird „aperiodischer Grenzfall“ genannt. Die charakteristische Gleichung hat nur eine reelle Lösung ($\gamma = -\delta$) und für den Ausschlag ergibt sich

$$\varphi = \varphi_0 \,[1 - e^{-\delta t} (1 + \omega_0 t)].$$

In Bild 3 ist der Einschwingvorgang für verschiedene Dämpfungsgrade dargestellt.

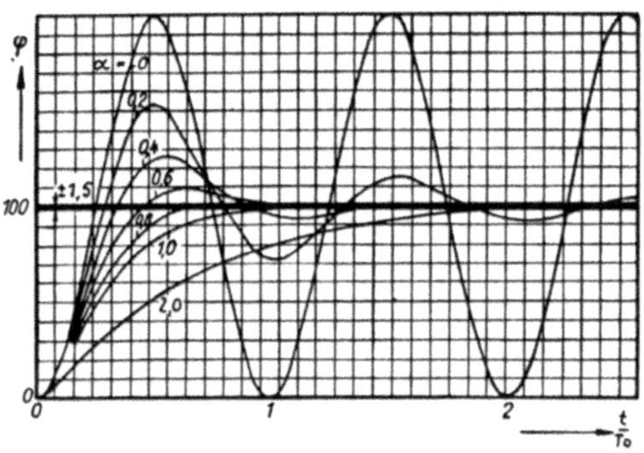

Bild 3

Theoretisch erreicht der Zeiger den Endausschlag nach unendlich langer Zeit. In den VDE-Regeln wird als Beruhigungszeit die Zeitspanne angegeben, nach der sich der Zeiger nicht mehr als 1,5 % der Skalenlänge von seiner endgültigen Einstellung entfernt. Diese Einstelltoleranz ist in Bild 3 eingezeichnet. Kürzeste Beruhigungszeit ergibt sich für den Dämpfungsgrad $\alpha = 0{,}8$.

3. Spiegelgalvanometer

Durch Bandaufhängung und Lichtzeiger gelingt es, mit dem Drehspulmeßwerk Ströme bis etwa 10^{-11} A und Spannungen bis 10^{-7} V nachzuweisen. Bei diesen sogenannten Spiegelgalvanometern bilden Meßwerk und Skala meist keine konstruktive Einheit. Man kann daher den Begriff des Meßbereiches nicht verwenden. Statt dessen gibt man die Empfindlichkeit S an, das ist der Lichtzeigerausschlag φ dividiert durch die Meßgröße i:

$$S = \frac{d\varphi}{di} = \frac{\varphi}{i}\,. \tag{11}$$

Der Ausschlag wird auf der Skala im Abstand r als Länge $l = \varphi r$ abgelesen, Bild 4, also wird $\varphi = l/r$. Gewöhnlich gibt man l in mm und r in m an. Bei gerader Skala wird $\varphi = \arctan l'/r$.

Je nach der Dimension der Meßgröße M unterscheidet man zwischen Stromempfindlichkeit S_i und Spannungsempfindlichkeit S_u. Ihre Kehrwerte nennt man Stromkonstante c_i und Spannungskonstante c_u.

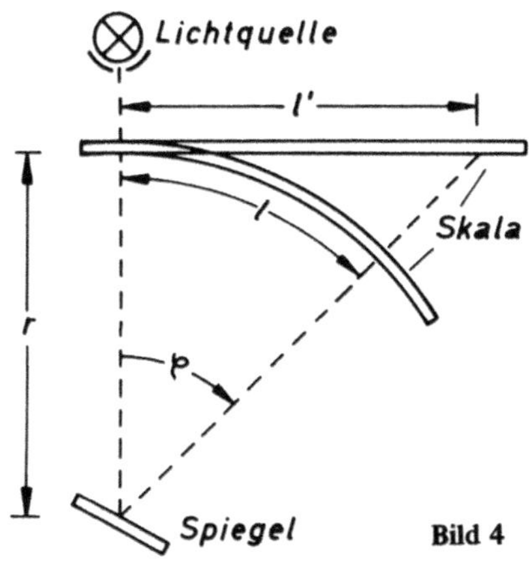

Bild 4

Diese Konstanten werden gewöhnlich von dem Hersteller auf dem Gerät angegeben. Sie stellen dann aber nur Richtwerte dar, denn Galvanometer besitzen im allgemeinen keine Temperaturkompensation wie die üblichen Drehspulgeräte. Genaue Messungen erfordern also vorher eine Eichung.

2.1. Ballistisches Galvanometer

Durch die Drehspule des Galvanometers wird ein Stromstoß geschickt, der kurz gegen die Schwingungsdauer des Systems ist. Der Stromstoß ist also bereits abgeklungen, bevor sich das System merklich in Bewegung gesetzt hat. Die Anfangsbedingung für die Winkelgeschwindigkeit lautet in diesem Falle wegen

$$q \int i \, dt = \Theta \varphi$$

$$\varphi = \frac{q}{\Theta} \int i \, dt. \qquad (12)$$

Im allgemeinen arbeitet man mit schwach gedämpftem System. Die Lösung der Schwingungsgleichung lautet dann ($\alpha < 1$)

$$\varphi = \frac{q \int i \, dt}{\omega \Theta} e^{-\delta t} \sin \omega t. \qquad (13)$$

Für die Meßtechnik ist nun von Bedeutung, daß der maximale Zeigerausschlag ein Maß für die Ladung bzw. den Stromstoß $Q = \int i \, dt$ ist.

Zur Eichung schickt man durch das Galvanometer einen bekannten Stromstoß Q und erhält so mit dem maximalen Ausschlag φ_1 die ballistische Stromkonstante

$$c_{bi} = \frac{Q}{\varphi_1} \; . \qquad (14)$$

Nach Gl. (13) ist der maximale Ausschlag von der Dämpfung, d.h. vom Abschlußwiderstand R_M des Galvanometers abhängig. Deshalb empfiehlt es sich, gleich die Funktion $c_{bi} = f(R_M)$ aufzunehmen.

Eichung des ballistischen Galvanometers mit einem Normalkondensator

In der Schaltung nach Bild 5 wird eine bekannte Kapazität C_N auf eine Spannung U aufgeladen und dann über die Parallelschaltung von Galvanometer und Parallelwiderstand R_p entladen.

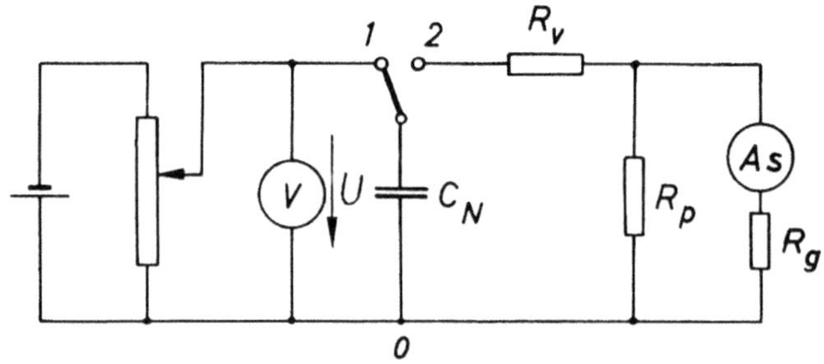

Bild 5

Hierbei fließt über das Galvanometer nur ein Teil der Gesamtladung $Q_C = C_N\,U$, nämlich

$$Q = Q_C\,\frac{R_p}{R_p + R_g}\,. \tag{15}$$

Der Einfluß der Kapazität C_N auf die Dämpfung ist im allgemeinen vernachlässigbar klein, so daß als äußerer Abschlußwiderstand nur R_p wirksam ist.

Eichung mit dem Normal der Gegeninduktivität

Das Normal der Gegeninduktivität M wird dargestellt durch zwei Spulen bekannter magnetischer Kopplung. Der Gleichstrom i_{1-} der Primärwicklung wird kommutiert. Nach dem Induktionsgesetz wird in der Sekundärwicklung eine Spannung induziert:

$$u_2 = M\,\frac{di_1}{dt}\,. \tag{16}$$

Durch Integration erhält man

$$\int_0^\infty u_2\,dt = M \int_{+i_{1-}}^{-i_{1-}} di_1 = 2\,M\,i_{1-}\,. \tag{17}$$

Diesem Spannungsintegral entspricht ein Stromintegral

$$Q_2 = \int_0^\infty i_2\,dt = \frac{1}{R_2}\int_0^\infty u_2\,dt, \tag{18}$$

wobei $R_2 = R_v + \frac{R_p\,R_g}{R_p + R_g}$ ist.

Das Galvanometer erhält von diesem Stromintegral nur den Teil

$$Q = Q_2\,\frac{R_p}{R_g + R_p} = \frac{R_p}{R_vR_p + R_vR_g + R_pR_g}\,2\,M\,i_{1-}\,. \tag{19}$$

Der für die Dämpfung wichtige äußere Abschlußwiderstand R_M des Galvanometers ist nach Bild 6

$$R_M = \frac{R_v\,R_p}{R_v + R_p}\,.$$

Die dämpfende Wirkung des Primärkreises ist praktisch zu vernachlässigen.

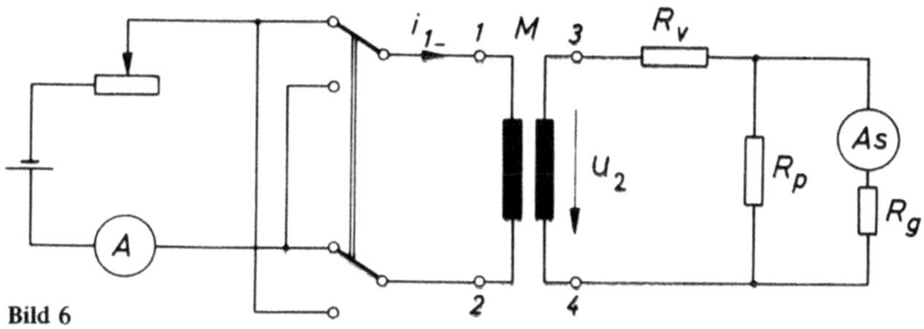

Bild 6

3.2. Kriechgalvanometer (Fluxmeter)

Das Kriechgalvanometer besitzt praktisch keine Rückstellkraft. Das Trägheitsmoment des Systems ist ebenfalls möglichst klein gehalten. Hingegen wird das Moment der elektrischen Dämpfung durch geeigneten äußeren Abschlußwiderstand so groß gemacht, daß sich die Schwingungsgleichung (Gl. 2) vereinfacht zu

$$p\,\dot{\varphi} = q\,i\,. \tag{20}$$

Führt man nach Gl. (5) für den Dämpfungsfaktor $p = q^2/R_g + R_M$ ein, so wird

$$\dot{\varphi} = \frac{R_g + R_M}{q}\,i \quad \text{und} \tag{21}$$

$$\varphi = \frac{1}{q}\int i\,(R_g + R_M)\,dt. \tag{22}$$

Nach der allgemeinen Meßschaltung in Bild 7 ergibt sich für das Produkt $i\,(R_g + R_M)$ mit

$$i = \frac{u_{10}}{R_v + \frac{R_p R_g}{R_p + R_g}} \cdot \frac{R_p}{R_p + R_g} \quad \text{und}$$

$$R_g + R_M = R_g + \frac{R_v R_p}{R_v + R_p} \quad \text{zu}$$

$$i\,(R_g + R_M) = u_{10} \frac{R_p}{R_v + R_p}. \qquad (23)$$

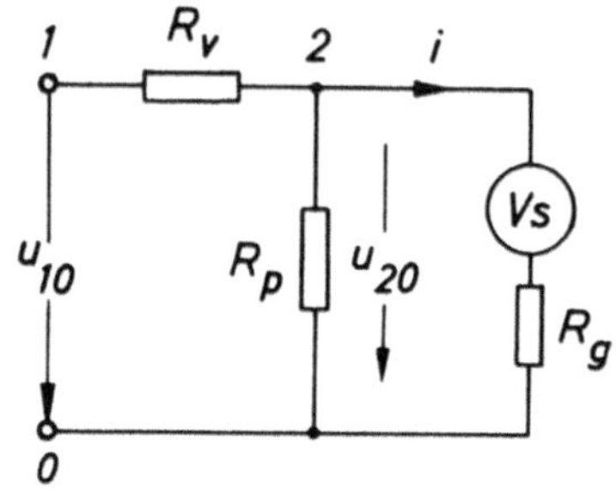

Bild 7

Damit wird der Zeigerausschlag nach Gl. (22)

$$\varphi = \frac{1}{q} \frac{R_p}{R_v + R_p} \int u_{10}\,dt = \frac{1}{q} \int u_{20}\,dt. \qquad (24)$$

Die Gleichung besagt, daß die Meßspannung durch das Fluxmeter nicht belastet wird, denn es wird der Leerlaufspannungsstoß $\int u_{20}\,dt$ an dem Widerstand R_p gemessen. Die physikalische Ursache ist darin zu sehen, daß die außerordentlich leicht bewegliche Drehspule in jedem Augenblick der Meßspannung eine gleichgroße Spannung entgegensetzt. Sie wirkt dadurch wie ein unendlich großer Widerstand. Das ideale Fluxmeter nimmt keinen Strom auf.

Eichung des Kriechgalvanometers mit einem Normalkondensator

Benutzt man die Eichschaltung nach Bild 5, so wird

$$\int_0^\infty u_{R_p}\,dt = R_p \int_0^\infty i_{R_p}\,dt = R_p\,Q = R_p\,CU = q\,\varphi. \qquad (25)$$

Die Fluxmeterkonstante wird also

$$c_{uf} = q = \frac{R_p\,C\,U}{\varphi}.$$

Eichung mit dem Normal der Gegeninduktivität

Nach Bild 6 und Gl. (17) wird dem Kriechgalvanometer folgendes Spannungsintegral zugeführt:

$$\int_0^\infty u_{R_p}\,dt = \frac{R_p}{R_p + R_v} \int_0^\infty u_2\,dt = \frac{R_p}{R_p + R_v}\, 2\,M\,i_{1\,-} = q\,\varphi.$$

Folglich ist

$$c_{uf} = q = \frac{1}{\varphi}\left(\frac{R_p}{R_p + R_v}\ 2\,M\,i_{1-}\right) \tag{26}$$

Induktionsmessungen

Das ballistische Galvanometer und das Kriechgalvanometer werden häufig zur Messung der magnetischen Induktion benutzt. Will man die Magnetisierungskennlinie $B = f(H)$ von Eisen bestimmen, so eignet sich dazu besonders der geschlossene Eisenring (geringe Streuung, keine Luftspalte). Der Ring besteht aus einzelnen Blechen des zu untersuchenden Eisens.

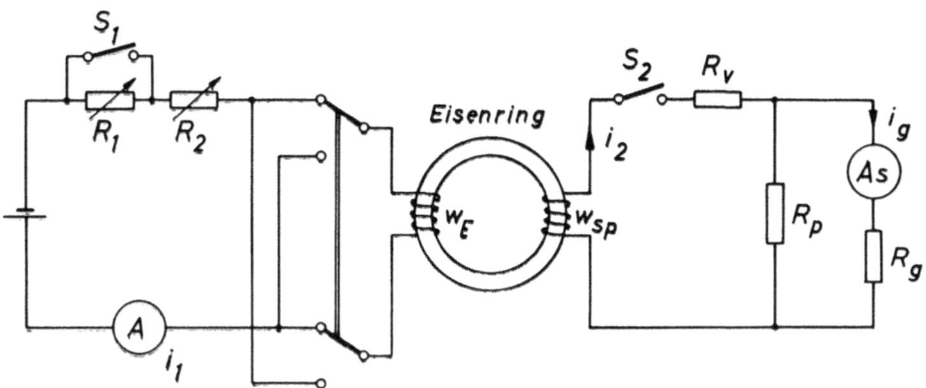

Bild 8

Die Erregerwicklung w_E und die Meßspule w_{Sp} sind gleichmäßig über den gesamten Ring verteilt. Der Strom i_{1-} in der Erregerwicklung erzeugt eine magnetische Feldstärke

$$H = \frac{i_{1-}\,w_E}{l_m}\ .$$

l_m ist die mittlere Feldlinienlänge. Diese Felstärke H erzeugt im Eisen vom Querschnitt F_{Fe} den Fluß

$$\Phi = \mu\,H\,F_{Fe} = B\,F_{Fe}.$$

Bei einer zeitlichen Änderung des Flusses Φ bzw. der Induktion B entsteht in der Meßspule eine Spannung

$$u_{Sp} = w_{Sp}\,\frac{d\Phi}{dt} = w_{Sp}\,F_{Fe}\,\frac{dB}{dt}\ .$$

Die Integration dieser Gleichung liefert

$$\int_{B_1}^{B_2} dB = B_2 - B_1 = \frac{1}{w_{Sp}\, F_{Fe}} \int u_{Sp}\, dt.$$

Benutzt man ein ballistisches Galvanometer, so wird

$$\Delta B = B_2 - B_1 = \frac{1}{w_{Sp}\, F_{Fe}} \int i_2 \left(R_v + \frac{R_p\, R_g}{R_p + R_g}\right) dt.$$

Mit $i_g = i_2 \frac{R_p}{R_p + R_g}$ wird

$$\Delta B = \frac{1}{w_{Sp}\, F_{Fe}} \int i_g \left(R_v + R_g + \frac{R_v\, R_g}{R_p}\right) dt,$$

$$\Delta B = \frac{c_{bi}\, \varphi_1}{w_{Sp}\, F_{Fe}} \left(R_v + R_g + \frac{R_v\, R_g}{R_p}\right). \qquad (27)$$

Handelt es sich um ein Fluxmeter, so wird

$$\Delta B = \frac{c_{uf}\, \varphi}{w_{Sp}\, F_{Fe}} \cdot \frac{R_p + R_v}{R_p}. \qquad (28)$$

a) Aufnahme der Hystereseschleife

Die magnetischen Eigenschaften des Eisens hängen von seiner Vorgeschichte ab. Aus diesem Grunde wird die zu bestimmende Hystereseschleife durch häufiges Kommutieren des betreffenden Maximalstromes mehrmals durchfahren. Aus dem Galvanometerausschlag beim letzten Kommutieren gewinnt man die Größe $2\,B_{max}$. Damit liegen die Punkte 1 und 5 der Schleife fest (Bild 9).

Öffnet man nunmehr den Schalter S_1 und verringert damit die Feldstärke, so gewinnt man die Induktionsänderung ΔB_1 und damit Punkt 2. Öffnen des Kommutierungsschalters führt zu Punkt 3, schließen des Kommutierungsschalters zu Punkt 4 usw. Man wird diese Messungen bei verschiedenen Werten von R_1 wiederholen, um genügend Zwischenwerte zu erhalten.

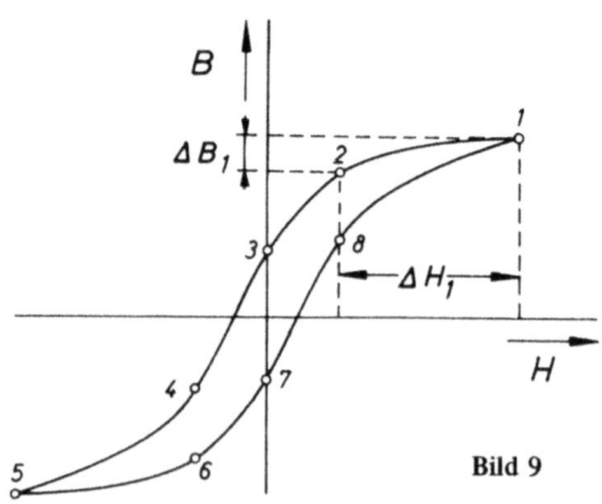

Bild 9

b) Aufnahme der kommutierten Magnetisierungskennlinie

Die kommutierte Magnetisierungskennlinie verbindet die Spitzen der einzelnen Hystereseschleifen (Bild 10).

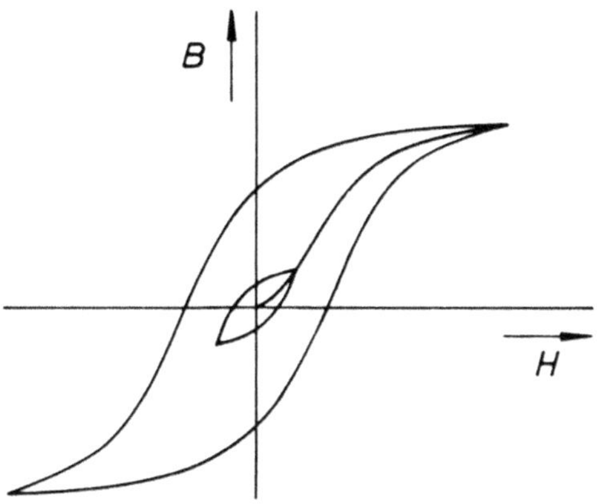

Bild 10

Aufgaben

1) Die ballistische Stromkonstante c_{bi} des Galvanometers ist in Abhängigkeit vom äußeren Abschlußwiderstand R_M zu bestimmen und graphisch aufzutragen.
2) Messung der Induktion eines Eisenringes. Nach Bild 8 sind aufzunehmen:
   a) die kommutierte Magnetisierungskurve und
   b) die Hystereseschleife für B_{max} = 10 000 G.

Literatur

E. Meyer, C. Moerder: Spiegelgalvanometer und Lichtzeigerinstrumente, Akademische Verlagsgesellschaft, Leipzig 1952.

W. Schwerdtfeger: Elektrische Meßtechnik. C. F. Wintersche Verlagshandlung, Braunschweig.

Versuch 3
Kathodenstrahl-Oszillograph

Mit dem Elektronenstrahl-Oszillographen oder Kathodenstrahl-Oszillographen (KO) kann man periodische oder einmalige Vorgänge praktisch trägheitsfrei sichtbar machen. Das Prinzip beruht auf der Tatsache, daß ein Elektronenstrahl durch die Wirkung elektrischer oder magnetischer Felder in seiner Richtung beeinflußt wird. Nach der Art der Erzeugung des Elektronenstrahles unterscheidet man zwei Gerätetypen:

1) Oszillograph mit Kaltkatode. Hier nutzt man den Effekt aus, daß aus einem kalten Metall durch auftreffende Ionen Elektronen ausgelöst werden. Hierzu sind sehr hohe Anodenspannungen erforderlich (20 - 100 kV). Die dadurch bedingte hohe Strahlintensität macht dieses Gerät besonders geeignet zur Aufzeichnung einmaliger kurzzeitiger Vorgänge (Hochspannungstechnik). Man erreicht Schreibgeschwindigkeiten von mehr als 10 000 km/s.

2) Oszillograph mit Glühkatode. Der Elektronenstrahl wird hier durch thermische Elektronenemission im Hochvakuum erzeugt. Die erforderliche Anodenspannung beträgt nur 500–5 000 V, die Ablenkempfindlichkeit ist daher größer als beim Kaltkatodenstrahl-Oszillographen. (Im Praktikum wird ein Oszillograph mit Glühkatodenröhre benutzt.)

1. Elektronenstrahlröhre

1.1. Ablenkung durch das elektrische Feld

Die Elektronenstrahlröhre ist ein evakuiertes Glasgefäß, dessen Innenaufbau aus Bild 1 hervorgeht. Aus der Katode tritt ein Elektronenstrom aus, der in seiner Stärke durch den sogenannten Wehneltzylinder beeinflußt und zugleich gebündelt wird. Eine weitere Bündelung erfolgt durch die Hilfsanoden (elektrische Linse). Diese Fokussierung kann auch durch eine „magnetische Linse“, die durch eine über den Hals der Röhre geschobene Spule gebildet wird, erreicht werden.

Ein kleiner Teil der Elektronen wird von der als Blende ausgebildeten Anode aufgefangen, während der übrige Strahl auf den Leuchtschirm auftrifft. Die Anode wird im allgemeinen geerdet, um störende Beeinflussungen der Elektronen im Raum Anode – Schirm zu vermeiden. Die Elektronen, welche die Öffnung der Anode durchflogen haben, passieren die senkrechten und waagrechten Ablenkplatten (sogenannte X- und Y-Platten) und können hier durch angelegte Spannungen aus ihrer geraden Flugbahn abgelenkt werden.

Will man auf dem Fluoreszenzschirm andere Größen sichtbar machen, so müssen diese zuerst in Spannungen überführt werden. Ströme lassen sich z. B. darstellen, indem man den Platten den Spannungsabfall an einem Meßwiderstand zuführt.

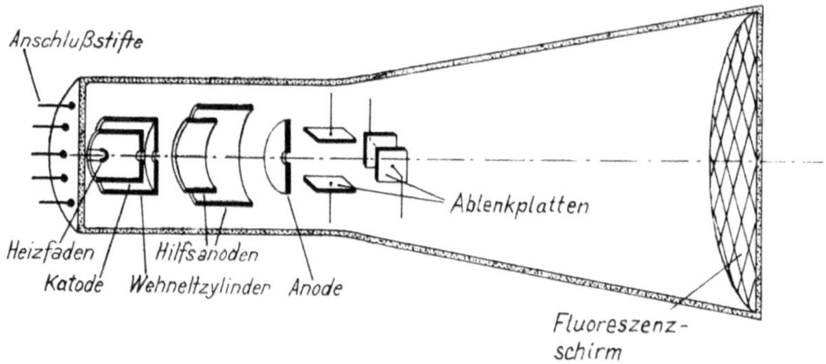

Bild 1. Innenaufbau der Elektronenstrahlröhre mit Glühkatode

Die Ablenkempfindlichkeit hängt von der Elektronengeschwindigkeit

$$v = \sqrt{\frac{2\,e\,u_a}{m}} \text{ ab.} \qquad \left(\begin{array}{ll} e & \text{Ladung des Elektrons} \\ m & \text{Masse des Elektrons} \\ u_a & \text{Anodenspannung} \end{array}\right)$$

Mit den geometrischen Abmessungen der Röhre, Bild 2, erhält man folgende Beziehung:

$$\frac{y}{u_y} \sim \frac{l\,z}{a}\,\frac{1}{u_a} \qquad (u_y \text{ Ablenkspannung})$$

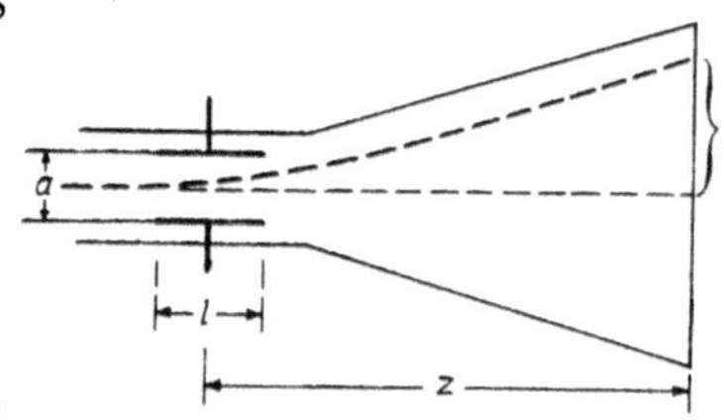

Bild 2
Ablenkung des Elektronenstrahles

Ist die Spannung u_y eine veränderliche Spannung, z. B. eine Wechselspannung, so bewegt sich der Leuchtpunkt auf einer Geraden ± y. Bei genügend hoher Frequenz (> 30 Hz) empfindet das menschliche Auge eine leuchtende Linie. Ihre Länge ergibt sich aus dem doppelten Scheitelwert der angelegten Wechselspannung und der Ablenkempfindlichkeit $S = \frac{y}{u}$.

1.2. Magnetische Ablenkung

Elektronen konstanter Geschwindigkeit v beschreiben im Magnetfeld (homogene Induktion B senkrecht zu v) eine Kreisbahn, deren Radius r = (m v) : (e B) ist. Mit den Röhrenabmessungen erhält man die Ablenkempfindlichkeit

$$\frac{y}{i_y} \sim l\,z\,\frac{1}{\sqrt{u_a}} \qquad (i_y \text{ Ablenkstrom})$$

Bei Fernsehbildröhren verwendet man wegen der hohen Anodenspannung (Helligkeit) die magnetische Ablenkung, da hier die Ablenkempfindlichkeit nur umgekehrt mit der Wurzel der Anodenspannung fällt. Für Meßoszillographen hat die magnetische Ablenkung keine nennenswerte Bedeutung.

2. Zeitablenkteil

Will man den zeitlichen Verlauf einer Wechselspannung beobachten, so muß an das zweite Plattenpaar (X-Platten) eine „Kippspannung" gelegt werden. An diese Spannung stellt man folgende Forderungen:

a) Zeitproportionaler Spannungsanstieg (Hinlauf des Elektronenstrahles)
b) Sehr rascher Spannungszusammenbruch (Rücklauf des Elektronenstrahles)
c) Regelbarkeit von Frequenz und Amplitude.

Man strebt also nach der in Bild 3a dargestellten „Sägezahnkurve", welche man z. B. durch periodische Auf- und Entladung einer Kapazität erreichen kann. Eine Anordnung, welche das Prinzip dieser Kippgeneratoren gut erkennen läßt, ist die sogenannte Blinkschaltung, Bild 3b. Eine Kapazität C wird über einen Ladewiderstand R_v aufgeladen. Parallel zur Kapazität liegt eine Glimmlampe Gl, welche erst bei einer bestimmten Spannung zündet und über ihren eigenen geringen Brennwiderstand die Kapazität sehr rasch bis zur Löschspannung entlädt, worauf der Ladevorgang von neuem beginnt. Die Frequenz dieses Vorganges läßt sich durch die Größe von R_v regeln. Der Hinlauf ist bei dieser Anordnung jedoch wegen des exponentiellen Aufladevorganges nur angenähert linear.

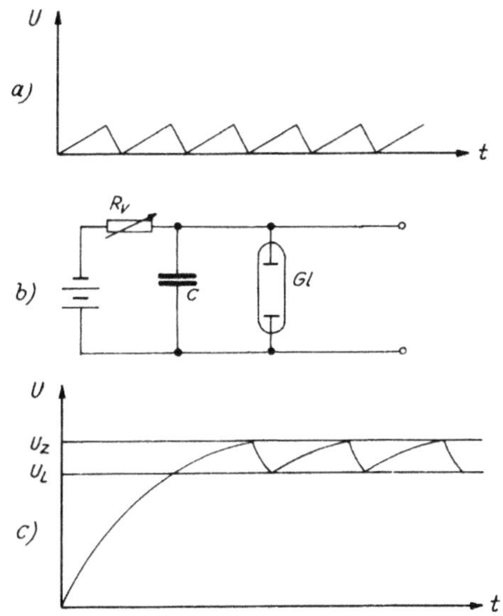

Bild 3. a) Sägezahnkurve
b) Blinkschaltung
c) Kippspannung der Blinkschaltung

Verwendet man statt des Widerstandes R_v eine im Sättigungsgebiet arbeitende Hochvakuumröhre, die nahezu konstanten Ladestrom erzwingt, so läßt sich die Linearität des Hinlaufs wesentlich verbessern.

An die Stelle der Glimmlampe treten in der Praxis Gastrioden (Stromtore, Thyratrone) deren Zündspannung durch ein Gitter beeinflußt werden kann (Kippamplitude!), sowie Hochvakuumröhren oder Halbleiter.

Trennt man den Zeitablenkteil von den X-Platten und speist diese mit einer externen Spannung u_x, so läßt sich z. B. die Spannung u_y als Funktion der Spannung u_x oder einer mit dieser Spannung zusammenhängenden Größe darstellen. Kennlinien- oder X-Y-Oszillographen nennt man Geräte mit vollständig übereinstimmenden X- und Y-Eingängen (2 gleiche Meßverstärker).

Führt man den X- und Y-Platten sinusförmige Wechselspannungen zu, so beschreibt der Leuchtpunkt Lissajousfiguren, aus deren Gestalt das Frequenzverhältnis und die Phasenlage der Schwingungen zu erkennen sind. Die Entstehung dieser Figuren ist aus der Konstruktion, Bild 4, ersichtlich.

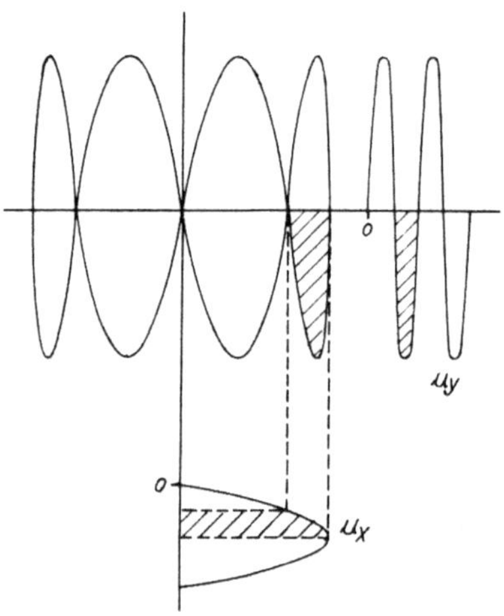

Bild 4
Entstehung von Lissajousfiguren

3. Meßverstärker

Da die Ablenkempfindlichkeit der Elektronenstrahlröhre nicht beliebig groß gemacht werden kann, müssen kleine Meßspannungen verstärkt werden. Zu diesem Zweck enthalten Oszillographen normalerweise eingebaute Meßverstärker, deren Eigenschaften ausschlaggebend für die Qualität des Oszillographen sind. Folgende Größen sind von Bedeutung:

a) Resultierende Ablenkempfindlichkeit der Kombination Verstärker mit Oszillographenröhre.
b) Bandbreite: Sie gibt an, in welchem Frequenzbereich der Meßverstärker linear und phasenrein arbeitet. Mit der oberen Frequenzgrenze hängt zusammen die
c) Anstiegszeit: Sie ist ein Maß für Verformung eines auf den Eingang gegebenen idealen Rechteckimpulses durch den Meßverstärker mit angeschlossener Röhre.
d) Eingangswiderstand und -kapazität: Der Eingangswiderstand liegt im allgemeinen zwischen 100 kΩ und 10 MΩ, die Kapazität zwischen 10 und 100 pF.

Stoßoszillographen für die Hochspannungstechnik haben keine Verstärker. Das Meßkabel wird direkt an die Y-Platten angeschlossen, es ist im allgemeinen mit seinem Wellenwiderstand (50 bis 75 Ω) abzuschließen.

4. Bedienung des Oszillographen

Die folgende Beschreibung ist auf den im Praktikum verwendeten Oszillographen abgestimmt, dessen Frontseite Bild 5 zeigt. Der Oszillograph hat die Daten:

Bandbreite:	0...4 MHz bei 3 db Absenkung an der oberen Grenze
1/Abl. empf.:	30 bis 0,03 V/cm
Max. zulässige Eingangs-spannung:	300 V Nicht überschreiten!
Anstiegszeit:	0,2 μs
Eingangs-impedanz:	1 MΩ parallel zu 45 pF

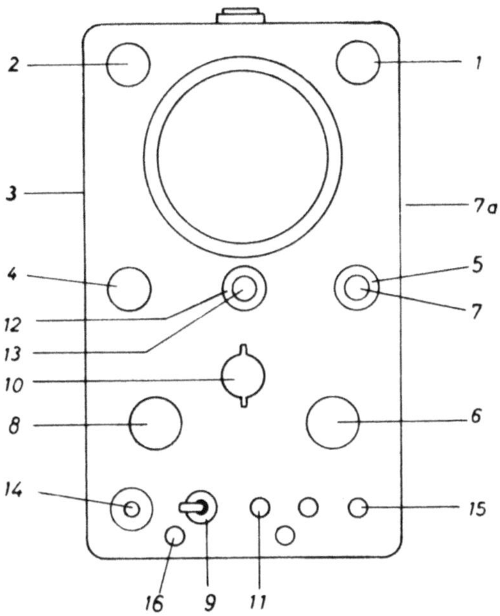

Bild 5
Frontansicht des verwendeten Oszillographen

4.1. Einstellmöglichkeiten

① **Ein – Aus Helligkeit**
Der Strahl erscheint erst nach ca. 1 Minute Anheizzeit. Vorherige Helligkeitseinstellung ist zwecklos.

② **Fokussierung**
Die Fokussierung wird durch 1 mit beeinflußt. Auf größtmögliche Schärfe daher durch abwechselndes Drehen an 1 und 2 einstellen.

③ **Astigmatismus**
Einstellpotentiometer an der Seite des Oszillographen. Es dient zur Anpassung des Anodenpotentials an das mittlere Potential der Ablenkplatten. Änderung der Einstellung nur bei Röhrenalterung oder Röhrenwechsel nötig.

④ **Vertikal-Verschiebung**

⑤ **Horizontal-Verschiebung**

Mit Regler 4 bzw. 5 kann die Höhe einer zur Meß- oder Ablenkspannung addierten Gleichspannung eingestellt werden. Dadurch kann das Bild an die gewünschte Stelle des Schirmes gebracht werden.

⑥ **Zeitablenkung Grob**

Mit diesem Kopf wird Steilheit und Frequenz der Ablenkspannung stufenweise verstellt.

⑦ **Zeitablenkung Fein (Potentiometer) 3-Fach-Dehnung der Zeitlinie (Zugschalter)**

Man achte darauf, daß beim Abmessen von Periodendauern o. ä. das Potentiometer am rechten Anschlag stehen muß (Stellung „geeicht").
7a ist ein Einstellpotentiometer zur Nacheichung des Zeitablenkteiles. Keine Änderung der Einstellung während des Praktikums nötig.

⑧ **Eingangsteiler**

Durch den Abschwächer wird die Meßspannung auf die für den Meßverstärker benötigte Größe abgesenkt.

⑨ **Umschalter**
≅ ↔ ~

In Stellung ~ wird vor den gleichspannungsgekoppelten Meßverstärker ein Reihenkondensator geschaltet, der das Gleichspannungsglied einer Mischspannung unterdrückt. Man achte in dieser Stellung besonders darauf, daß ein in der Meßspannung vorhandenes Gleichspannungsglied, das auf dem Schirm nicht sichtbar ist, nicht den höchstzulässigen Wert der Eingangsspannung überschreitet.

⑩ **Triggerwahl**

Es bestehen drei Möglichkeiten:

a) die Ablenkung wird periodisch durch den zu beobachtenden Vorgang ausgelöst (intern).
b) Die Ablenkung wird von der Netzfrequenz getriggert (Netz). In dieser Stellung beobachtet man zweckmäßig alle netzfrequenten Vorgänge.

⑪

c) Die Ablenkung wird mit einem dem Oszillographen an Buchse 11 zuzuführenden Fremdsignal synchronisiert (extern).

(12) **Triggerpegel**	Mit diesem Regler wird eine bestimmte Spannungshöhe vorgewählt. Wenn die Meßspannung diesen Spannungspegel überschreitet, wird die Zeitablenkung gestartet. Normale Einstellung: Mitte des Drehbereiches.
(13) **Stabilität**	Mit dem Regler verändert man die Stabilität des Zeitablenkgenerators. Die richtige Einstellung liegt in der Nähe des Punktes, bei dem der Zeitablenkgenrator aufhört selbst zu schwingen (Knopf 13 von rechts nach links drehen, Eingänge 14 bzw. 11 frei).
(14) **Y-Eingang**	Eingangsbuchse für die Ablenkung in Y-Richtung.
(15) **X-Eingang**	Eingangsbuchse für externe Ablenkung in X-Richtung. Die Schaltbuchse trennt beim Einstecken des Steckers den Zeitablenkgenerator von den X-Platten und schaltet den X-Verstärker ein. Der X-Verstärker ist nicht geeicht. Es können 2 Ablenkempfindlichkeiten eingestellt werden (Knopf 7 gezogen oder gedrückt).
(16) **Erdbuchse**	Der Oszillograph ist bei allen Messungen mit dem Erdpunkt der Schaltung zu verbinden. Dieser Erdpunkt soll mit dem Nullpunkt der Versorgungsspannung des Oszillographen im Potential übereinstimmen.

Aufgaben

Bei den Versuchen ist Wert auf die eindeutige Angabe der gemessenen Spannung zu legen. Der Oszillograph gibt Augenblickswerte u(t) wieder. Am Schirm abgemessen wird der Scheitelwert û oder der doppelte Scheitelwert 2û. Die Umrechnung auf den Effektivwert ist nur bei ganz bestimmten Kurvenformen möglich. Zur Kennzeichnung des doppelten Scheitelwertes soll beim Versuch die Einheit Volt mit Indizes versehen werden:

$$V_{ss} = \text{Volt}_{\text{Scheitel-Scheitel}}$$

1) Man oszillographiere

a) die Netzwechselspannung und

b) den Strom in einer Kapazität.

Die beiden Kurven sind miteinander zu vergleichen.

Versuch 3

Schaltung:

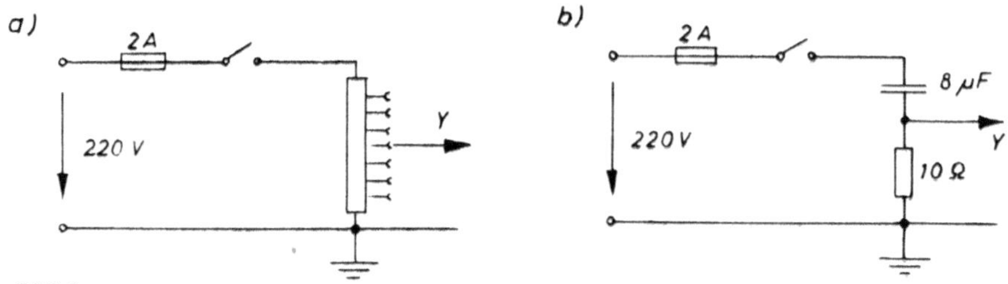

Bild 6

2) Lissajousfiguren:

Y-Eingang: Sinusgenerator

X-Eingang: Netzfrequenz über Spannungsteiler

Bei richtiger Einstellung der Triggerung (Regler 12 auf Mitte, Regler 13 verändern) erscheinen Lissajousfiguren. Man betrachte die entstehenden Figuren für verschiedene ganzzahlige Frequenzverhältnisse.

Schaltung:

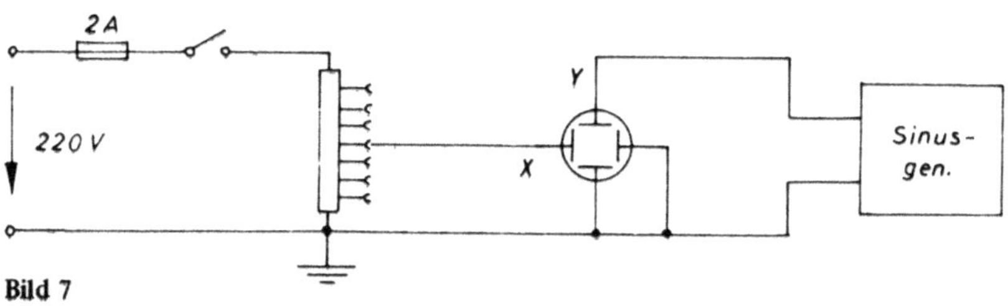

Bild 7

Folgende Fälle sind zu konstruieren (*ein* Diagramm):

$u_x = \hat{u}_x \sin \omega_x t \qquad \omega_x = 2\pi \cdot 50 \text{ sec}^{-1}$

a) $u_y = \hat{u}_y \sin \omega_y t \qquad \omega_y = 3\omega_x, \hat{u}_y = \frac{1}{2} \hat{u}_x$

b) $u_y = \hat{u}_y \sin (\omega_y t + \frac{\pi}{6})$

c) $u_y = \hat{u}_y \sin (\omega_y t + \frac{\pi}{2})$

3) Untersuchung eines Transformators:

a) Der Magnetisierungsstrom eines Transformators ist bei steigender Amplitude der Eingangsspannung zu beobachten.

Schaltung:

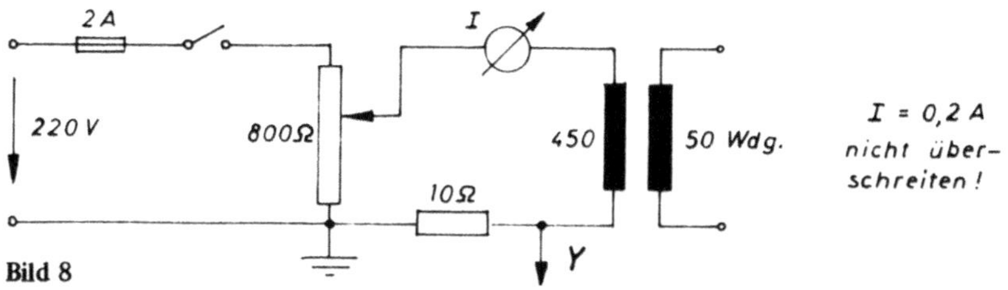

Bild 8

b) Die dynamische Hystereseschleife $\Phi = f(H)$ bzw. $B = f(H)$ ist im Oszillogramm darzustellen. Die Feldstärke H läßt sich aus den Daten des Transformators und dem Strom berechnen.

Eine dem Fluß Φ bzw. der Induktion B proportionale Spannung erhält man durch Integration der sekundären Leerlaufspannung:

$$\text{Aus } u = w\,\frac{d\Phi}{dt} \text{ folgt } \Phi = \frac{1}{w}\int u\,dt.$$

Diese Integration besorgt die Reihenschaltung eines ohmschen Widerstandes und einer Kapazität. Wenn für die kleinste auftretende Frequenz der ohmsche Widerstand R groß gegen den kapazitiven Widerstand ist (z. B. $R : X_C > 100$), so folgt für die Spannung an der Kapazität wegen

$$u_c = \frac{1}{C}\int i\,dt \text{ und } i = \frac{u}{R}$$

$$u_c = \frac{1}{RC}\int u\,dt = \frac{w}{RC}\,\Phi.$$

Schaltung:

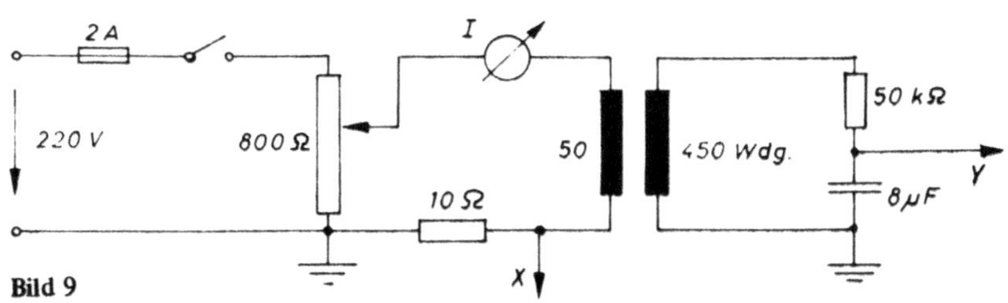

Bild 9

Man zeichne die B = f(H)-Schleife für den Fall auf, daß der Transformator einen Strom von I = 0,5 A aufnimmt.

Zur Berechnung des Abszissen- und Ordinatenmaßstabes sind gegeben:

$W_1 = 50$ Wdg. $F_{Fe} = 4{,}0\ cm^2$
$W_2 = 450$ Wdg. $l_{Fe} = 15{,}5$ cm

Da der X-Verstärker nicht kalibriert ist, muß mit Hilfe des geeichten Spannungsteilers der Ablenkfaktor für den X-Kanal festgestellt werden.

4) Stromwandler:

An einem Stromwandlermodell 2/0,2 A ist die Form der Sekundärspannung $U_2 = f(R_2)$ zu beobachten und ihre Amplitude zu messen. (Das beim Versuch benutzte Wandlermodell ist so ausgelegt, daß es mit offener Sekundärseite betrieben werden kann, ohne Schaden zu leiden.)

Um die zeitliche Lage des konstanten Primärstromes in Bezug zur Sekundärspannung zu bringen, wird ein *elektronischer Umschalter* benutzt. Bei der Bedienung dieses Gerätes ist folgendes zu beachten:

Der El. Schalter ist genügend lange vor der Messung einzuschalten (10 min).
Schalter „Tastung" auf Stellung 40–50 kHz.

(Bei Stellung 100–150 Hz wird die Arbeitsweise des El. Schalters sichtbar.)
Die beiden Nullinien sind zur Deckung zu bringen.

Stellung der Eingangsteiler am El. Schalter und Oszillographen so wählen, daß die Verstärker nicht übersteuert werden. (Kennzeichen für die Übersteuerung: Die positive und die negative Amplitude stimmen in ihrer Größe nicht überein.)

Zum Auftragen der Kurve $\hat{u}_2 = f(R_2)$ sind folgende Werte zu wählen:

$R_2 = 0;\ 50;\ 100;\ 200;\ 400;\ 700;\ 1000;\ \infty$ Ohm.

Man beachte die Änderung der Kurvenform der Spannung u_2 beim Verändern des Bürdenwiderstandes. Erklärung!

Der Eingangsteiler des El. Schalters ist nicht kalibriert. Es muß daher bei jedem Meßpunkt eine Eichung durch Umschalten von S_2 vorgenommen werden.

Schaltung:

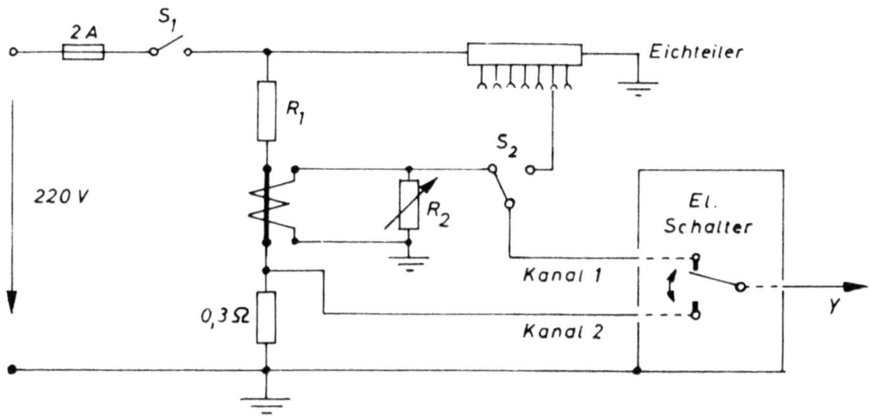

Bild 10

Literatur

L. Hintzbergen: Der Oszillograph und seine Anwendungen. Herausgeber: Philips GmbH

W. Möller: Die Braunsche Röhre. Jacob Schneider Verlag, Berlin-Tempelhof 1949.

Benz: Meßtechnik für Funkingenieure, Springer-Verlag, Wien 1952.

J. Czech: Der Elektronenstrahl-Oszillograph. Verlag für Radio-, Foto- Kinotechnik GmbH, Berlin 1955.

Versuch 4

Wechselstrommessungen mit dem Kontaktgleichrichter (Vektormesser)

1. Allgemeines

Der Vektormesser ist ein universelles Meßgerät für Wechselstrom (Frequenzbereich 15–80 Hz) und Gleichstrom. Er besteht aus einem Drehspulinstrument 60 mV/20 Ohm, Klasse 0,2, dem ein motorisch angetriebener, mechanischer Meßgleichrichter vorgeschaltet ist. Der Meßgleichrichter ist so konstruiert, daß er die Genauigkeit des Drehspulinstrumentes nicht beeinträchtigt.

2. Aufbau

Bild 1 zeigt im Prinzip den Meßgleichrichter des Vektormessers. Eine Goldspitze a ist an einem um den Drehzapfen b verdrehbaren Hebel c befestigt. Dieser Hebel wird mittels Schraubenfeder d gegen die Stirnfläche einer Stellschraube e gedrückt. Die Kontaktfeder f ist durch ein Keilstück in einem Metallklötzchen so eingespannt, daß sich ihre mit Gold belegte Spitze mit einem Druck von etwa 5 p gegen die Kontaktspitze a legt. Ein auf der Welle g exzentrisch angebrachter Zapfen h hebt bei Rotation der Welle die Kontaktfeder periodisch von der Kontaktspitze ab. Durch Verstellen der Stellschraube e kann die Kontaktschließzeit zwischen 0° und 360° verändert werden, jedoch wird für die meisten Meßzwecke eine Kontaktzeit von 180° benötigt. Ein Synchronmotor, der mit der Frequenz der zu messenden Größe umläuft, treibt die Welle g an.

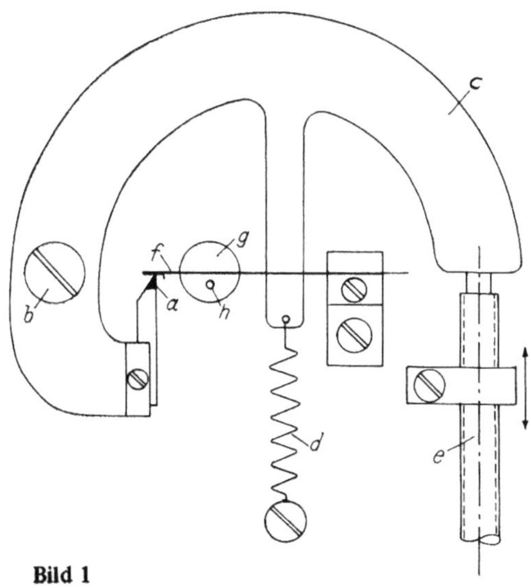

Bild 1

Schematische Darstellung des Meßgleichrichters

Die beschriebene Anordnung ist mit einem Drehkörper, dem sogenannten „Kontaktkopf", fest verschraubt. Da dieser gegenüber der Welle g drehbar gelagert ist, läßt sich durch Verdrehen des Kontaktkopfes der Beginn der Kontaktzeit beliebig wählen. Auf der Oberseite des Kontaktkopfes ist eine Skala angebracht, die in Winkelgraden eingestellt ist.

Um die Handhabung des Gerätes einfach zu gestalten, sind für die Strom- und Spannungsmessung Vor- und Nebenwiderstände eingebaut. Folgende Meßbereiche stehen zur Verfügung:

Strom:	0,05	0,15	0,5	1,5	5 A
Spannung:	0,15	1,5	15	150	300 V

Die genannten Meßbereiche können mittels I-Wähler bzw. U-Wähler eingestellt werden. Unabhängig davon sind noch festgelegt:

Die Meßbereiche 5 A und 300 V, sowie 3 freie Klemmenpaare. Mit einem Meßstellenwähler können die verschiedenen zur Verfügung stehenden Klemmenpaare an den Gleichrichter gelegt werden.

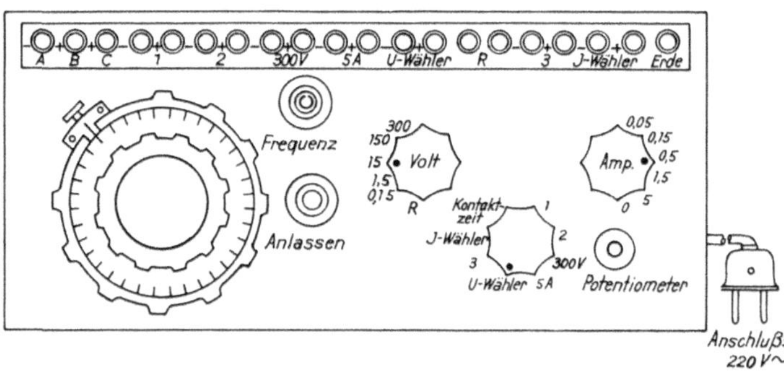

Bild 2. Frontplatte des verwendeten Vektormessers

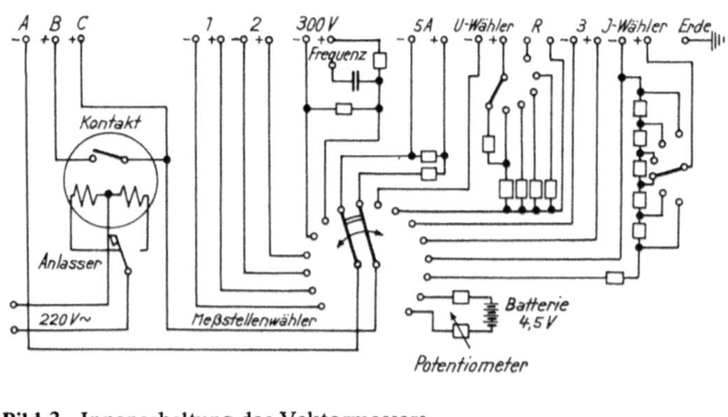

Bild 3. Innenschaltung des Vektormessers

3. Wirkungsweise

Bei Messungen mit Wechselstrom wird der Synchronmotor an eine der Meßgröße synchrone Wechselspannung gelegt und die Meßgröße über den Kontaktgleichrichter dem Drehspulgerät zugeführt. Dieser schneidet aus der Wechselstromkurve einen Abschnitt heraus, dessen Größe durch die eingestellte Kontaktzeit und dessen zeitliche Lage durch die Stellung des Kontaktkopfes eindeutig gegeben ist. Infolge der Trägheit des Meßwerkes zeigt das Drehspulinstrument des Vektormessers einen Mittelwert an von der Größe:

$$\bar{i} = \frac{1}{T} \int_{t_{ein}}^{t_{aus}} i \, dt \quad \text{(Bild 4)}$$

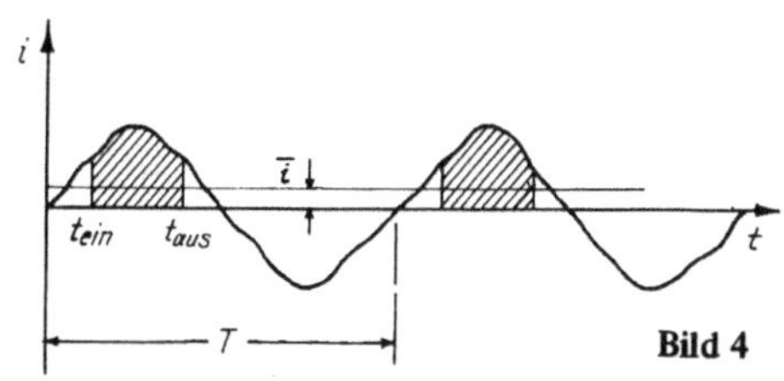

Bild 4

Ist die Meßgröße sinusförmig und der Kontaktkopf bei 180° so eingestellt, daß nur die positiven Halbwellen fließen, dann zeigt das Drehspulinstrument maximalen Ausschlag (Bild 5).

Der vom Instrument gemessene Mittelwert ist dann:

$$\bar{i} = \frac{1}{2\pi} \int_0^{\pi} \hat{i} \sin \omega t \, d\omega t = \frac{1}{\pi} \hat{i}$$

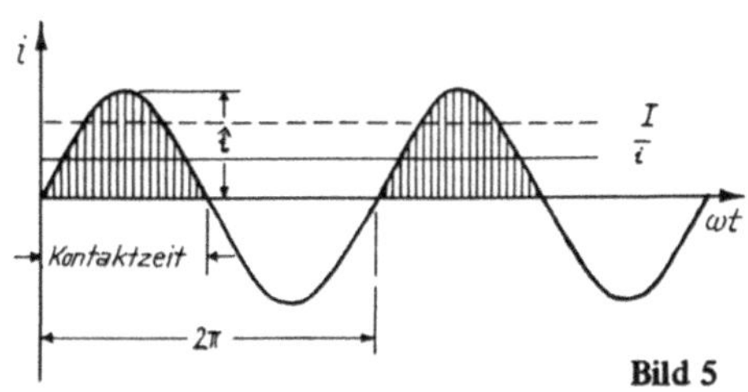

Bild 5

Da die Meßgröße sinusförmig ist, gilt

$$\hat{i} = \sqrt{2}\, I$$

Es ergibt sich daher:

$$\bar{i} = \frac{\sqrt{2}}{\pi} I = 0{,}45\, I$$

Dieser Wert ist gleich dem halben Gleichrichtwert. Zur direkten Messung des Gleichrichtwertes $|\bar{i}|$ müßte dem Drehspulinstrument auch die negative Halbwelle aber mit umgekehrtem Vorzeichen zugeführt werden. Es ist:

$$|\bar{i}| = \frac{1}{2\pi} \int_0^{2\pi} \hat{i} \, | \sin \omega t \, | \, d\omega t = \frac{2}{\pi} \hat{i} = \frac{2\sqrt{2}}{\pi} \cdot I$$

Um nun am Drehspulgerät direkt Effektivwerte ablesen zu können, sind die für die Meßstellen „300 V", „5 A", „U-Wähler" und „I-Wähler" eingebauten Vor- und Nebenwiderstände so abgeglichen, daß bei Vollausschlag des Instrumentes die Meßgröße den Effektivwert hat, der an den Klemmen der Meßstellen bzw.

am U- oder I-Wähler angegeben ist. Dies gilt jedoch nur für sinusförmige Meßgrößen, da nur hierbei der Quotient aus Effektivwert und Gleichrichtwert durch einen konstanten Faktor (f = 1,11) bestimmt ist.

4. Bedienungshinweise

4.1. Anschließen des Instrumentes

Das Drehspulinstrument 60 mV, 20 Ohm wird an die Klemmen A und B angeschlossen. Es ist mindestens 30 cm vom Vektormesserkasten entfernt aufzustellen, da sonst vom Streufeld des Synchronmotors Fehlspannungen in den Meßkreis induziert werden. Die Anschlußleitungen sind zu verdrillen.

4.2. Anlassen

Erdklemme an Erde legen und Synchronmotor an eine der Meßgröße synchrone Wechselspannung von 180 bis 250 V anschließen. Dann einige Sekunden den Anlaßdruckknopf drücken bis der Synchronmotor angelaufen ist. Genaue Messungen können jedoch erst 15 Minuten nach dem Anlassen vorgenommen werden, da sich durch die Erwärmung der Erregerspulen die Phasenlage der Welle um einige Grad ändert.

4.3. Einstellen der Kontaktzeit

Instrument an die Klemmen A und C anschließen und Meßstellenwähler auf „Kontaktzeit" stellen. Mit Hilfe des Potentiometers den von einer eingebauten Batterie erzeugten Gleichstrom so einregeln, bis das Drehspulinstrument einen Ausschlag von 100 Skt. anzeigt. Darauf Instrument auf die Klemmen A und B umklemmen und mit einem Schraubenzieher die Stellschraube unter der Skala des Kontaktkopfes auf Instrumentenausschlag

$$\alpha = \frac{T_K}{3,6}$$

einstellen. Dabei ist T_K die gewünschte Kontaktzeit in Grad. Bei $T_K = 180^\circ$ wird $\alpha = 50$ Skt.

4.4. Nullstellung

Der Ausschlag des Instrumentes wird bei periodischen Meßgrößen, deren Amplituden symmetrisch zur Nullinie liegen, für zwei um 180° auseinanderliegende Stellungen des Kontaktkopfes zu Null. Man definiert nun diejenige als „Nullstellung", welche beim Weiterdrehen des Kontaktkopfes im Uhrzeigersinn positive Instrumentenausschläge ergibt. Wird während einer Messung der Synchronmotor abgeschaltet, so ist nach dem Wiederanlassen die Nullstellung erneut zu kontrollieren. Die Lage der Nullstellung kann durch eine Nullmarke räumlich festgehalten werden.

5. Anwendungen

5.1. Spannungsmessung 0,15 bis 300 V

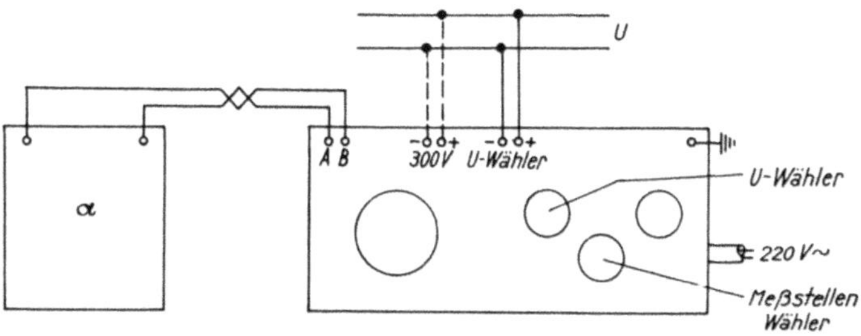

Bild 6

1) Synchronmotor anlassen.
2) Kontaktzeit auf 180° einstellen.
3) Bei Messung mit U-Wähler dessen Meßbereich richtig einstellen.
4) Meßspannung an Klemmen „U-Wähler“ oder an Klemmen „300 V“ anschließen.
5) Meßstellenwähler auf „U-Wähler“ bzw. „300 V“ schalten.
6) Kontaktkopf auf Instrumentenausschlag $\alpha = 0$ drehen und Nullmarke einstellen.
7) Kontaktkopf um 90° vordrehen und Instrument ablesen (Vollausschlag = eingestellter Meßbereich).

5.2. Strommessung 0,05 bis 5 A

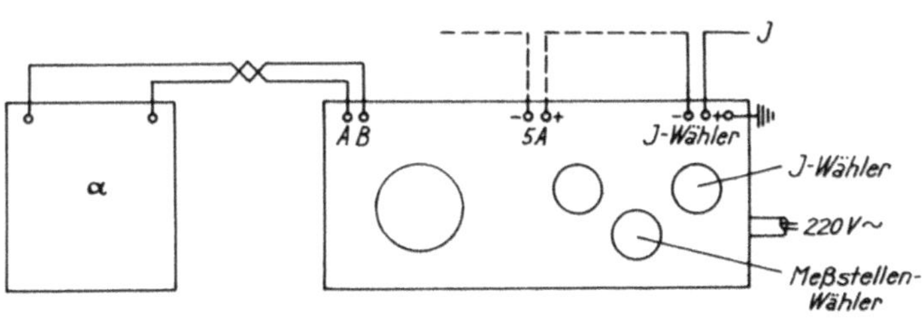

Bild 7

1) Synchronmotor anlassen.
2) Kontaktzeit auf 180° einstellen.
3) Bei Messung mit I-Wähler dessen Meßbereich richtig einstellen.
4) Meßstrom an die Klemmen „I-Wähler“ oder an Klemmen „5 A“ anschließen.
5) Meßstellenwähler auf „I-Wähler“ bzw. „5 A“ schalten.
6) Kontaktkopf auf Instrumentausschlag $\alpha = 0$ drehen und Nullmarke einstellen.
7) Kontaktkopf um 90° vordrehen und Instrument ablesen (Vollausschlag = eingestellter Meßbereich).

5.3. Phasenverschiebung zwischen Strom und Spannung

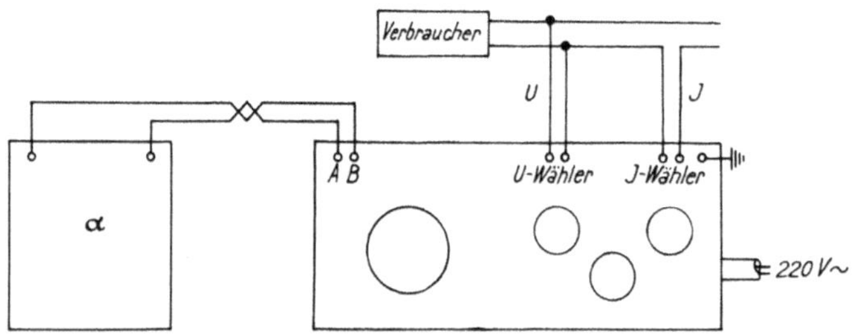

Bild 8

1) Synchronmotor anlassen.
2) Kontaktzeit auf 180° einstellen.
3) Meßbereiche des U-Wählers und I-Wählers richtig einstellen.
4) Meßgrößen genau (Polung) nach Schaltbild anschließen.
5) Meßstellenwähler auf U schalten. Kontaktkopf auf Instrumentausschlag $\alpha = 0$ drehen, Nullmarke einstellen (Nulleinstellung U).
6) Meßstellenwähler auf I schalten. Kontaktkopf auf Instrumentenausschlag $\alpha = 0$ drehen (Nullstellung I).
7) An Nullmarke Winkel φ ablesen.
   $\varphi < 90°$: Strom eilt nach, wenn Nullstellung I gegen Nullstellung U im Uhrzeigersinn verschoben ist.
   $\varphi > 90°$: „Verbraucher" wirkt als Erzeuger. Strom eilt vor, wenn Nullstellung I gegen Nullstellung U im Uhrzeigersinn verschoben ist.

5.4. Messung von Wirkleistung und Blindleistung

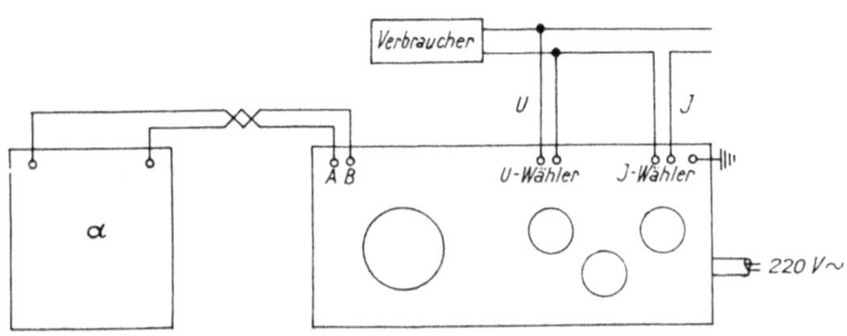

Bild 9

1) Synchronmotor anlassen.
2) Kontaktzeit auf 180° einstellen.
3) Meßbereiche des U-Wählers und I-Wählers richtig einstellen.
4) Meßgrößen genau (Polung) nach Schaltbild anschließen.

5) Meßstellenwähler auf U schalten. Kontaktkopf auf Instrumentausschlag $\alpha = 0$ drehen, Nullmarke einstellen.
6) Kontaktkopf um 90° vordrehen und Instrument ablesen (U).
7) *Wirkleistung*
   Meßstellenwähler auf I schalten und Instrument ablesen ($I \cdot \cos \varphi$). Ist der Ausschlag des Instrumentes negativ, so wirkt der Verbraucher als Erzeuger.
8) *Blindleistung*
   Kontakt um 90° zurückdrehen, wieder $\alpha = 0$. Meßstellenwähler auf I schalten und Instrument ablesen ($I \cdot \sin \varphi$).
   Dabei gilt:
   Positiver Ausschlag ($I \cdot \sin \varphi$) = kapazitive Blindlast, negativer Ausschlag = induktive Blindlast. Ist bei der Wirkleistungsmessung der „Verbraucher" als Erzeuger ermittelt worden, so gilt:
   Positiver Ausschlag = induktive Blindlast,
   negativer Ausschlag = kapazitive Blindlast.

5.5. Aufnahme der Kurvenform des Leerlaufstromes eines Einphasentransformators

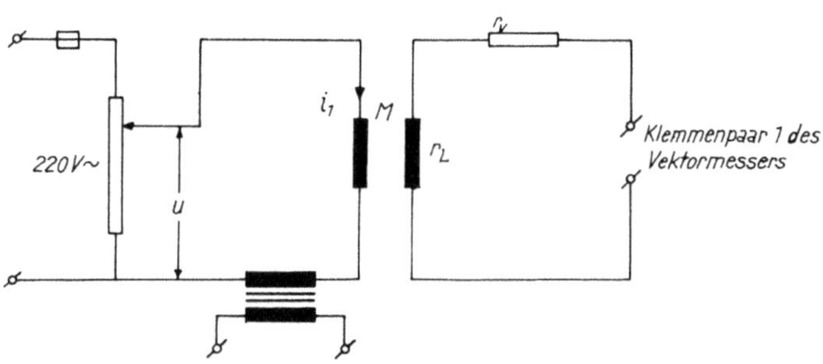

Bild 10

Eingangsspannung U = 200 V konstant
Gegeninduktivität M = 0,01 H
Ohmscher Widerstand r_L = 3,2 Ohm
Vorwiderstand r_V = 57 Ohm
Innenwiderstand des Drehspulgerätes r_i = 20 Ohm

Durchführung der Messung

1) Synchronmotor anlassen.
2) Kontaktzeit auf 180° einstellen.
3) Meßstellenwähler auf 1 schalten. Kontaktkopf auf Instrumentenausschlag Null drehen. Nullmarke einstellen.

4) Kontaktkopf im Uhrzeigersinn schrittweise ($\Delta\varphi = 10^\circ$) bis 180° drehen und zugehörige Instrumentenausschläge α ablesen.
5) Ermittlung der Augenblickswerte des Leerlaufstromes i_1: Man schickt den zu messenden Strom i_1 durch die Primärwicklung einer eisenfreien Gegeninduktivität M und legt an die Sekundärwicklung über einen Widerstand r_v den Vektormesser.

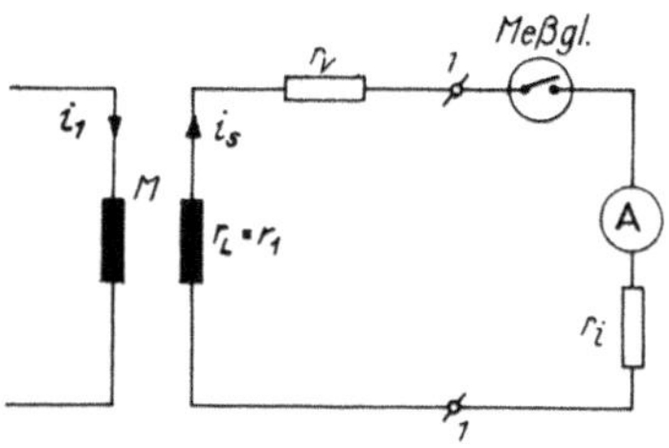

Bild 11

Der im Sekundärkreis fließende Strom i_s ist dann:

$$i_s = \frac{u_s}{r_1 + r_v + r_i} = \frac{M \cdot \frac{di_1}{dt}}{r_1 + r_v + r_i} \tag{1}$$

dabei ist u_s die im Sekundärkreis induzierte Spannung.

Der vom Drehspulinstrument angezeigte Strom i_0 beträgt aber:

$$i_0 = \frac{1}{T} \int_{t_{ein}}^{t_{aus}} i_s \, dt \tag{2}$$

Setzt man Gleichung (1) in Gleichung (2) ein und für $\frac{1}{T} = f$, so erhält man:

$$i_0 = \frac{f\,M}{r_1 + r_v + r_i} \int_{t_{ein}}^{t_{aus}} \frac{di_1}{dt} \, dt \tag{3}$$

Bei 180° Kontaktzeit und zur Nullinie symmetrischer Stromkurve ist $i_{ein} = -\,i_{aus}$.
Damit ergibt sich aus Gleichung (3) für die Augenblickswerte des Stromes i_1:

$$i_1 = \frac{r_1 + r_v + r_i}{2\,f\,M}\, i_0 \tag{4}$$

Hierin ist i_0 der vom Drehspulinstrument des Vektormessers angezeigte Wert in Amp.

Das benutzte Drehspulgerät 60 mV, 20 Ohm hat 120 Skalenteile. Seine Stromkonstante K = 0,025 mA/Skt. Berücksichtigt man dies in Gl. (4) und setzt außerdem die vorher angegebenen Werte ein, so ergibt sich für die Augenblickswerte des Leerlaufstromes:

$$i_1 = \frac{3{,}2 + 57 + 20}{2 \cdot 50 \cdot 0{,}01} \cdot 0{,}025 \cdot \alpha = 2 \cdot \alpha \,(\mathrm{mA})$$

wobei für α die am Instrument abgelesenen Skalenteile einzusetzen sind.

Aufgaben

1) In der angegebenen Schaltung ist bei einer konstanten Spannung von $U_1 = 200$ V zu messen:

   Strom I
   Phasenverschiebung φ zwischen U_1 und I.
   Spannung an der Kapazität U_c. Mit Hilfe der Meßwerte ist das Zeigerdiagramm zu zeichnen.
   Durchführung der Messungen siehe unter 5.1; 5.2 und 5.3.

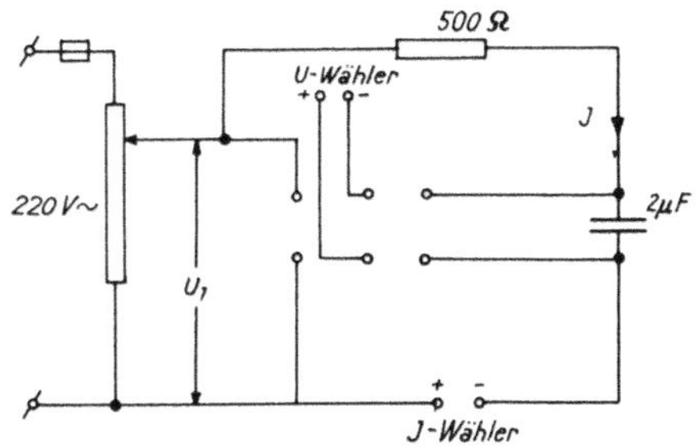

Bild 12

2) In der angegebenen Schaltung ist die Wirk- und Blindleistung der Spule zu messen. Der ohmsche und induktive Widerstand der Spule ist zu berechnen. Durchführung der Messung unter 5.4.

3) Die Kurvenform des Leerlaufstromes eines Transformators ist zu messen und graphisch aufzutragen. Durchführung der Messung siehe unter 5.5.

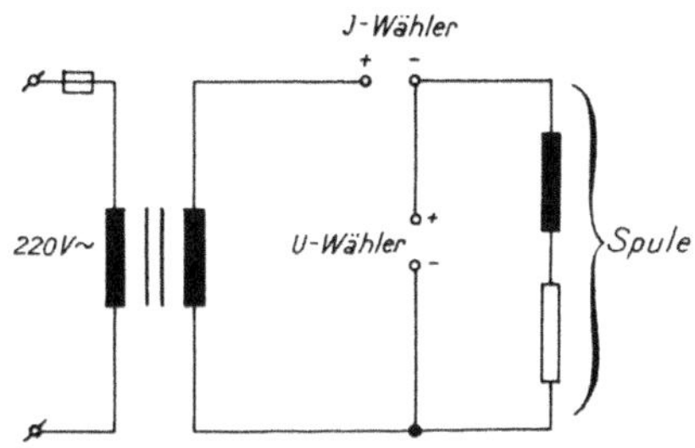

Bild 13

Literatur

F. Koppelmann: Wechselstrommeßtechnik unter besonderer Berücksichtigung des mechanischen Präzisionsgleichrichters. Springer, Berlin 1956.

Notizen

Versuch 5

Gleichrichter-Meßgeräte (Kurvenformfehler)

1. Kurvenformfehler

Eine sinusförmig verlaufende Wechselstromgröße

$$i = \hat{i} \sin(\omega t + \varphi) \tag{1}$$

ist durch drei Größen, nämlich durch die Amplitude $\hat{i}$, durch die Frequenz ω und die Phasenlage φ bestimmt.

Anstelle der Amplitude verwendet man in der Technik meistens den Effektivwert. Seine Definition als quadratischer Mittelwert ist durch folgende Gleichung gegeben:

$$I = \sqrt{\frac{1}{T}\int_0^T i^2\,dt} = \sqrt{\frac{1}{T}\int_0^T \hat{i}^2 \sin^2(\omega t + \varphi)\,dt} = \frac{1}{\sqrt{2}}\,\hat{i}. \tag{2}$$

Bei rein sinusförmigen Kurven unterscheiden sich also Effektivwert und Amplitude nur durch den konstanten Faktor $\sqrt{2}$ (Scheitelfaktor = Scheitelwert/Effektivwert).

Die praktisch auftretenden Wechselstrom- und Wechselspannungskurven weichen jedoch häufig von der reinen Sinusform ab. Solche verzerrten Kurven werden nach Fourier durch eine Summe von Sinuskurven dargestellt, deren Frequenzen ganze Vielfache der kleinsten Frequenz (Grundfrequenz) sind:

$$i = \hat{i}_1 \sin(\omega t + \varphi_1) + \hat{i}_2 \sin(2\omega t + \varphi_2) + \ldots \,. \tag{3}$$

Der Effektivwert einer solchen Kurve ist

$$I = \frac{1}{\sqrt{2}}\sqrt{\hat{i}_1^2 + \hat{i}_2^2 + \ldots} = \sqrt{I_1^2 + I_2^2 + \ldots} \,. \tag{4}$$

Effektivwert und Scheitelwert können jetzt nicht mehr durch einen konstanten Faktor verknüpft werden. Denn der Scheitelwert wird durch die Phasenlage der Oberwelle beeinflußt, während der Effektivwert von der Phasenlage der Oberwellen zur Grundwelle nicht abhängt (siehe Gl. 3 und 4).

Seltener als der Effektivwert wird der Gleichrichtwert verwendet (z.B. in der Elektrolye, daher auch seine Bezeichnung als elektrolytischer Mittelwert). Er ist durch folgende Gleichung definiert:

$$\overline{|i|} = \frac{1}{T}\int_0^T \hat{i}\,|\sin(\omega t + \varphi)|\,dt = \frac{2}{\pi}\,\hat{i}. \tag{5}$$

Sind in der Strom- oder Spannungskurve Oberwellen enthalten, so ist der Gleichrichtwert von der Phasenlage der Oberwellen zur Grundwelle abhängig.

Der Effektivwert ist mit dem Gleichrichtwert durch den Formfaktor verknüpft, (Formfaktor = Effektivwert/Gleichrichtwert). Er beträgt bei reiner Sinusform der Kurve

$$\frac{1/\sqrt{2}}{2/\pi} = 1{,}11.$$

Entsprechend der Bedeutung des Effektivwertes in der Technik verwendet man als Meßgeräte für Wechselstromgrößen meist Anordnungen, die ohne weiteres den Effektivwert der zu messenden beliebig verzerrten Kurve angeben oder zumindest noch bis zu gewissen Grenzen der Verzerrung innerhalb bestimmter Toleranz richtig anzeigen. Meßgeräte, die unabhängig von der Kurvenform der Meßgröße den Effektivwert (nach Gl. 4) bilden, bezeichnet man als „echte Effektivwertmesser". Solche sind z. B. das Dreheisen-Meßgerät, das Thermoumformer-Meßgerät, alle weiteren auf Wärmeentwicklung beruhenden und die elektrostatischen Meßgeräte.

„Kurvenformfehler" nennt man Abweichungen der Anzeige eines Gerätes vom Istwert der Meßgröße, die dadurch entstehen, daß die Kurvenform der Meßgröße nicht der Kurvenform entspricht, mit der das Gerät geeicht ist. „Echte" Effektivwertmesser haben demnach keinen Kurvenformfehler.

Interessiert der Scheitelwert- z. B. in der Hochspannungs- und Fernmeldetechnik-, so muß man bei verzerrten Kurven andere Meßverfahren verwenden. Denn hierbei ist wegen des im allgemeinen unbekannten Zusammenhangs zwischen Effektivwert und Amplitude der Effektivwertzeiger nicht zu gebrauchen, während man bei sinusförmiger Meßgröße die Anzeige einfach mit $\sqrt{2}$ multiplizieren kann.

Sämtliche hier angeführten Geräte haben – verglichen mit einem Drehspulgerät – einen relativ hohen Eigenverbrauch, sobald Ströme unter etwa 0,1 A und Spannungen unter etwa 10 V zu messen sind. Außerdem lassen sie sich nicht ohne weiteres mit vielfach umschaltbarem Meßbereich ausführen. Hitzdraht- und Thermogeräte sind zudem empfindlich gegen Überlastung.

Zur Strom- und Spannungsmessung werden daher häufig Drehspulgeräte mit Gleichrichter, die einen wesentlich geringeren Eigenverbrauch besitzen, benutzt.

2. Sperrschichtgleichrichter für Meßgeräte

Als Meßgleichrichter werden vorwiegend Kupferoxydulgleichrichter verwendet, da diese bei geringen spezifischen Belastungen sehr konstant arbeiten, ferner auch Germaniumdioden.

Nimmt man mit Gleichstrom die Kennlinie des Gleichrichterelementes auf, indem man die am Gleichrichter liegende Spannung in Abhängigkeit von dem durchfließenden Strom mißt und zwar für beide Stromrichtungen, so erhält man einen Verlauf nach Bild 1.

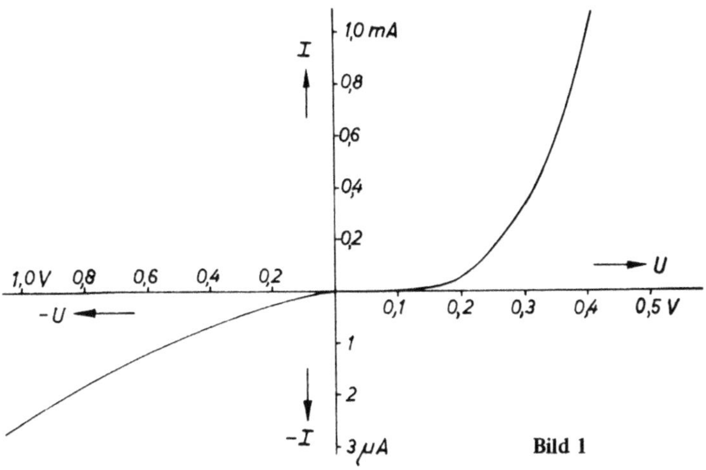

Bild 1

Die Strom-Spannungs-Kennlinie für die Durchlaßrichtung (I. Quadrant) zeigt bei kleinen Belastungen parabolischen Charakter. Bei größeren Stromdichten wird der Verlauf angenähert linear. Gleichrichter für Meßzwecke werden mit möglichst hohen Stromdichten betrieben. Die Kennlinie wird dann so weit ausgesteuert, daß der nichtlineare Teil klein ist gegenüber dem angenähert linearen. (Eine weitere Verbesserung der Linearität erreicht man durch konstante Vorwiderstände oder durch Kunstschaltungen, z.B. mit Rechenverstärkern.)

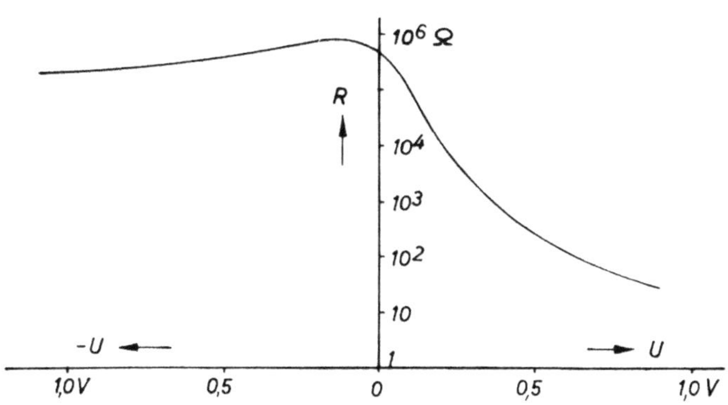

Bild 2

Ermittelt man mit Hilfe der in Bild 1 dargestellten Kurve die Widerstandskennlinie eines Gleichrichterelementes, so erhält man einen Verlauf nach Bild 2. Der Widerstand des Gleichrichterelementes ändert sich bei kleinen Spannungen im Durchlaßbereich um einige Zehnerpotenzen.

Gleichrichter werden vorwiegend in der Zweiwegschaltung angewendet, bei welcher der negative Teil der Wechselspannung in die positive Richtung umgeklappt wird. Gebräuchlich sind die Mittelpunktschaltung (Bild 3) und die Graetzschaltung (Bild 4). Bei Meßgleichrichtern wird besonders die Graetzschaltung benutzt.

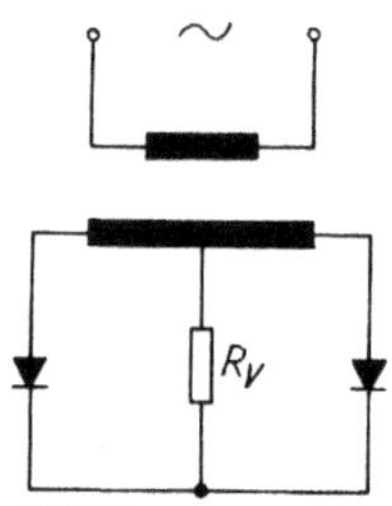

Bild 3
Mittelpunktschaltung

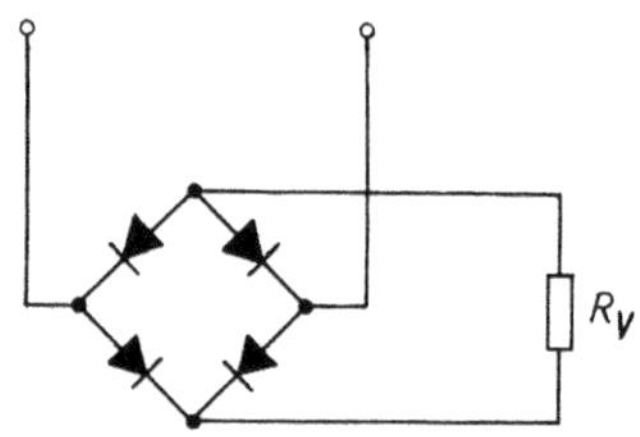

Bild 4
Graetzschaltung

Bei der Graetzschaltung ist der Rückstrom in Sperrichtung und der Spannungsabfall in Durchlaßrichtung leicht durch eine Leerlauf- und Kurzschlußmessung zu ermitteln (s. Bild 5 und 6).

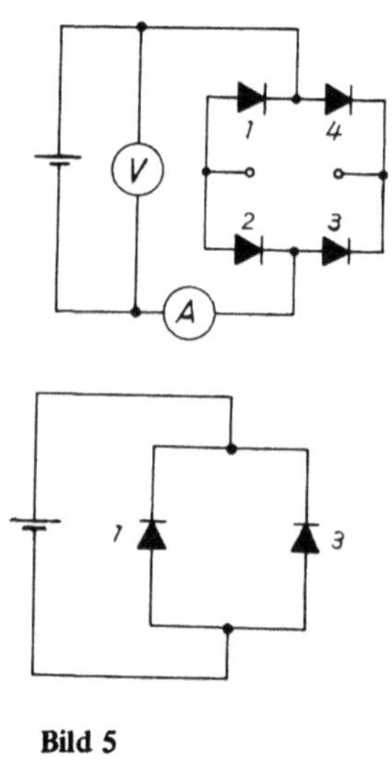

Bild 5

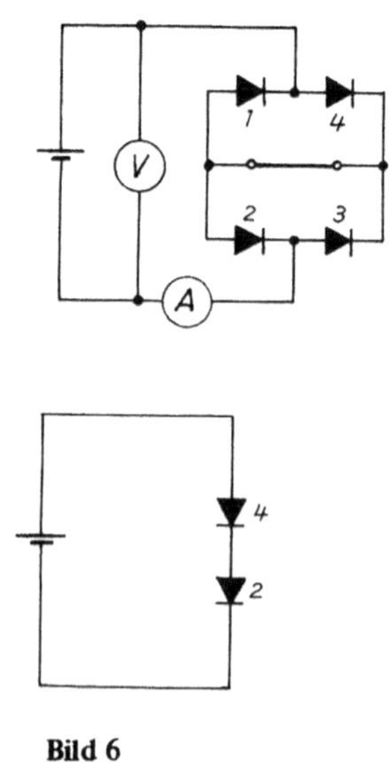

Bild 6

Im Leerlauf fließt ein Strom über die zueinander parallel liegenden Reihenschaltungen der Gleichrichter 1–2 und 3–4, wovon immer nur zwei in Sperrichtung beansprucht werden. An ihnen fällt praktisch die gesamte Spannung ab, ihr Sperrwiderstand bestimmt den über die Gleichrichteranordnung fließenden Strom. Damit wird der zu der betreffenden Spannung gehörige Rückstrom von zwei parallel liegenden Gleichrichterelementen gemessen. Im Kurzschluß liegen immer zwei Gleichrichter parallel, der eine in Durchlaßrichtung und der zweite in Sperrichtung. In diesem Fall kann der in Sperrichtung beanspruchte Gleichrichter außer acht gelassen werden. Man mißt also den doppelten Spannungsabfall eines Gleichrichterelementes in Durchlaßrichtung.

3. Meßgleichrichter in Verbindung mit einem Drehspulgerät

Eine einfache Anordnung zur Strommessung zeigt Bild 7a. Bild 7b gibt das zugehörige vereinfachte Ersatzschaltbild wieder.

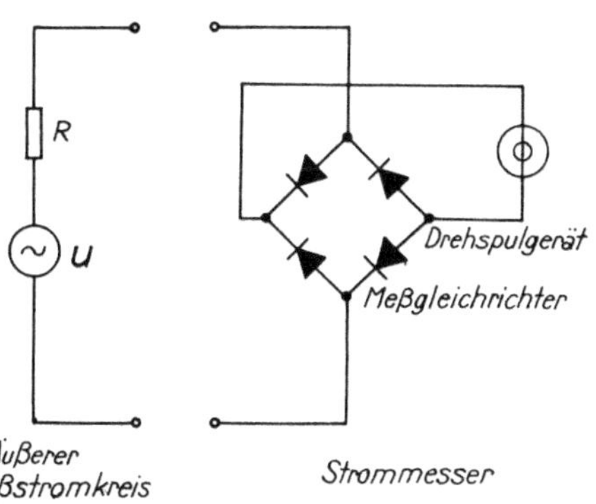

Bild 7a

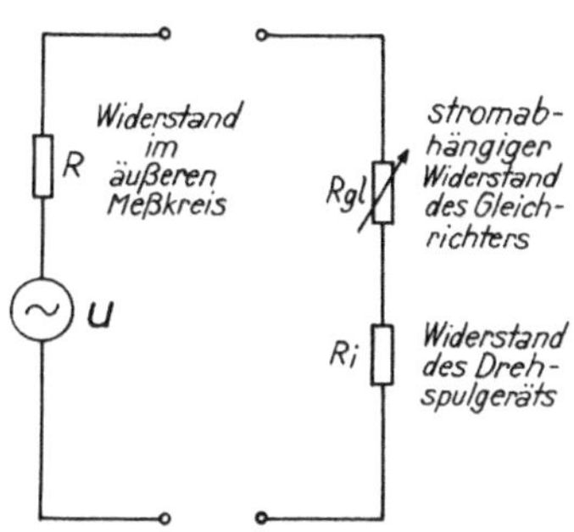

Bild 7b

Um das Verhalten einer derartigen Anordnung zu übersehen, hat man zwei Fälle zu unterscheiden:

1) Der Widerstand im äußeren Stromkreis R ist groß gegen den veränderlichen Gleichrichterwiderstand. Der größere Teil der Spannung fällt also an R ab. Dann kann man offenbar den stromabhängigen Gleichrichterwiderstand R_{gl} gegenüber den konstanten Widerständen R und R_i im Kreise vernachlässigen. Das Drehspulgerät zeigt dann das arithmetische Mittel der kommutierten Wechselstromkurve an, d.h. den „Gleichrichtwert". Man bezeichnet diese Arbeitsweise des Gleichrichters als „Stromgleichrichtung" oder „lastunabhängige Gleichrichtung".

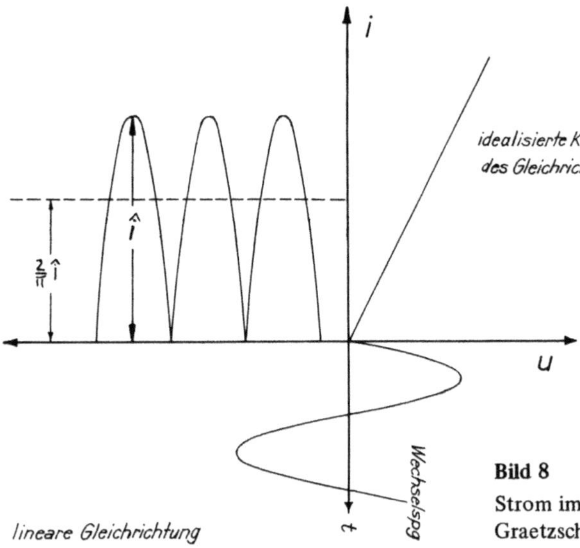

Bild 8
Strom im Drehspulgerät bei Graetzschaltung

2) Der Widerstand des äußeren Stromkreises R ist klein gegen den Gleichrichterwiderstand. Dann ist der Gesamtwiderstand stromabhängig und der Strom ist auch bei sinusförmiger Spannung nicht mehr sinusförmig. Man spricht dann von „innerer Kurvenformverzerrung" des Gerätes. Dieser Fall tritt z. B. auf bei wechselstromseitigen Nebenwiderständen in Strommessern (Bild 9). Der Nebenschlußwiderstand stellt dann vom Gleichrichter aus gesehen eine Spannungsquelle mit kleiner Leerlaufspannung und kleinem Innenwiderstand dar. Man bezeichnet diese Art der Gleichrichtung als „Spannungsgleichrichtung" oder „lastabhängige Gleichrichtung". Wendet man die lastabhängige Gleichrichtung an, so kann man durch geeignete Ausnutzung der Gleichrichterkennlinie erreichen, daß die Strom-Spannungs-Kennlinie im Gleichrichterzweig quadratisch wird, d. h. daß der Augenblickswert des Stromes im Gerät quadratisch vom Spannungsabfall am Nebenschlußwiderstand abhängt. Ein solches Gerät zeigt dann unmittelbar Effektivwerte an. Trotz dieser wünschenswerten Eigenschaft kommt diese Art der Spannungsgleichrichtung für Meßzwecke kaum in Frage, da der Gleichrichterwiderstand, der den Gesamtwider-

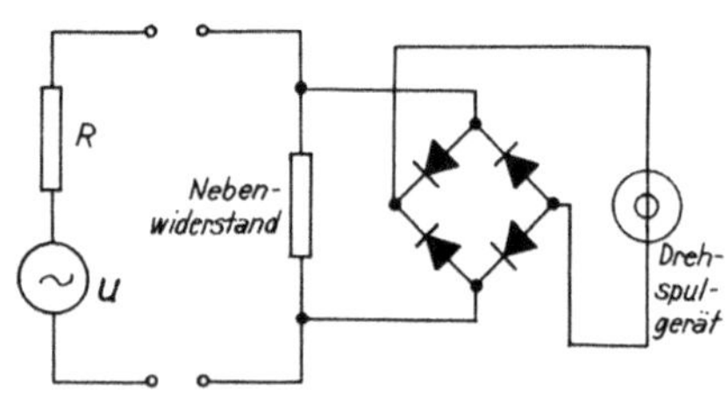

Bild 9

stand und damit die Anzeige hierbei maßgeblich beeinflußt, unbeherrschbaren Änderungen durch Temperatureinflüsse und regellose Alterung ausgesetzt ist. Derartige Geräte zeigen Temperatur- und Alterungsfehler bis 30 %.

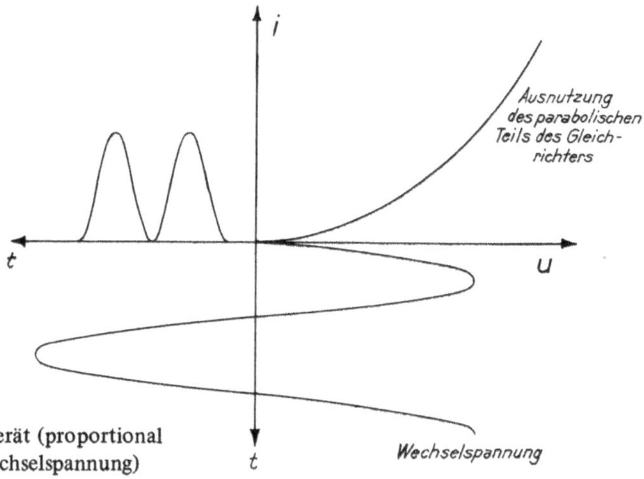

Bild 10
Strom im Drehspulgerät (proportional dem Quadrat der Wechselspannung)

Oberwelleneinfluß bei der lastunabhängigen Gleichrichtung

Wie unter 3.1 erwähnt, ist bei der üblicherweise angewendeten lastunabhängigen Gleichrichtung der Ausschlag des Gerätes proportional dem Gleichrichtwert (Bild 8). Das Gerät ist also kein echter Effektivwertmesser. Man kann die Skala jedoch in Effektivwerten eichen, wenn die zu messende Größe sinusförmig ist, da in diesem Fall Effektivwert und arithmetischer Mittelwert durch den Formfaktor 1,11 verknüpft sind. Praktisch geht man auch so vor, nimmt aber dabei in Kauf, daß das Gerät bei verzerrten Kurven den Effektivwert falsch zeigt, da der zu Grunde gelegte Zusammenhang zwischen Effektivwert und Gleichrichtwert nicht mehr gilt. Die hierbei auftretenden Verhältnisse sollen näher betrachtet werden.

Der Übersichtlichkeit halber sind hier nur die ungradzahligen Oberwellen als die wichtigsten betrachtet. Es sei aber erwähnt, daß der Einfluß der gradzahligen Oberwellen wesentlich von dem der ungradzahligen abweicht. Außerdem soll vorausgesetzt sein, daß der Oberwellengehalt so klein bleibt, daß in der Summenkurve keine zusätzlichen Nulldurchgänge auftreten. Andernfalls ist eine übersichtliche Diskussion nicht mehr möglich, da sich ein einfacher Ausdruck für den Flächeninhalt der verzerrten Kurve nicht mehr aufstellen läßt.

Bild 11 und 12 veranschaulichen die Verhältnisse bei gegensinnigen Nulldurchgängen von Grund- und Oberwelle.

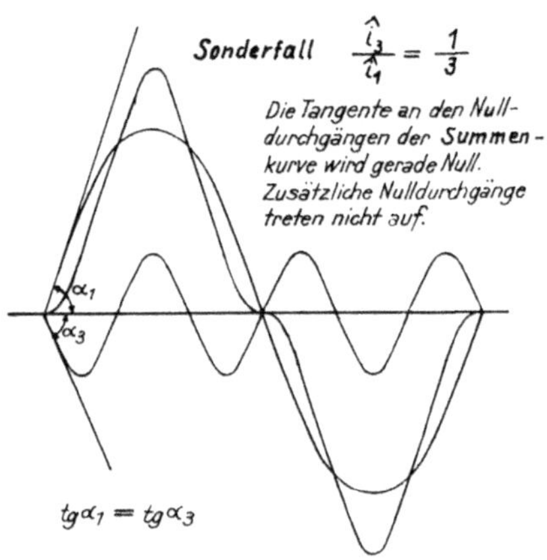

Bild 11

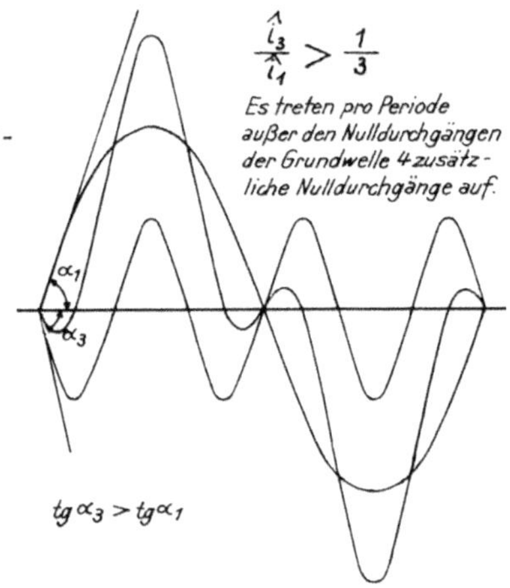

Bild 12

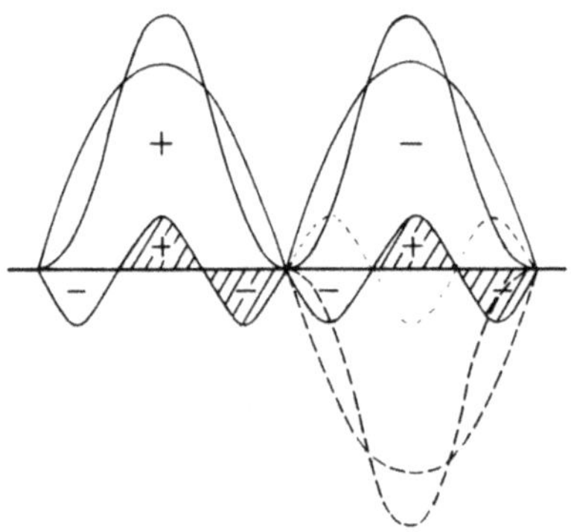

Bild 13

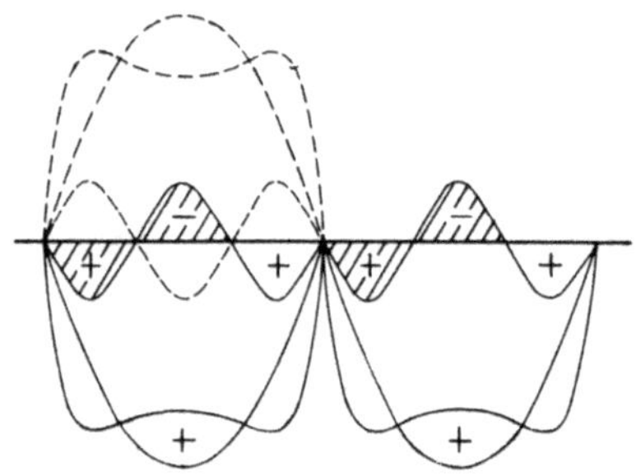

Bild 14

Nach Bild 13 erhält man den Flächeninhalt der kommutierten Kurve, indem man das arithmetische Mittel der Grundwelle um den nichtschraffierten Flächenteil der Oberwelle vermindert. Die schraffierten Teile der Oberwelle heben sich gegenseitig weg. Der Gleichrichtwert ist also:

$$\overline{|i|} = \frac{2}{\pi}\hat{i}_1 - \frac{2}{\pi}\hat{i}_n \frac{1}{n},$$

wobei n die Ordnungszahl der Harmonischen ist. Mit

$$\frac{\hat{i}_n}{\hat{i}_1} = p$$

wird

$$\overline{|i|} = \frac{2}{\pi}\hat{i}_1 \left(1 - \frac{p}{n}\right). \qquad (8a)$$

Liegt die Oberwelle so, daß die gemeinsamen Nulldurchgänge gleichsinnig erfolgen, so vermehrt sie den Gleichrichtwert der Grundwelle. Es gilt dann

$$|\overline{i}| = \frac{2}{\pi} \hat{i}_1 \left(1 + \frac{p}{n}\right). \qquad (8b)$$

Da ein Drehspulgerät in Verbindung mit einem Gleichrichter im allgemeinen schon in Effektivwerten geeicht ist (s. oben), müssen die Gleichungen (8a) und (8b) noch mit dem Formfaktor $\frac{\pi}{2} \cdot \frac{1}{\sqrt{2}} = 1{,}11$ multipliziert werden, um die wahre Anzeige des Meßgerätes zu ergeben:

$$I_{Anz} = \hat{i}_1 \left(1 + \frac{p}{n}\right) \frac{1}{\sqrt{2}} \qquad (9)$$

Der wahre Effektivwert aber beträgt sowohl bei positiver als auch bei negativer Oberwelle

$$I = \frac{\hat{i}_1}{\sqrt{2}} \sqrt{1 + p^2} \qquad (10)$$

Auf Grund der Definition des Anzeigefehlers eines Meßgerätes

$$F = \frac{\text{Anzeige} - \text{Sollwert}}{\text{Sollwert}}$$

ergibt sich damit für das Drehspulgerät in den beiden betrachteten Fällen folgender prozentualer Anzeigefehler:

$$f = \left(\frac{1 \pm \frac{p}{n}}{\sqrt{1 + p^2}} - 1 \right) \cdot 100\,\% . \qquad (11)$$

Diese Gleichungen sind jedoch nur gültig, solange keine zusätzlichen Nulldurchgänge auftreten.

Es folgt aus den Gleichungen, daß bei negativem Vorzeichen (ungleichsinnige Nulldurchgänge) das Gleichrichtergerät stets zu wenig anzeigt. Bei positivem Vorzeichen (gleichsinnige Nulldurchgänge) wird der Fehler dagegen positiv sein, solange p klein ist, jedoch negativ werden, wenn mit wachsendem p das quadratische Glied im Nenner in den Vordergrund tritt.

Anschaulich läßt sich dieses Ergebnis auch aus den Bildern 13 und 14 erkennen:

Liegt die Oberwelle so, daß der Gleichrichtwert der Summenkurve kleiner als der Gleichrichtwert der Grundwelle ist, so zeigt das Instrument zu wenig an. Im umgekehrten Fall zeigt das Gerät bei kleinem Oberwellengehalt zu viel an, weil der Gleichrichtwert proportional dem Oberwellengehalt wächst, der Effektivwert proportional dem Oberwellengehalt wächst, der Effektivwert dagegen quadratisch. Bei großem Oberwellengehalt ist die quadratische Abhängigkeit die stärkere, der Gleichrichtwert kommt nicht mehr mit, der Fehler wird negativ.

Nach den VDE-Bestimmungen gilt ein Kurvenverlauf mit bis zu 5 % Oberwellengehalt noch als praktisch sinusförmig. Bei Messungen mit einem Gleichrichtergerät kann dann unter keinen Umständen mit einem Fehler kleiner als 1,5 . . . 2 % gerechnet werden (Gl. 11).

Zusammenfassend kann gesagt werden: die Messung der Effektivwerte mit Gleichrichtergeräten bedeutet immer einen Verzicht auf Sicherheit der Messung gegenüber Messungen mit echten Effektivwertmessern. Ihr Vorteil liegt in einem geringeren Leistungsbedarf und in erhöhter Bequemlichkeit (Vielfach-Umschaltgeräte). Für Sonderzwecke kann die Art der Kurvenformabhängigkeit des Gleichrichtergerätes auch von Vorteil sein.

Aufgaben

1) Es ist der relative Anzeigefehler eines Gleichrichtergerätes bei der Messung eines Stromes von konstantem Effektivwert I = 60 mA als Funktion des prozentualen Anteils der positiven und negativen 3. Harmonischen (bezogen auf den konstanten Effektivwert) aufzunehmen. Der Strom setzt sich nur aus einer Grundwelle und einer 3. Harmonischen zusammen. Die 3. Harmonische ist von 0–100 % zu ändern. Die Konstanz des Effektivwertes ist durch einen echten Effektivwertmesser zu überwachen.

Die dreifache Netzfrequenz wird der offenen Dreieckwicklung eines ⅄/Δ-Transformators entnommen. Die Wirkungsweise dieses Frequenzwandlers ist zu erläutern.

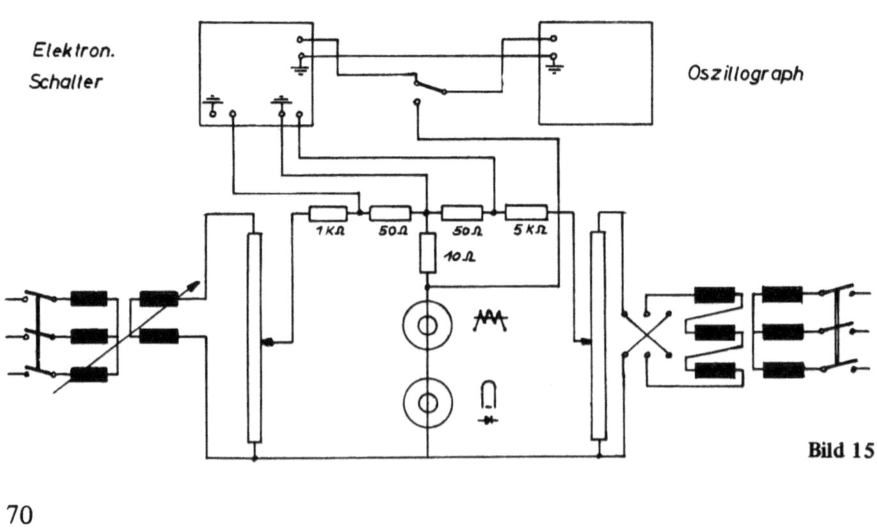

Bild 15

Der gleichzeitige Nulldurchgang der 3. Harmonischen mit der Grundwelle wird durch eine Phasenverschiebung der Grundwelle über einen Drehregler eingestellt. Überwacht wird die richtige Phasenlage durch einen Oszillographen. Durch Umschaltung besteht die Möglichkeit mit Hilfe eines elektronischen Schalters entweder beide Anteile, Grundwelle und 3. Harmonische, getrennt oder die Summenkurve direkt zu oszillographieren.

2) In einer Schaltung, in der die Spannung an einem Widerstand durch zwei gegeneinander geschaltete Zenerdioden begrenzt wird, soll der Effektivwert des von der Spannungsquelle abgegebenen Stromes mit einem echten Effektivwertmesser und mit einem Gleichrichtergerät gemessen werden. Der Fehler des Gleichrichtergerätes ist in Abhängigkeit vom Effektivwert aufzutragen.

Das Oszillogramm des Stromes ist zu skizzieren und der Verlauf zu diskutieren.

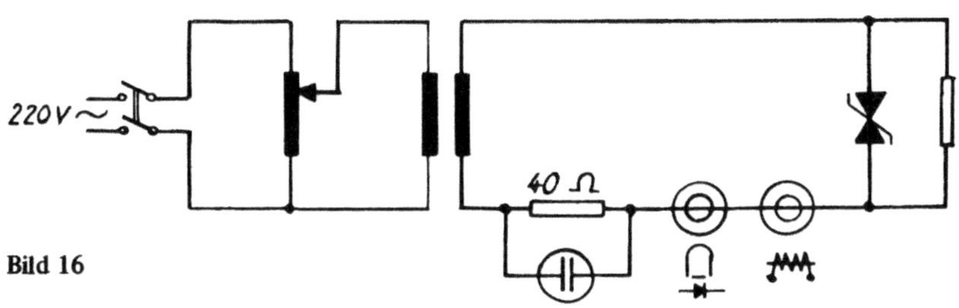

Bild 16

Literatur

K. Maier: Trockengleichrichter. Verlag Oldenbourg.

Grave: Gleichrichtermeßtechnik. Akad. Verlagsgesellschaft, Leipzig.

Archiv für technisches Messen: **82, 6,** V 3222, Z 43.

ETZ-A: **74** (1953) 23, S. 665.

Zeitschrift für Instrumentenkunde: **60** (1940), S. 74.

Notizen

Versuch 6

Thermoelement, Thermoumformer (Frequenzabhängigkeit von Meßgeräten)

1. Übersicht

Zur Messung von Strömen und Spannungen hoher Frequenzen verwendete man früher Hitzdraht- und Hitzbandgeräte. Wegen ihrer Inkonstanz des Nullpunktes als Folge äußerer Temperaturschwankungen, der geringen Stromempfindlichkeit, des hohen Leistungsbedarfs und der geringen mechanischen Festigkeit sind diese Instrumente heute von Thermoumformergeräten verdrängt worden, die frequenzunabhängige Messungen unter Umständen bis zu Frequenzen von $10^8 \ldots 10^9$ Hz gestatten, ohne die Nachteile der Hitzdrahtinstrumente zu besitzen.

2. Prinzip des Thermoelementes

Ein Thermoelement besteht aus zwei Leitern verschiedener Werkstoffe (Thermopaar), die an einem Ende miteinander verlötet oder verschweißt sind.

a) Seebeck-Effekt: Berühren sich zwei verschiedene Metalle, so tritt an der Übergangsstelle eine Spannung auf. Diese Berührungsspannung ist temperaturabhängig, da sie auf der thermischen Bewegung der Elektronen beruht.

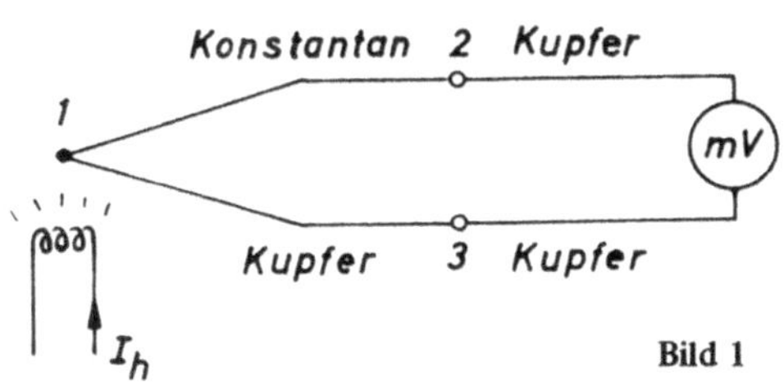

Bild 1

In elektrischen Stromkreisen treten derartige Berührungsspannungen bei jedem Wechsel des Leitermaterials auf (z. B. Kupferdraht -- Messingklemmen usw.). In dem Kreis von Bild 1 z. B. befinden sich zwei derartige Übergangsstellen (1 und 2).

Wenn beide die gleiche Temperatur besitzen, sind die Berührungsspannungen genau gleich groß und entgegengesetzt gerichtet. Das Voltmeter zeigt keinen Ausschlag.

Erwärmt man nun bei 1, etwa durch Einschalten des Heizstromes I_h einer Heizspirale, so wird das Spannungsgleichgewicht gestört. Die auftretende Differenzspannung kann mit einem empfindlichen Voltmeter bzw. leistungslos nach dem Kompensationsverfahren gemessen werden. Im interessierenden Temperaturbereich herrscht angenähert Proportionalität zwischen Thermospannung und Temperaturdifferenz (*Seebeck*, 1821). Mathematisch lassen sich die Verhältnisse folgendermaßen formulieren:

Die Berührungsspannung zwischen den beiden Leitermaterialien ist eine Funktion der Temperatur: $U_b = f(T)$. Diese Funktion werde in der Umgebung von 0 °C bzw. $T_0 = 273$ °K durch eine Taylorreihe angenähert. Bricht man diese Reihe nach dem linearen Glied ab, so erhält man

$$U_b = f(T_0) + f'(T_0) \cdot (T - T_0) = U_0 + k\vartheta \tag{1}$$

Für die Thermospannung als Differenz der beiden Berührungsspannungen $U_{b1} = U_0 + k\vartheta_1$ und $U_{b2} = U_0 + k\vartheta_2$ ergibt sich demnach

$$U_{th} = k(\vartheta_1 - \vartheta_2) \tag{2}$$

Ist die Temperatur ϑ_2 der „Vergleichstelle" 2 bekannt, so kann mit dieser Anordnung direkt die Temperatur der „Meßstelle" 1 ermittelt werden.

Tabelle 1 enthält eine Auswahl von Materialkombinationen, die häufig zu Temperaturmessungen verwendet werden:

Tabelle 1

Thermoelement aus	Maximaltemperatur	k (Mittelwerte)
Konstantan-Kupfer	500 °C	5 mV/100 °C
Konstantan-Chromnickel	900 °C	6,2 mV/100 °C
Konstantan-Eisen	900 °C	5,1 mV/100 °C
Platin-Platinrhodium	1600 °C	0,9 mV/100 °C
Wolfram-Wolframmolybdän	3000 °C	0,3 mV/100 °C

Das Material der Zuleitungen ist aber meist ein anderes als das des Thermopaares. Hierdurch treten in dem Stromkreis drei Berührungsspannungen auf (Bild 2). Mit den angenommenen Zählpfeilen erhält man:

$$U_{th} = U_{01} + k_1\vartheta_1 + U_{02} + k_2\vartheta_2 + U_{03} + k_3\vartheta_3 . \tag{3}$$

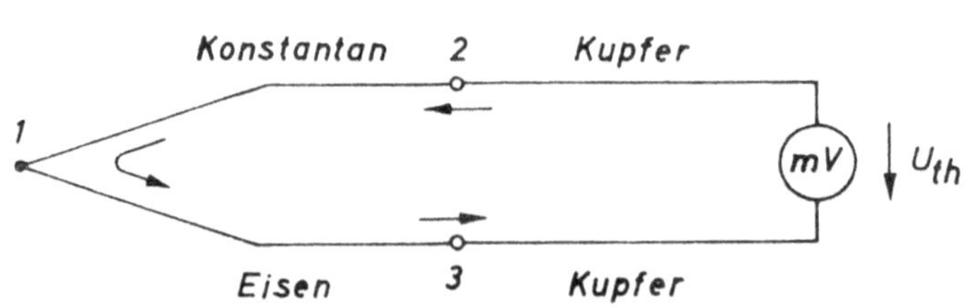

Bild 2

Dabei ist $\vartheta_2 = \vartheta_3$ die Temperatur der „Vergleichsstelle" (2,3). Wenn alle Übergangsstellen die gleiche Temperatur aufweisen, ist die Thermospannung Null. Damit wird

$$U_{01} + U_{02} + U_{03} = 0 \qquad (4)$$

und weiter

$$k_1 = -k_2 - k_3 \qquad (5)$$

Unter Berücksichtigung von Gl. (4) und (5) folgt aus Gl. (3):

$$U_{th} = k_1 (\vartheta_1 - \vartheta_2) \quad \text{(vgl. mit Gl. (2)!)}$$

Diese lineare Beziehung gilt jedoch nur näherungsweise, da der allgmeine Zusammenhang $U_b = f(T)$ noch Glieder höherer Ordnung enthält.

b) Peltier-Effekt: Fließt ein Gleichstrom über die Verbindungsstelle zweier Metalle, so beobachtet man je nach Stromrichtung eine Erwärmung oder Abkühlung der Übergangsstelle (*Peltier,* 1834). Die Temperaturänderung ist dem Strom angenähert proportional:

$$\Delta\vartheta = c \cdot I$$

Dieser sogenannte Peltier-Effekt ist bei Gleichstrommessungen zu berücksichtigen, siehe weiter unten.

c) Anwendung des Thermoelementes zur Temperaturmessung: Bei genauen Temperaturmessungen muß die Temperatur der Vergleichsstelle auf einem bekannten Wert konstant gehalten werden. Die Vergleichsstelle befindet sich dabei z. B. in Eiswasser von 0 °C oder in einem Thermostat (Behälter mit geregelter Temperatur > Zimmertemperatur).

Liegen die Klemmen des Thermoelementes (Vergleichsstelle) noch im Bereich des Temperaturgefälles, oder ist aus anderen Gründen eine größere Entfernung zwischen Meßort und Vergleichsort zu überbrücken, so werden die Schenkel des Thermoelementes mit einer „Ausgleichsleitung" verlängert (Bild 3).

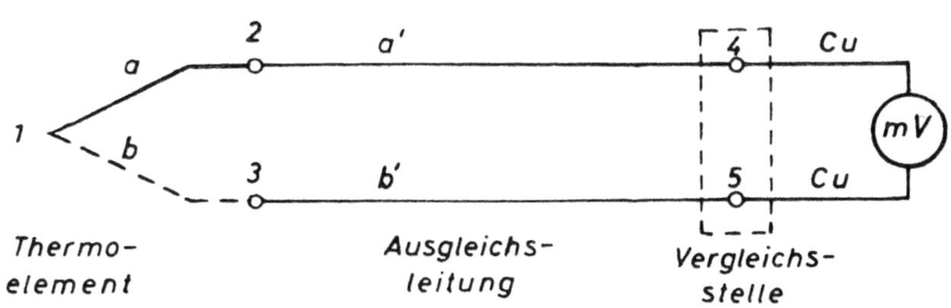

Bild 3

Das Material der Ausgleichsleitung muß zum Material des jeweiligen Thermoelementes passend gewählt werden. Es ist so beschaffen, daß an den Verbindungsstellen 2 und 3, an denen die Materialien von Thermoelement und Ausgleichsleitung a - a′ und b - b′ zusammentreffen, keine Thermospannung entsteht.

3. Thermoumformer

Beim Thermoumformer wird mit Hilfe der erzeugten Thermospannung der Heizstrom I_h gemessen. Ein Thermoumformer entspricht also der in Bild 1 dargestellten Anordnung, wobei der Abstand zwischen Heizdraht und Thermoelement möglichst klein gehalten wird. Der Anschluß an das Meßinstrument bildet die Vergleichsstelle. Die Klemmen werden mit größerer Masse ausgeführt, damit ihre Temperatur möglichst konstant und gleich der Raumtemperatur bleibt.

Die Temperatur des Heizdrahtes und somit die Thermospannung hängt nur vom Effektivwert des Heizstromes ab. Das Gerät läßt sich daher mit Gleichstrom eichen. Die Einstellzeit des Thermoumformers wird hauptsächlich von der Masse des Heizdrahtes, d. h. vom Meßbereich, bestimmt. Sie kann bis zu 10 s betragen.

4. Bauformen

Die Verbindung zwischen Thermoelement und Heizdraht kann entweder galvanisch oder auch nur thermisch unter Zwischenschaltung einer elektrischen Isolierung erfolgen. Gegebenenfalls kann das Thermoelement ganz oder teilweise die Funktion des Heizwiderstandes übernehmen.

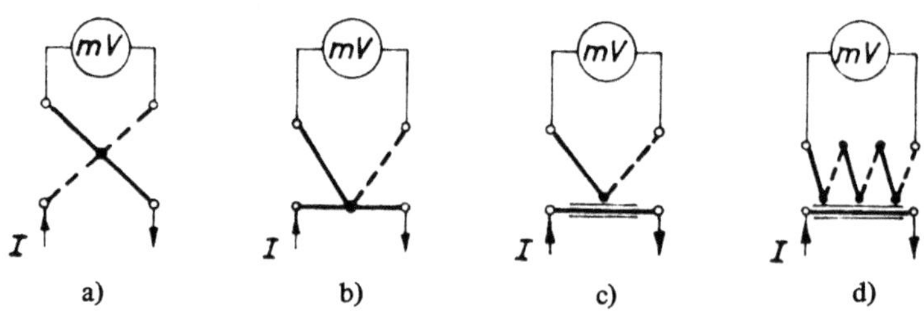

Bild 4. Verschiedene Bauformen von Thermoumformern, schematische Darstellung
a) Thermokreuz, b) Thermoumformer, c) Einfach-Termoumformer mit elektrischer Isolierung zwischen Heizdraht und Thermoelement, d) Mehrfach-Thermoumformer mit mehreren in Reihe geschalteten Themoelementen.

5. Thermokreuz

Bild 4a zeigt die einfachste Form des Thermoumformers, das Thermokreuz. Es setzt sich aus zwei thermoelektrisch verschiedenen Metalldrähten (z. B. Eisen und Konstantan) zusammen, die gekreuzt übereinandergelegt und an der Kreuzungsstelle miteinander verschweißt sind. Die eine Hälfte der beiden Drähte wird dabei vom Meßstrom durchflossen, die Messung der Thermospannung erfolgt über die beiden anderen Schenkel des Thermoumformers.

Die Übertemperatur im Kreuzungspunkt und damit die Thermospannung ist annähernd der Heizleistung proportional. Damit ergibt sich ein quadratischer Zusammenhang zwischen dem zu messenden Strom und der Thermospannung:

$$U_{th} = c_1\ Q = c_2\ I^2 \qquad (6)$$

Die Thermospannung ist also unabhängig von der Richtung des Heizstromes.

Wenn der Heizstrom wie im vorliegenden Fall von einem Metall zum anderen übertritt, kommt zu dem Seebeck-Effekt noch der Peltier-Effekt hinzu. Es bildet sich durch den Stromübertritt je nach Stromrichtung eine zusätzliche Erwärmung oder eine Abkühlung der Verbindungsstelle aus und damit eine zusätzliche Thermospannung, die der Größe und Richtung des Heizstromes proportional ist.

Hierdurch wird die Verwendung des Thermokreuzes zur Messung von *Gleichstrom* praktisch unmöglich gemacht.

Bei *Wechselstrommessungen* tritt infolge des schnellen Richtungswechsels des Heizstromes der Peltier-Effekt nicht in Erscheinung. Will man in diesem Falle trotzdem eine Gleichstromeichung anwenden, so muß bei der Eichung der Einfluß des Peltier-Effektes durch Kommutieren des Heizstromes und Mittelwertbildung aus den beiden Galvanometerausschlägen ausgeschaltet werden.

Es ist dann:

$$I_{th1} = C_g\ \alpha_1 = A\ I^2 + BI$$

$$I_{th2} = C_g\ \alpha_2 = A\ I^2 - BI,$$

wobei

C_g Galvanometerkonstante

I_{th} der von der Thermospannung getriebene Strom im Galvanometerkreis

Man erhält als Mittelwert:

$$C_g\ \frac{\alpha_1 + \alpha_2}{2} = A\ I^2$$

Damit ist die Messung vom Peltier-Effekt unabhängig. Mit

$$\alpha = \frac{\alpha_1 + \alpha_2}{2}$$

ist die Gesamtkonstante der Anordnung:

$$\frac{I}{\sqrt{\alpha}} = \sqrt{\frac{C_g}{A}} = C_T$$

Thermoumformer dieser Bauart werden nur für Meßbereiche bis etwa 200 mA ausgeführt, da bei größeren Strömen auf Grund der durch die Konstruktion gegebenen Querschnittsgleichheit der Schenkel die Thermoschenkel eine störende Vergrößerung der thermischen Trägheit verursachen.

6. Einfacher Thermoumformer

Die Nachteile des Thermokreuzes haben dazu geführt, daß man heute auch für Strommessungen unter 200 mA den Heizdraht aus *einem* Material herstellt und das Thermoelement in seiner Mitte auflötet (Bild 4b).

Bei höheren Stromstärken (1...10 A) wird an Stelle des Heizdrahtes meist ein Band verwendet, das infolge seiner größeren Oberfläche einerseits eine geringe thermische Trägheit besitzt und andererseits einen geringeren Skin-Effekt (Stromverdrängung) aufweist als ein querschnittsgleicher Runddraht und damit zu einem kleineren Frequenzfehler führt. Bei noch größeren Strömen geht man zu Stromwandlern über.

Bei Messungen von Strömen unter 100 mA bringt man die Thermoumformer im Vakuum unter. Durch die stark verringerte Wärmeableitung lassen sich dann auch bei sehr kleinen Meßleistungen von nur einigen mW noch ausreichende Spannungen für das angeschlossene Drehspulinstrument erreichen. Der kleinstmögliche Meßbereich liegt bei etwa 1 mA.

Die Isolierung zwischen Heizdraht und Thermoelement nach Bild 3c wird angewendet, wenn man Heiz- und Meßkreis voneinander elektrisch trennen will.

Wichtig ist auch die Isolierung bei der Verwendung von Thermoumformern zur Messung hochfrequenter Ströme. Hat der Leiter H Spannung gegen Erde, so fließt über C_e (Bild 5) ein Teil des Meßstromes ab. Damit entsteht bei Hochfrequenz

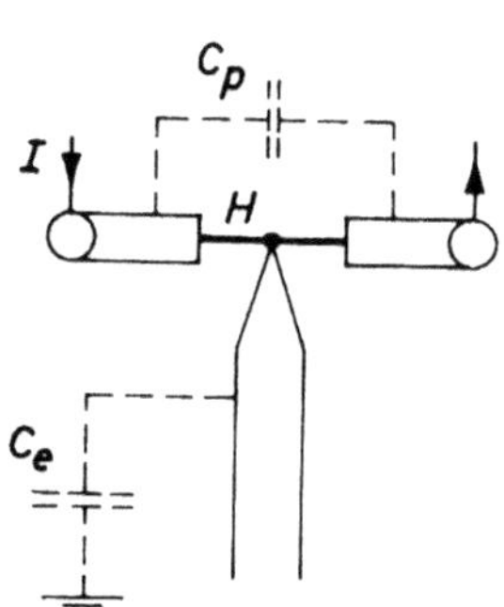

Bild 5
Nebenkapazitäten beim Thermoumformer

ein großer Meßfehler, der kapazitive Erdstrom kann auch zum Durchbrennen der dünnen Thermoschenkel führen. Zur Verringerung dieser Gefahren stellt man eine Isolierung zwischen Heizdraht und Thermoelement durch eine Glasperle her, die um den Heizdraht gelegt wird, und in welche die Lötstelle des Thermoelements eingebettet ist.

Der die Nebenkapazität C_p durchfließende Stromanteil wird hiervon nicht berührt; er muß dadurch niedrig gehalten werden, daß C_p durch konstruktive Gestaltung der Stromzuleitungen klein gemacht wird.

7. Mehrfach-Thermoumformer

Die auf der Sekundärseite des Thermoumformers zur Verfügung stehenden Energiemengen sind außerordentlich klein und stellen sehr hohe Anforderungen an die Empfindlichkeit des Drehspulinstrumentes. Man ist aus diesem Grunde dazu übergegangen, eine Vergrößerung der Thermospannung durch Verwendung mehrerer Thermoelemente herbeizuführen (Bild 4d). Diese Ausführungsform setzt die elektrische Trennung der Lötstellen vom Heizdraht voraus, da andernfalls die Thermoelemente über den Heizdraht kurzgeschlossen werden. Als Isolation genügt z. B. eine dünne Oxydschicht, wie sie mit einfachen Mitteln bei Konstantan- bzw. Chromnickeldrähten geschaffen werden kann. Die fertiggelöteten Thermoelemente werden hier um den oxydierten Heizdraht geschlungen und in Reihe geschaltet. Dieser Weg ist aber nur dann gangbar, wenn die Dimensionen des Heizdrahtes eine für die Beheizung mehrerer Thermoelemente hinreichende Wärmemenge sicherstellen. Dies ist etwa von 1 A Nennstromstärke ab der Fall.

8. Überlastbarkeit

Der Nachteil des Thermoumformers gegenüber anderen Meßgeräten liegt in seiner geringen Überlastbarkeit. Die Übertemperatur der heißen Lötstelle beträgt in der Regel bei Nennstrom 200 °C. Infolge der quadratischen Beziehung zwischen Temperatur und Strom erreicht der Heizdraht bei doppeltem Nennstrom die höchstzulässige Temperatur von etwa 800 °C. Damit ergibt sich für die meisten handelsüblichen Thermoumformer eine zulässige maximale Überlastbarkeit von etwa 100 %.

9. Entzerren des Skalenverlaufs

Für Thermoumformer ergibt sich in Verbindung mit normalen Drehspulinstrumenten quadratischer Skalenverlauf.

Um diesen zu entzerren, kann man Drehspulgeräte verwenden, deren Empfindlichkeit durch besondere Polschuhformung mit zunehmendem Zeigerausschlag vermindert wird.

Auf diese Weise läßt sich, wie Bild 6 zeigt, erreichen, daß das Instrument in Verbindung mit einem Thermoumformer von etwa 1/3 des Nennstromes ab nahezu linearen Skalenverlauf erhält. Diese Korrektur erfolgt auf Kosten der Gesamtempfindlichkeit und erfordert daher eine höhere Thermospannung, die nur durch Verwendung eines Mehrfach-Thermoumformers oder durch eine Steigerung der Temperatur des Heizdrahtes und damit durch Verminderung der Überlastbarkeit zu erreichen ist. Für derartige Instrumente wird daher meist nur eine 50 %ige Überlastbarkeit des Thermoumformers garantiert.

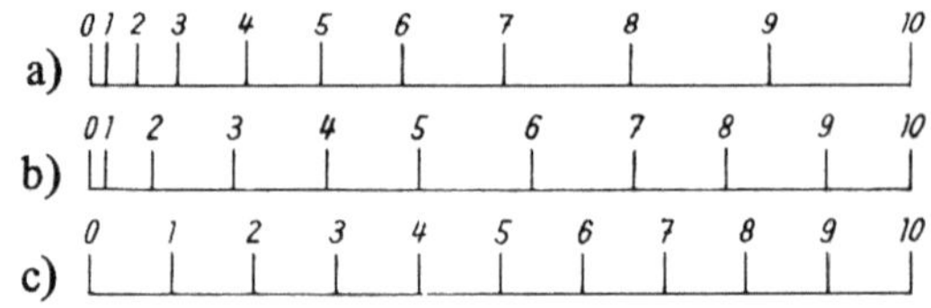

Bild 6

Thermoumformer-Skalen
a) Normale Thermoumformer-Skala,
b) Entzerrte Thermoumformer-Skala,
c) Proportionale Skala

Aufgaben

1) Mit Hilfe eines Thermoelementes und eines Punktschreibers ist die Temperatur eines Metallbades zu registrieren. Der Aufheiz- und Abkühlkurve sind folgende Daten zu entnehmen:

a) Schmelztemperatur

b) Thermische Zeitkonstante für das Gefäß mit Inhalt.

Schreibereinstellung: Bereich 12 mV (Heizung rechtzeitig abschalten!). Papiervorschub 60 mm/h. Man informiere sich eingehend über Aufbau und Wirkungsweise des Fallbügelschreibers mit Getriebe, Meßwerk usw.

2) Die Konstante eines Thermokreuzes ist

$$C_T = \frac{I}{\sqrt{\alpha}}$$

in Abhängigkeit vom Meßstrom I für Gleichstrom bei beiden Stromrichtungen und für Wechselstrom zu bestimmen.

Schaltung:

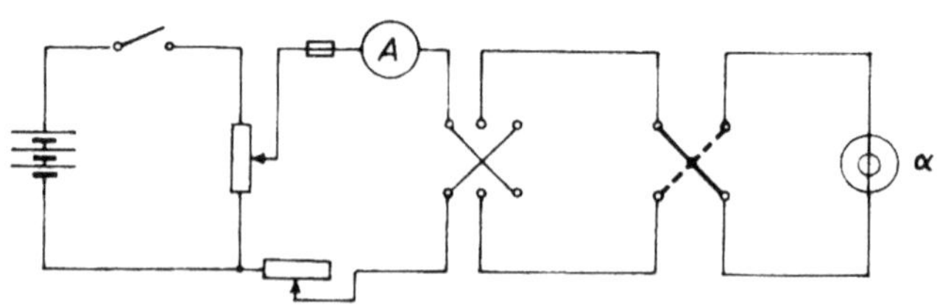

Bild 7

3) Die Änderung der Anzeige von Spannungsmessern bei Frequenzänderung zwischen 50...50 000 Hz ist bei der Spannung 80 V für folgende Geräte zu bestimmen:

Elektrostatischer Spannungsmesser,
Spannungsmesser mit Gleichrichter,
Spannungsmesser mit Thermoumformer,
Dreheisenspannungsmesser.

Die Konstanz der Meßspannung ist mit dem elektrostatischen Spannungsmesser zu überwachen. Die Kurvenform der abgegebenen Spannung ist mit einem Oszillographen zu kontrollieren.

Schaltung:

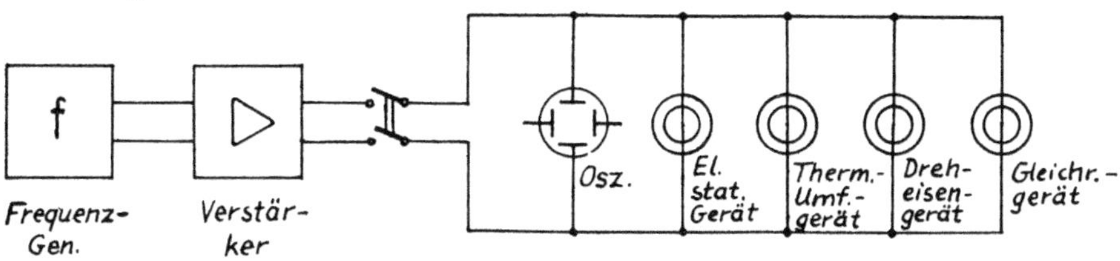

Bild 8

Literatur

E. Grimsehl: Lehrbuch der Physik. Band II: Elektromagnetische Felder. Pfalz Verlag, Basel 1967.

Schulze: Metallische Werkstoffe der Elektrotechnik.

Palm, Hunsinger, Münch: Elektrische Meßgeräte und Meßeinrichtungen. 4. Aufl. Springer, Berlin 1963.

Archiv für Technisches Messen, J 712 und V 324–1

Versuch 7

Scheitelwertmessung

1. Messung des Scheitelwertes eines Wechselstromes

Zur Messung des Scheitelwertes eines Wechselstromes beliebiger wechselsymmetrischer Kurvenform eignet sich folgende Anordnung (Bild 1):

Der Wechselstrom erzeugt an dem Meßwiderstand R_M eine dem Strom proportionale Spannung u_R. Diese Spannung wird gleichgerichtet und dem Kondensator C zugeführt. Der Kondensator lädt sich dabei von Halbwelle zu Halbwelle immer mehr auf, bis schließlich die maximal auftretende Spannung $\hat{u}_R = U_C$ an ihm liegt.

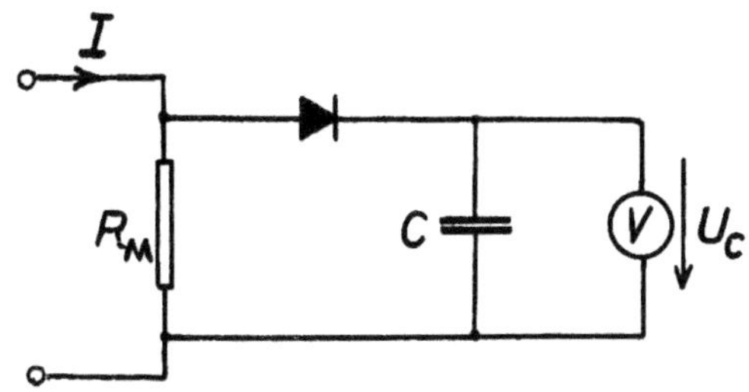

Bild 1

Aus der Spannung U_C läßt sich der Scheitelwert des Wechselstromes berechnen zu:

$$\hat{i} = \frac{U_C}{R_M}$$

Es können folgende durch die Schaltelemente bedingte Meßfehler auftreten:

a) Während der Sperrzeit des Gleichrichters führt die Entladung des Kondensators zu einem Absinken der Spannung, so daß die gemessene Spannung U_C kleiner als der Scheitelwert $\hat{u}_R$ ist (Bild 2).

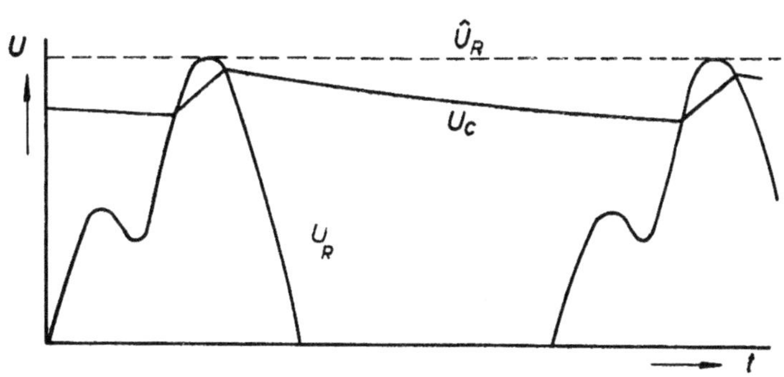

Bild 2

Um diesen *Entladefehler* klein zu halten, müssen Ableitwiderstand des Kondensators, Innenwiderstand des Meßinstrumentes und Sperrwiderstand des Gleichrichters so groß sein, daß die Entladezeitkonstante ein Vielfaches der Periodendauer des Wechselstromes beträgt.

Zur Messung der Kondensatorspannung eignet sich am besten ein statischer Spannungsmesser. Im Versuch wird stattdessen ein empfindlicher Strommesser mit hochohmigem Vorwiderstand benutzt. Als Gleichrichter wird eine Germanium-Punktkontaktdiode OA 70 benutzt.

b) Der Durchlaßwiderstand des Gleichrichters muß klein sein, da er im wesentlichen die Zeitkonstante bestimmt, mit der sich der Kondensator auflädt. Diese Bedingung läßt sich mit einer Germaniumdiode nur begrenzt erfüllen.

Die Folge einer großen Ladezeitkonstante ist, daß der Kondensator sich nicht auf die nur kurzzeitig anliegende Spitzenspannung aufladen kann. Dieser Fehler wird *Ladefehler* genannt. Im Zusammenhang mit dem unter a) beschriebenen Entladefehler wird der gesamte Fehler also noch größer (Bild 2).

Eine Verkleinerung des Kondensators ergibt zwar eine kleinere Ladezeitkonstante, jedoch wird auch damit die Entladezeitkonstante kleiner.

c) Durchlaßwiderstand des Gleichrichters einerseits, Ableitwiderstand des Kondensators und Innenwiderstand des Meßinstrumentes andererseits bilden einen Spannungsteiler, so daß die Spannung des Kondensators U_C kleiner ist als $\hat{u}_R$. Auch hieraus ergibt sich die Forderung nach kleinem Durchlaßwiderstand und großem Ableitwiderstand.

Im Versuch wird auf die genaue Einhaltung der oben angeführten Bedingungen verzichtet. Stattdessen wird die Anordnung zunächst mit sinusförmigem Strom geeicht. Dann wird mit einem nichtsinusförmigen Strom gemessen (Magnetisierungsstrom). Bei der Messung eines Magnetisierungsstromes spitzer Kurvenform ergibt sich bei der Benutzung der Eichung ein kleiner Fehler dadurch, daß die Verweilzeit der Spannung u_R auf ihrem Maximalwert bei spitzer Kurvenform geringer ist als bei sinusförmigem Verlauf. Dieser Fehler sei hier vernachlässigt.

2. Aufnahme der Kurvenform eines Magnetisierungsstromes

Mit der unter 1. beschriebenen Anordnung läßt sich z.B. die Kurvenform eines Magnetisierungsstromes bestimmen (Hysterese- und Wirbelstromkomponente nicht berücksichtigt); siehe Bild 3. Legt man an die Klemmen des Transformators eine sinusförmige Wechselspannung U_{UV}, so nimmt der Tranformator einen Magnetisierungsstrom I_μ auf, dessen Verlauf bestimmt ist durch die Magnetisierungskennlinie $B = f(\Theta)$ Bild 4. Die sekundäre Leerlaufspannung U_{uv} ist über das Induktionsgesetz

$$u_{uv} = w_2 \frac{d\Phi(t)}{dt}$$

mit dem Fluß Φ bzw. mit der Induktion B verknüpft. Damit gehört zu jedem Augenblickswert u_{uv} ein bestimmter Wert der Induktion und somit über die Beziehung B = f (Θ) auch ein bestimmter Wert des Magnetisierungsstromes. Es ergibt sich die in Bild 4 angegebene Konstruktion des Magnetisierungsstromes bei gegebener Leerlaufspannung u_{uv}.

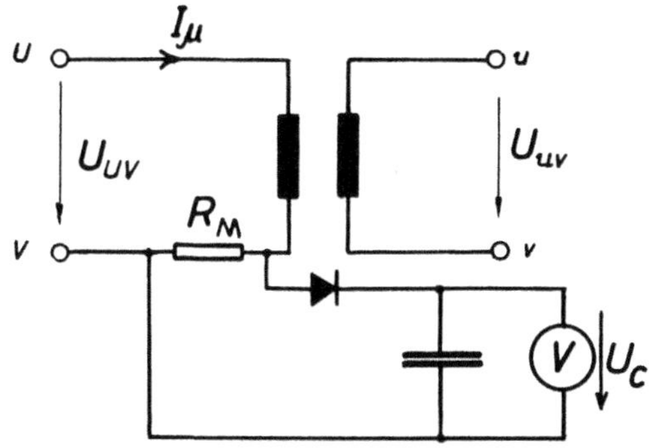

Bild 3

Nach dieser Konstruktion läßt sich rückwärts die mittlere Magnetisierungskennlinie bestimmen, indem man zu jedem Maximalwert von u_{uv} den zugehörigen Maximalwert des Magnetisierungsstromes durch Messung mit dem Scheitelwertmesser ermittelt. Dabei ist vernachlässigt, daß neben dem reinen Magnetisierungsstrom auch noch Wirkstromkomponenten zur Deckung der Eisenverluste fließen.

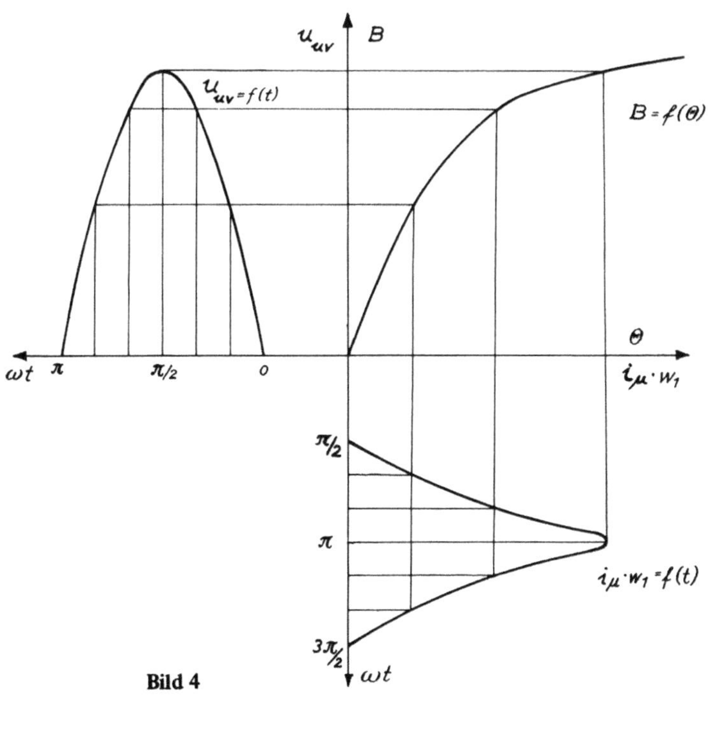

Bild 4

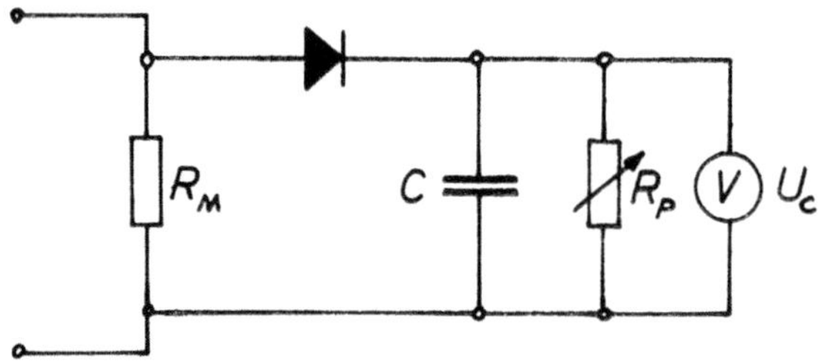

Um die unter 1. beschriebene Anordnung zu prüfen, wird ein zusätzlicher, veränderlicher Widerstand (R_p) in die Schaltung eingefügt (Bild 5).

Bild 5

Dieser Widerstand soll den vorher vernachlässigten Ableitwiderstand des Kondensators und den Innenwiderstand des Meßinstrumentes symbolisieren. Bei Verkleinerung des Widerstandes erhöht sich nach 1a) der Entladefehler. Dieser zusätzliche Fehler wird bei sinuförmigem Strom, bei einem Strom mit spitzer Kurvenform (Magnetisierungsstrom) und bei einem Strom mit trapezförmigem Kurvenverlauf untersucht.

Um eine Stromkurve mit Trapezform zu erhalten, wird folgende Schaltung benutzt (Bild 6):

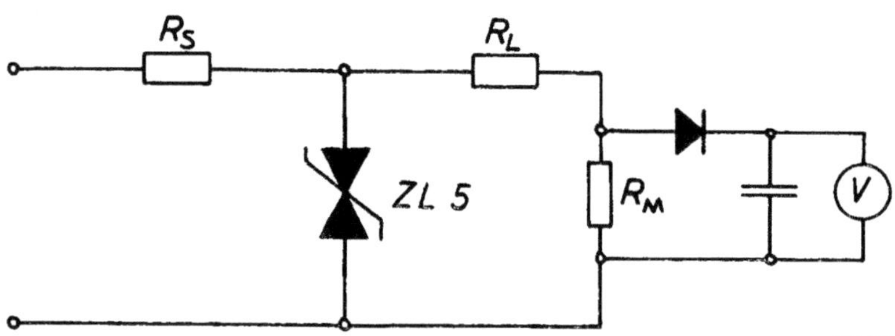

Bild 6

Über einen Schutzwiderstand (R_s) werden zwei gegeneinander geschaltete, gleiche Zenerdioden angeschlossen. Zenerdioden sind Halbleiterdioden mit normaler Durchlaßkennlinie und einer Sperrkennlinie, die bei einer bestimmten Spannung einen deutlichen Knick aufweist, bei dem der Sperrwiderstand von einem sehr hohen in einen sehr niedrigen Wert übergeht. Bei den hier verwendeten Zenerdioden ZL 5 liegt die Knickspannung bei 5 V. Der Teil der Spannungskurve, der oberhalb 5 V liegt, wird durch die Diode praktisch kurzgeschlossen, ebenso natürlich jede negative Spannung (weil dann Durchlaßrichtung vorliegt).

Schaltet man zwei gleiche Zenerdioden gegeneinander in Reihe, so erhält man als Spannung an beiden Dioden zusammen eine symmetrische Trapezkurvenform (nur näherungsweise, in Wirklichkeit natürlich Abschnitte aus der Sinusform). Wenn eine der beiden Dioden gerade in Sperrichtung beansprucht wird, dann kann an ihr keine größere Spannung als 5 V auftreten; die andere Diode ist dann in Durchlaßrichtung beansprucht, so daß sich der in Bild 8b gezeigte Kurvenverlauf ergeben muß.

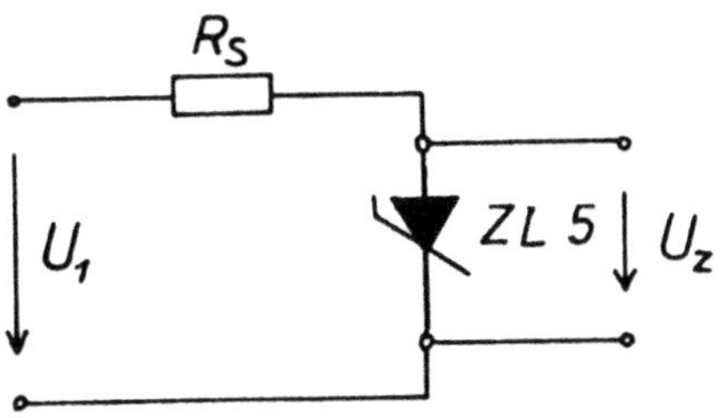

Bild 7a
Schaltung mit einer Zenerdiode

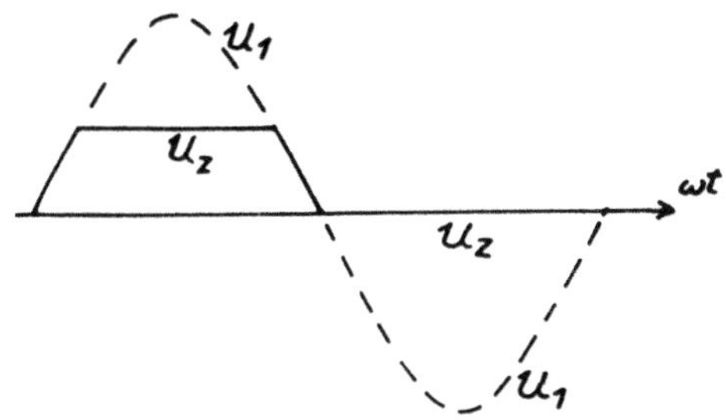

Bild 7b
Liniendiagramm für Schaltung 7a

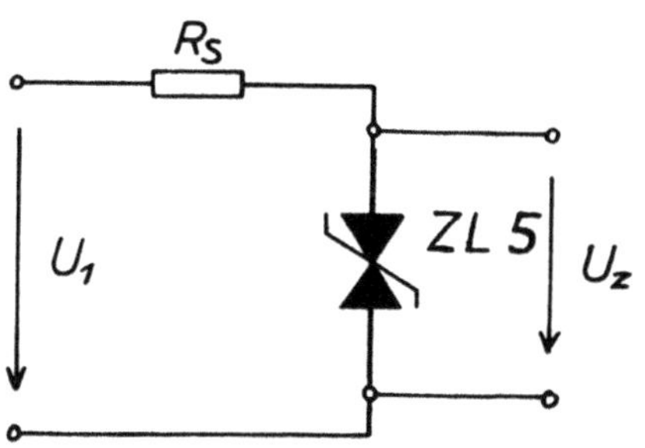

Bild 8a
Schaltung mit zwei gleichen Zenerdioden, gegeneinander geschaltet

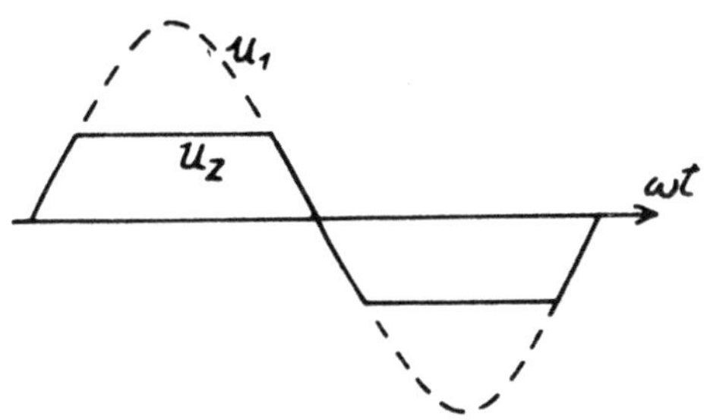

Bild 8b
Liniendiagramm für Schaltung 8a

Der Widerstand R_L in Bild 6 ist ein zusätzlicher Lastwiderstand, er wird benötigt, um eine dem Leerlauffall wie in Bild 8 ähnliche Kurvenform zu erhalten. Wird nämlich die Schaltung mit den Zenerdioden mit einem zu kleinen Widerstand belastet, dann erhält man nur noch sinusförmigen Strom.

Aufgaben

1) Es ist die Eichkurve $\hat{i} = f(U_C)$ des Meßgerätes für rein sinusförmigen Wechselstrom aufzunehmen. Dabei kann U_C direkt in Skalenteilen des Strommessers (μA) aufgetragen werden. Es wird im Bereich 0–15 μA gearbeitet.

Schaltbild 1

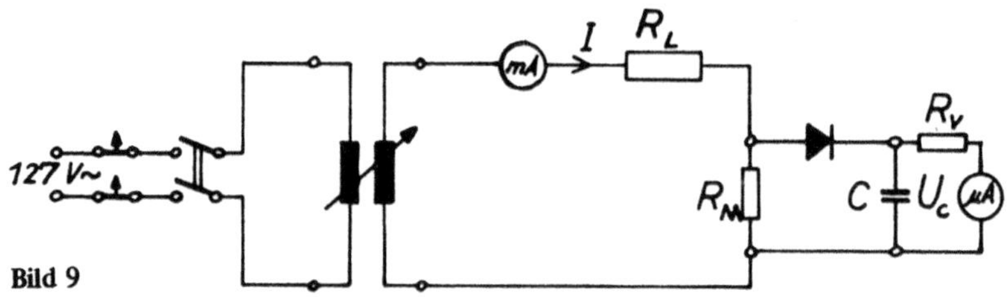

Bild 9

2) Es ist aufzunehmen

$$U_C \text{ (Skt)}; \; \hat{i}_\mu = f(U_2)$$

Daraus ist die mittlere Magnetisierungskurve B = f (Θ) zu bestimmen. Die Klemmenspannung wird als sinusförmig angenommen.

Daten des Transformators:

Primäre Windungszahl	w_1 = 1200
Sekundäre Windungszahl	w_2 = 1200
Wirksamer Eisenquerschnitt	$q_{Fe} = 3{,}3 \text{ cm}^2$

Schaltbild 2

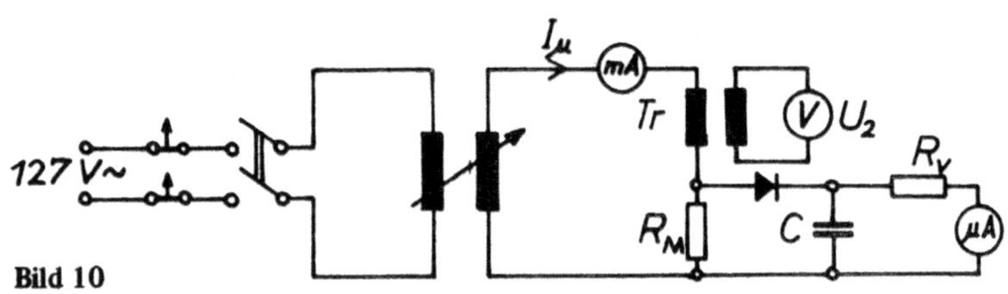

Bild 10

3) Aus der in Aufgabe 2 aufgenommenen Kurve ist für eine sekundäre Leerlaufspannung U_2 = 100 V die Kurvenform des vom Transformator aufgenommenen Magnetisierungsstromes zu bestimmen.

4) Untersuchung des Entladefehlers:

a) bei Magnetisierungsstrom. Schaltung wie Aufgabe 2 (Aufnahme eines Magnetisierungsstromes). Es wird nur noch der veränderliche Parallelwiderstand R_p eingefügt, siehe Bild 5.

b) bei sinusförmigem Strom. Schaltung wie Aufgabe 1 (Aufnahme der Eichkurve) mit zusätzlichem Parallelwiderstand R_p.

c) bei trapezförmigem Strom. (Siehe Schaltbild 3)

Jedesmal ist aufzunehmen: U_C (Skt) = $f(R_p)$.
(Bezugswert: 10 μA ohne Parallelwiderstand). Bei welchem Parallelwiderstand beträgt in den einzelnen Fällen der zusätzliche Fehler 10 % des Ausgangswertes von U_C?

Schaltbild 3

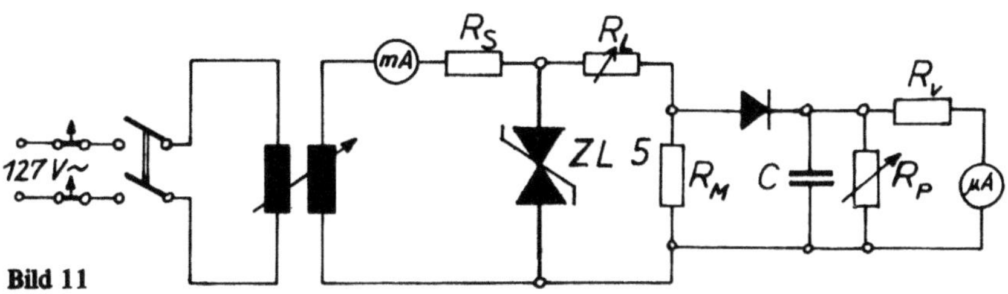

Bild 11

Literatur

Brion-Vieweg: Starkstrommeßtechnik, Springer-Verlag.
Archiv für technisches Messen, V 3383–3
Stöckl: Elektrische Meßtechnik. Teubner-Verlag

Notizen

Versuch 8

Leistungsmessung im Einphasensystem, Eisenverluste

1. Allgemeines

1.1. Strom und Spannung sinusförmig

Der Augenblickswert der Leistung eines Wechselstromkreises ist durch das Produkt der Augenblickswerte von Spannung u und Strom i gegeben.

Sind Strom und Spannung in Phase (rein Ohmsche Last), so ergibt sich ein Verlauf des Augenblickswertes der Leistung P_t nach Bild 1.

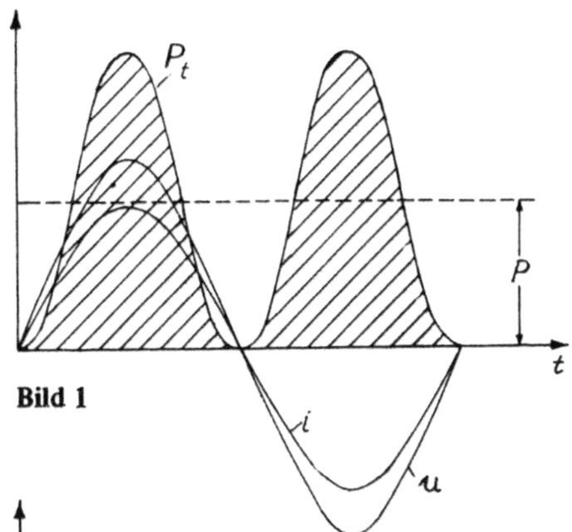

Bild 1

Sind dagegen u und i um 90° phasenverschoben (rein induktive oder kapazitive Last), so gibt die Maschine wohl in der einen Viertelperiode Leistung ab, in der nächsten Viertelperiode jedoch wird die Leistung in gleicher Größe wiederum an die Maschine zurückgeliefert (Bild 2).

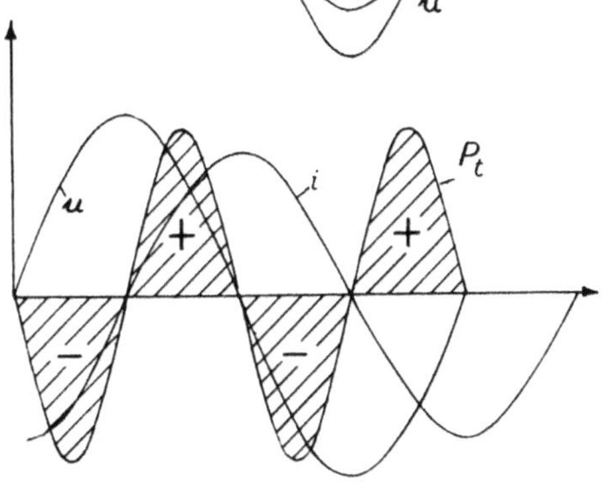

Bild 2

Bei einer Phasenverschiebung zwischen 0 und 90° wird schließlich, wie Bild 3 zeigt, mehr Leistung von der Maschine geliefert, als der Kreis zurückgibt.

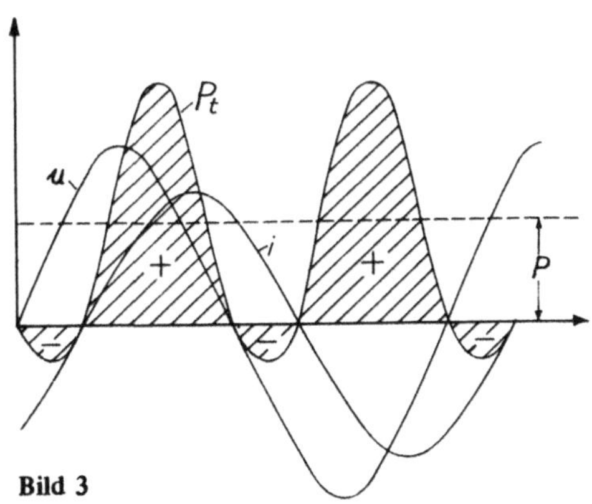

Bild 3

Ein einphasiger Wechselstromgenerator gibt also seine Leistung niemals mit zeitliche konstantem Betrage, sondern stets pulsierend ab.

Demnach würde ein Wechselstromleistungsmesser zeitlich veränderliche Ausschläge ausführen, wenn sein Zeiger den Augenblickswerten der Leistung folgen könnte. Infolge seiner mechanischen Trägheit jedoch zeigt er den Mittelwert der Leistung P_t an.

Diesen kann man folgendermaßen errechnen:

$$P = \frac{1}{T} \int_0^T P_t \, dt = \frac{1}{T} \int_0^T u \, i \, dt$$

mit $u = \hat{u} \sin \omega t$
und $i = \hat{i} \sin (\omega t - \varphi)$
ergibt sich:

$$P = \frac{1}{T} \int_0^T \hat{u} \sin \omega t \, \hat{i} \sin (\omega t - \varphi) \, dt$$

$$P = \frac{1}{2\pi} \hat{u} \; \hat{i} \; \pi \cos \varphi = \frac{\hat{u}}{\sqrt{2}} \frac{\hat{i}}{\sqrt{2}} \cos \varphi$$

oder mit:

$$\frac{\hat{u}}{\sqrt{2}} = U \text{ (Effektivwert)}$$

$$\frac{\hat{i}}{\sqrt{2}} = I \text{ (Effektivwert)}$$

wird

$$P = U \, I \cos \varphi$$

1.2. Strom mit Oberwellen

In vielen Fällen kommt es vor, daß der Verbraucher eine nichtlineare Charakteristik hat, z. B. ist bei der eisengeschlossenen Drossel die Induktivität stromabhängig. In diesem Fall ist der von einer sinusförmigen Spannung erzeugte Strom nicht mehr sinusförmig. Die so „verzerrte" Stromkurve läßt sich durch Fourier-Analyse in eine Summe von sinusförmigen Anteilen mit verschiedenen Frequenzen auflösen, die immer ganzzahlige Vielfache der Grundfrequenz sind.
Es sei zum Beispiel:

$$i = \hat{i}_1 \sin (\omega t - \varphi_1) + \hat{i}_2 \sin (2\omega t - \varphi_2) \ldots + \hat{i}_n \sin (n\omega t - \varphi_n)$$

und

$$u = \hat{u} \sin \omega t$$

Die Leistung ergibt sich als Mittelwert des Produktes u i:

$$P = \frac{1}{2\pi} \int_0^{2\pi} \hat{u} \sin \omega t \, [\hat{i}_1 \sin(\omega t - \varphi_1) \ldots + \hat{i}_n \sin(n\omega t - \varphi_n)] \, d\omega t$$

Nach Ausrechnung des Integrals wird:

$$P = U \, I_1 \cos \varphi_1$$

Eine sinusförmige Grundwellenspannung setzt also nur mit der Grundwelle des Stroms im Mittel Leistung um.

2. Schaltung und Korrektur des Eigenverbrauchs der Geräte

Das vom Dynamometer gelieferte mittlere Drehmoment M und damit auch der Ausschlag (bei linearer Federcharakteristik) ist:

$$M = K \, I_f \, I_b \cos \Psi$$

wobei Ψ der Phasenwinkel zwischen dem Strom in der festen Spule (I_f) und dem in der beweglichen Spule (I_b) ist. Damit nun dieses Drehmoment der zu messenden Leistung proportional ist, müssen folgende Bedingungen erfüllt sein:

$$I_f = K_1 \, I$$

$$I_b = K_2 \, U$$

$$\Psi = \varphi$$

Damit wird: $P = U \, I \cos \varphi$, wenn man den Proportionalitätsfaktor $K_1 \; K_2$ in die Skala eineicht.

Die Bedingung für I_b verlangt, daß der Widerstand des Spannungspfades R_{Sp} (Widerstand der beweglichen Spule und des Vorwiderstandes) konstant ist. Die Bedingung für Ψ fordert, daß der Strom in der Spannungsspule in Phase mit der Spannung U ist, oder mit anderen Worten, daß die Reaktanz des Spannungspfades gegenüber seinem Ohmschen Widerstand vernachlässigt werden kann. Der Spannungspfad hat also einen Widerstand von konstanter Größe und praktisch rein Ohmscher Natur. Die Größe des Widerstandes ist auf der Skala des Gerätes angegeben.

Dagegen stellt die Bedingung für I_f keinerlei Anforderungen an die Art und Konstanz des Widerstandes der Stromspule. Außerdem wird der Strommeßbereich beim dynamometrischen Leistungsmesser nicht durch Parallelwiderstände erweitert, sondern durch Serien- bzw. Parallelschalten der unterteilten Stromspule, so daß sich auch hieraus keine Notwendigkeit ergibt, die Stromspule mit einem konstanten Widerstandswert auszurüsten. Diese Spule kann demnach aus dem stark temperaturabhängigen Kupfer hergestellt werden. Ganz im Gegensatz zum Spannungspfad liegt also der Widerstand der Stromspule weder der Größe noch der Phase nach fest. Eine eindeutige Gerätekorrektur läßt sich aus den oben angeführten Gründen nur bei der Schaltung nach Bild 4 mit Spannungsmesser- und Spannungsspulen-Anschluß hinter der Stromspule durchführen.

Der durch die Stromspule des Leistungsmessers fließende Strom (I_{St}) ist um den vektoriell addierten Strom der Spannungsspule und des Spannungsmessers $\left(I_{Sp} + I_g = \frac{U}{R_{Sp}} + \frac{U}{R_g}\right)$ zu groß. Die vom Leistungsmesser fälschlich angezeigte Leistung ist: $P_{anz} = U\, I_{St} \cos\varphi'$

Die angezeigte Leistung setzt sich zusammen aus: $P_{anz} = U\, I \cos\varphi + U\, I_{Sp} + U\, I_g$, wobei $U\, I \cos\varphi = P$ die tatsächlich zu messende Leistung und:

$U\, I_{Sp} + U\, I_g = \frac{U^2}{R_{Sp}} + \frac{U^2}{R_g}$ den Leistungsverbrauch der beiden Spannungspfade darstellt. Die zu messende Leistung ist demnach:

$$P = P_{anz} - \frac{U^2}{R_{Sp}} - \frac{U^2}{R_g}$$

Bei dieser Schaltung zeigt natürlich auch der Strommesser einen gegenüber dem Verbraucherstrom I zu großen Wert an. Seine wahre Größe und Phasenlage ergibt sich aus dem Zeigerdiagramm (Bild 4). Die Phasenlage von I_{St} findet man aus der unkorrigierten Leistung P_{anz}.

$$\cos\varphi' = \frac{P_{anz}}{U\, I_{St}}$$

Da I_g und I_{Sp} in Phase mit der Spannung liegen, ist der Strom I und seine Phasenlage φ ohne weiteres aus dem Diagramm zu ermitteln.

Bei Anschluß des Spannungsmessers und der Spannungsspule des Leistungsmessers im Punkt b des Schaltbildes 4 ist die angezeigte Leistung

$$P_{anz} = P + I^2\, R_{St}$$

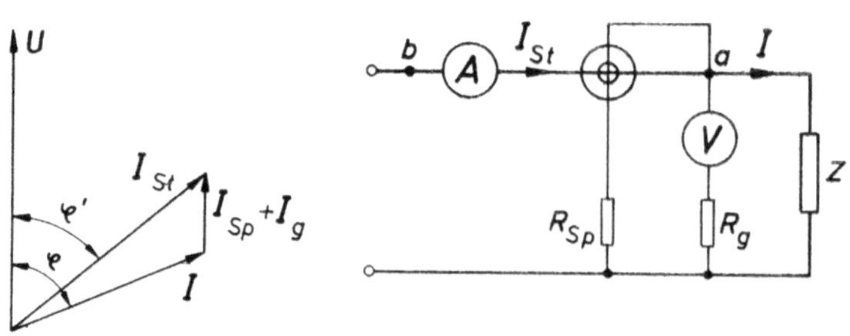

Bild 4

R_{St}, der Ohmsche Widerstand vom Strommesser und von der Stromspule des Leistungsmessers, liegt aber, wie schon vorher festgestellt wurde, in seiner Größe nicht eindeutig fest. Eine genaue Korrektur ist also in diesem Falle nicht möglich.

Die Leistungsaufnahme von Verbrauchern mit oberwellenhaltigem Strom kann ebenfalls nach dem Schaltbild des Bildes 4 genau bestimmt werden.

Die genaue Ermittlung der Größe und Phasenlage des Stromes (Grundwelle) ist jedoch nicht ohne weiteres möglich. Nach den Überlegungen unter 1b) ist nämlich

$$P = U\, I_1 \cos\varphi_1$$

Mit dem Strommesser wird aber der Effektivwert der verzerrten Stromkurve gemessen, der sich von I_1 um den Anteil der Oberwellen unterscheidet nach der Gleichung:

$$I = \sqrt{I_1^2 + \Sigma I_n^2}$$

3. Bestimmung der Ummagnetisierungsverluste von Elektroblech

Für die Hersteller und Anwender von Spulen, Transformatoren und elektrischen Maschinen sind die Eisenverluste P_{Fe} besonders wichtig, die durch Ummagnetisierung im Wechselfeld entstehen. Man unterscheidet die Hystereseverluste P_h, die Wirbelstromverluste P_{wi} und die Nachwirkungsverluste, die hier nicht berücksichtigt werden (siehe Literatur *Koch-Jellinghaus*).

3.1. Hystereseverluste P_h

Die Ummagnetisierung des Eisens erfordert Energie, wenn man die Hysterese berücksichtigt. Um bei konstanter Durchflutung $\Theta = w\, i$ den Fluß Φ zu erhöhen auf $\Phi + d\Phi$, ist im Zeitelement dt die Spannung $u = w\, d\Phi/dt$ erforderlich; die Leistung ist also $u\, i = w\, i\, d\Phi/dt$ (Bild 5). Bei Multiplikation mit dem Zeitelement dt erhält man die Arbeit $dW = w\, i\, d\Phi$, also die Fläche des Elementes $w\, i\, d\Phi$ im Bild 5. Die gesamte Arbeit ist dann $W = w \oint i\, d\Phi$; beim Ausintegrieren ergibt sich die Fläche der Hystereseschleife als gesamte Arbeit eines Umlaufs in [A Vs] = [Ws]. Wird die Schleife f-mal in der Sekunde durchlaufen, so beträgt die Hystereseverlustleistung $P_h = f\, W$ (Literatur *Schwenkhagen*). Da die Form der Hystereseschleife sich ändert in Abhängigkeit von B_{max}, ergibt sich nach *Steinmetz* (Literatur *Koch-Jellinghaus*)

$$P_h = k_1\, f\, B_{max}^{1,6}$$

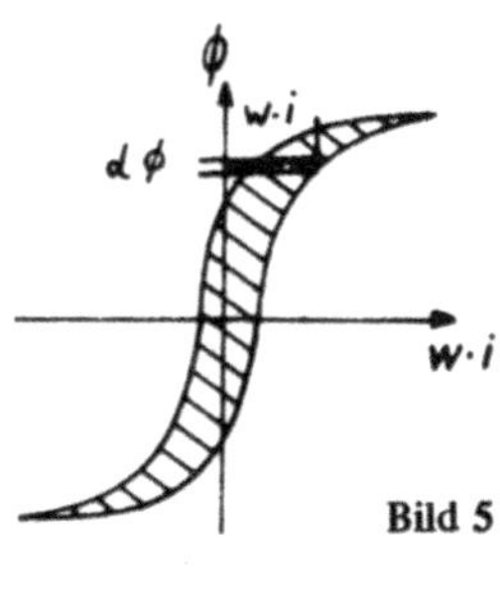

Bild 5

3.2. Wirbelstromverluste P_{wi}

Jeder Wechselfluß Φ im Eisen hat einen Wirbelstrom zur Folge, der das Eisen erwärmt. Diese Wirbelströme werden klein gehalten durch Lamellierung der Bleche in Flußrichtung und Isolation der Bleche gegeneinander durch Papier-, Lack- oder Oxydzwischenlage. Wie aus Bild 6 hervorgeht, bleiben jedoch auch dann noch Wirbelströme übrig:

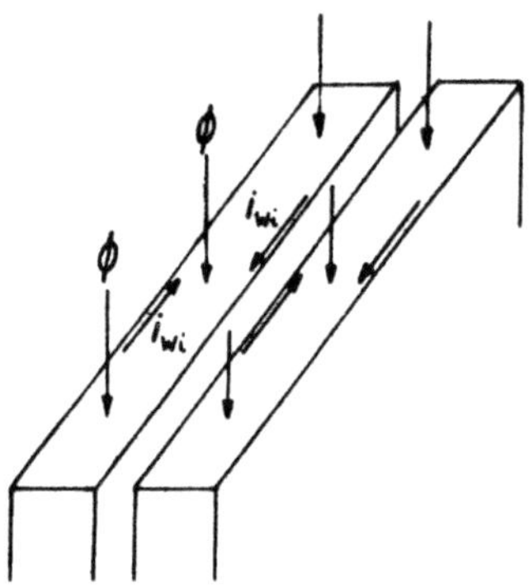

Bild 6

Sie werden gegen den Widerstand des Eisen ($R_{Fe} = k \cdot \frac{1}{\kappa_{Fe}}$) getrieben von der Spannung $u = d\Phi/dt = \omega\, \Phi_{max} \sin \omega t$.

Der Wirbelstromverlust ist damit $P_{wi} = u^2/R_{Fe} = k_2\, f^2\, B_{max}^2\, \kappa_{Fe}$. Er hängt also quadratisch ab von der Frequenz und der Maximalinduktion $B_{max} = \Phi_{max}/A_{Fe}$; er wird klein gehalten durch kleine Leitfähigkeit des Eisens (Siliziumblech, kristallorientierte Bleche mit hohem μ in Walzrichtung bei kleinem κ; bei Hochfrequenz Ferritkerne aus gepreßtem Eisen- oder Manganoxyd).

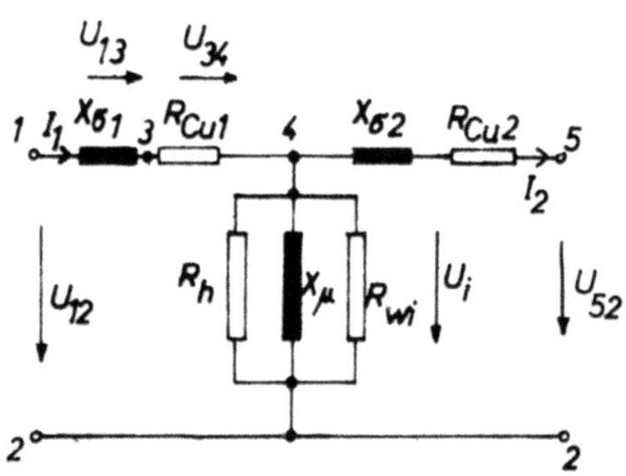

Bild 7
Ersatzschaltbild eines Transformators

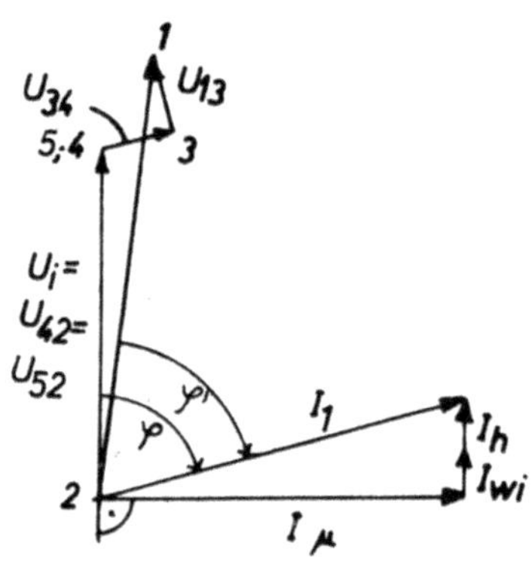

Bild 8
Zeigerdiagramm eines leerlaufenden Transformators

3.3. Transformatorersatzschaltbild; Messung der Eisenverluste

Die Eisenverluste werden im Ersatzschaltbild eines Transformators symbolisch mit den Widerständen R_h und R_{wi} parallel zur Hauptinduktvität X_μ dargestellt; ferner enthält das Ersatzbild die primären und sekundären (mit $1/ü^2$ auf die Primärseite bezogenen) Kupferwiderstände R_{Cu1} und R_{Cu2} und die Streureaktanzen $X_{\sigma 1}$ und $X_{\sigma 2}$. Dieses Ersatzschaltbild läßt sich ferner übersetzen in ein Zeigerdiagramm, das bei fester Frequenz f die Größe und gegenseitige Phasenlage der Ströme und Spannungen erkennen läßt.

Als Bezugsgröße dient hier die Spannung an der Hauptinduktivität $U_{42} = U_i$, die gleich der sekundären Leerlaufspannung ist ($I_2 = 0$). Sie schließt mit dem Primärstrom den Phasenwinkel φ ein. Es gilt:

$$I_1 \cos\varphi = I_{wi} + I_h;$$

$$P_{Fe} = P_{wi} + P_h = U_{i\,eff}\, I_{1\,eff} \cos\varphi$$

Man erhält also die reinen Eisenverluste eines Transformators, wenn man mit einem Wattmeter das Skalarprodukt aus Primärstrom und sekundärer Leerlaufspannung bildet. Die Leistung, die im sekundären Spannungsmesser (R_g) und im Spannungspfad des Leistungsmessers (R_{sp}) umgesetzt wird, ist zu berücksichtigen, dagegen können die Spannungsabfälle an der sekundären Streureaktanz und dem sekundären Kupferwiderstand vernachlässigt werden.

3.4. Der 25-cm-Epsteinrahmen

In DIN 50462 ist ein Transformator genormt, der die Eisenverluste von Elektroblechen jeweils unter gleichen Voraussetzungen zu messen gestattet. Er besteht aus 4 Langspulen, die mit den eingeschichteten Probestreifen (Breite 30 mm, Länge 280 mm) einen geschlossenen magnetischen Kreis bilden. Jeder Spulenkörper trägt eine Primärwicklung als Erregerwicklung und eine Sekundärwicklung als Spannungsmeßwicklung, beide mit 350 Windungen. Die Probe hat eine wirksame Masse von etwa 1 kg. Die gemessenen Verluste bei der Frequenz 50 Hz werden auf diese Masse bezogen (Verlustziffer in W/kg) und für die beiden Maximalinduktionen $B_{max} = 10\,000$ G = 1 Vs/m^2 = 1 Wb/m^2 = 1 T (Testla) als Verlustziffer V_{10} und $B_{max} = 15\,000$ G als V_{15} angegeben. Für Werte zwischen 1,0 und 1,5 Vs/m^2 werden die Verlustziffern quadratisch umgerechnet. Verlangt wird ein rein sinusförmiger Verlauf der induzierten Spannung; DIN 50 462 fordert einen Formfaktor $F = U_{eff}/|\bar{u}| = 1{,}10 \ldots 1{,}12$.

3.5. Trennung der Hysterese- und Wirbelstromverluste

Die Eisenverluste können in ihre beiden Teile P_h und P_{wi} zerlegt werden, wenn man die Kurve $P_{Fe} = f(f)$ für B = const. aufnimmt. Bei den in Frage kommenden Frequenzen sind nämlich bei konstanter Induktion die Hystereseverluste proportional der Frequenz, die Wirbelstromverluste aber proportional dem Quadrat der Frequenz. Es gilt also:

$$P_{Fe} = P_h + P_{wi} = c_1\, f + c_2\, f^2$$

Dividiert man diese Gleichung durch f, so folgt:

$$P_{Fe}/f = c_1 + c_2\, f$$

Das ist die Gleichung einer Geraden, die für f = 0 auf der Ordinate die Strecke $c_1 = P_h/f$ abschneidet (siehe Bild 9).

Fernerhin bestimmt man aus Bild 9 die Konstante c_2:

$$c_2 = \frac{\frac{P_{Fe}}{f} - c_1}{f}$$

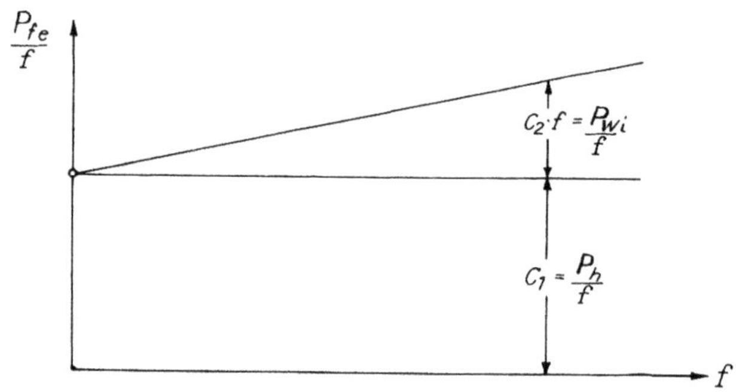

Bild 9

Aufgaben

Vor Versuchsbeginn ist der Zusammenhang zwischen der induzierten Spannung $U_i = U_2$ und der Induktion B_{max} zahlenmäßig zu berechnen. Es gilt:

$$u_i = w_2\, d\Phi/dt = w_2\, A_{Fe}\, dB/dt$$

mit $B = B_{max} \sin \omega t$ ist

$$u_i = w_2\, A_{Fe}\, 2\,\pi\, f\, B_{max} \cos \omega t$$

$$U_{i\,eff} = 2\pi/\sqrt{2}\, w_2\, f\, A_{Fe}\, B_{max}$$

$$\frac{U_{i\,eff}}{V} = 4{,}44\, w_2\, \frac{f}{Hz}\, \frac{A_{Fe}}{m^2}\, \frac{B_{max}}{Vs/m^2}$$ *(Transformatorformel)*

w_2 1400 Windungen;

A_{Fe} $1{,}43 \cdot 10^{-4}\ m^2$ für 1)
$1{,}37 \cdot 10^{-4}\ m^2$ für 2)

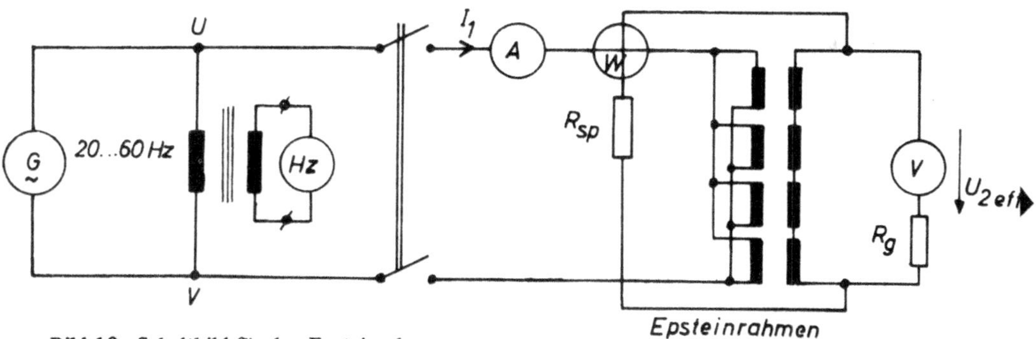

Bild 10. Schaltbild für den Epsteinrahmen

1) Bei f = 50 Hz und B_{max} = 15 000 G ($U_{i\,eff} = U_{2\,eff}$ aus der Transformatorformel) ist ein Vorversuch durchzuführen, der Klarheit über die zu berücksichtigenden Spannungspfadverluste schafft.

Es ist: $P'' = P_{Fe} + U_2^2/R_g + U_2^2/R_{sp}$ Wattmeteranzeige *mit* angeschlossenem sekundärem Voltmeter

$P' = P_{Fe} + U_2^2/R_{sp}$ Wattmeteranzeige *ohne* sekundäres Voltmeter

$$P'' - P' = U_2^2/R_g$$

Diese Gleichung ist sofort nach der Messung zahlenmäßig zu bestätigen für die beiden Meßbereiche 75 V und 150 V des sekundären Voltmeters.

P″ und P′ werden in Skalenteilen abgelesen. Zur Umrechnung in Watt dient die Wattmeterkonstsnte C_W (W/Skt). Sie wird durch folgende Überlegungen ermittelt: Wie im Schaltbild ersichtlich, sind die 4 Primärspulen des Epsteinrahmens parallel geschaltet, die 4 Sekundärspulen dagegen in Reihe. Es ergibt sich dadurch ein Spannungsübersetzungsverhältnis $ü = U_2/U_1 = w_2/w_1 = 1400/350 = 4$.

Die tatsächlich gemessene und angezeigte Wirkleistung ist $P_{meß} = I_{1eff}\, U_{2eff} \cos\varphi$. Das Ersatzschaltbild (Bild 7) und das Zeigerdiagramm (Bild 8), aus dem die Leistungsformel $P_{Fe} = I_{1\,eff}\, U_{i\,eff} \cos\varphi$ abgeleitet wurde, gilt jedoch nur für ü = 1. Da hier ü = 4 ist, muß U_2 auf die Primärseite bezogen werden, so daß gilt: $U_{i\,eff} = U_{2\,eff}/ü$. Damit ist die gesuchte Eisenverlustleistung

$$P_{Fe} = I_{1\,eff}\, U_{2\,eff} \cos\varphi \frac{1}{ü} = P_{meß}/4.$$

Die Wattmeterkonstante ist daher zu bestimmen aus der Gleichung

$$x\,(Skt) = y\,(V)\, z\,(A)\, \lambda\; 1/ü$$

$$C_W\,(W/Skt) = \frac{y\,z\,\lambda}{4\,x}$$

Darin bedeuten
x Skalenendwert;
y Spannungsmeßbereich;
z Strommeßbereich;
λ Skalenfaktor des Wattmeters = 0,1.

Dieser Skalenfaktor $\lambda = 0{,}1$ bedeutet, daß bei dem vorliegenden speziellen Lichtmarkenwattmeter (Klasse 0,5) der Endausschlag schon erreicht wird für z. B. volle Nennspannung und 1/10 des Nennstromes bei $\cos\varphi = 1$ oder für Nennstrom und Nennspannung bei $\cos\varphi = 0{,}1$ oder für 4-fachen Nennstrom (zulässig!) und doppelte Nennspannung bei $\cos\varphi = 0{,}0125$. Durch dieses Spezialinstrument ist die volle Ausnutzung der Skala und damit die Begrenzung der Meßunsicherheit auf 0,5 % möglich.

2) Für $B_{max} = 1{,}0$ Vs/m² (10 000 G) und $B_{max} = 1{,}5$ Vs/m² (15 000 G) sind die Eisenverluste P_{Fe} in Abhängigkeit von der Frequenz zu bestimmen.

Maschinenschaltung:

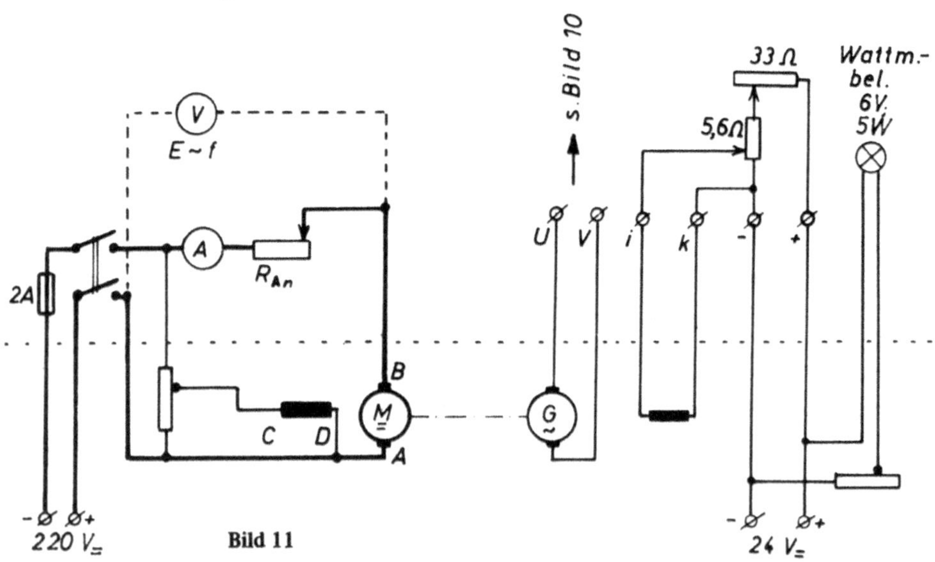

Bild 11

Die Frequenz der Wechselspannung U_{UV} wird eingestellt mit dem Ankervorwiderstand der Gleichstrommaschine; es darf nur mit maximalem Ankerwiderstand angefahren werden!! Die Erregung $I_e \sim \Phi$ ist konstant, damit zeigt ein Voltmeter an den Ankerklemmen A-B eine frequenzproportionale Spannung; zusätzlich liegt ein Zungenfrequenzmesser an der Wechselspannung U_{UV}.

Der Effektivwert der Wechselspannung U_{UV} wird eingestellt mit dem Erregerstrom des Wechselspannungsgenerators; zur Feineinstellung dienen hier zwei Potentiometer in Reihe. Die Spannung U_2 wird mit einem Präzisionsvoltmeter Klasse 0,5 gemessen.

3) Die Verlustziffern V_{10} und V_{15} sind zu bestimmen:

$$V = P_{Fe}/m;$$

$$m = \text{Masse der Probe} = \begin{matrix} 1{,}03 \text{ kg in 1)} \\ 1{,}00 \text{ kg in 2)} \end{matrix}$$

4) Die Eisenverluste P_{Fe} sind in Hystereseverluste P_h und Wirbelstromverluste P_{wi} zu zerlegen. Die Kurven $P_h = f_1(f)$ und $P_{wi} = f_2(f)$ sind darzustellen.

Literatur

H. F. Schwenkhagen: Allgemeine Wechselstromlehre. Band 1: Grundlagen. Springer, Berlin 1951, S. 299 ff.

Koch-Jellinghaus: Einführung in die Physik der magnetischen Werkstoffe. S. 181 ff.

DIN-Normblätter für den Epsteinapparat:
DIN 50 461: 50-cm-Epsteinrahmen.
DIN 50 462: 25-cm-Epsteinrahmen.

Notizen

Versuch 9

Leistungsmessung im Drehstromsystem

1. Wirkleistung

In einem Drehstromsystem mit beliebiger Belastung der drei Phasen (Bild 1) ist die Wirkleistung gleich der Summe der in jeder Phase umgesetzten Wirkleistung. Entsprechend ist eine Leistungsmessung mit drei Leistungsmessern möglich (Bild 2), wenn der Sternpunkt der Last zugänglich ist. Diese Schaltung ist unabhängig davon, ob das Drehstromsystem einen Nulleiter hat oder nicht.

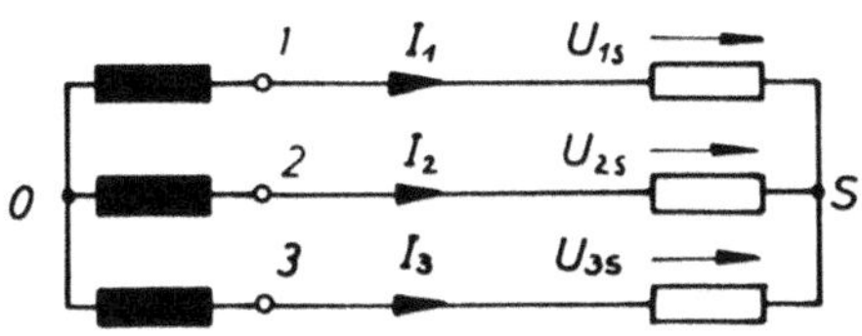

Bild 1

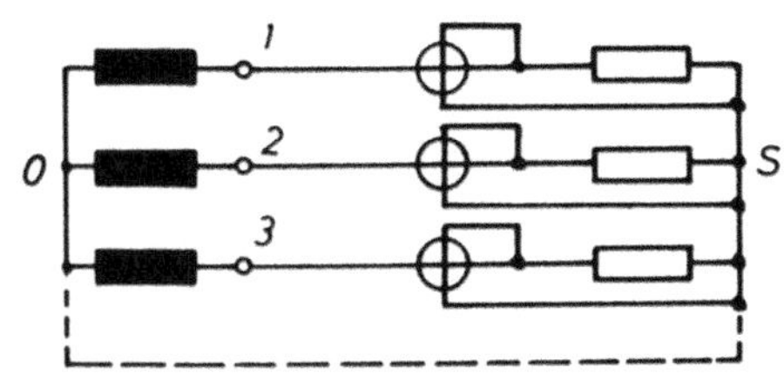

Bild 2

Stellt man die Wechselstromgrößen als Zeiger dar, so ist die in einer Phase umgesetzte Wirkleistung das Skalarprodukt aus Spannungs- und Stromzeiger, z. B.

$$P_{w1} = \mathbf{U}_{1S}\,\mathbf{I}_1 = U_{1S}\,I_1\,\cos\varphi_1 \qquad (1)$$

Die gesamte Wirkleistung ist demnach

$$P_w = \mathbf{U}_{1S}\,\mathbf{I}_1 + \mathbf{U}_{2S}\,\mathbf{I}_2 + \mathbf{U}_{3S}\,\mathbf{I}_3 \qquad (2)$$

Die in einem Drehstromsystem umgesetzte Wirkleistung kann auch dann mit drei Leistungsmessern gemessen werden, wenn der Laststernpunkt unzugänglich ist.

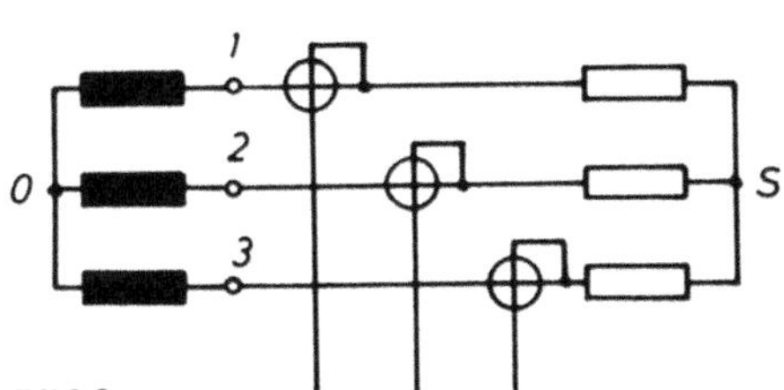

Bild 3

Bild 4

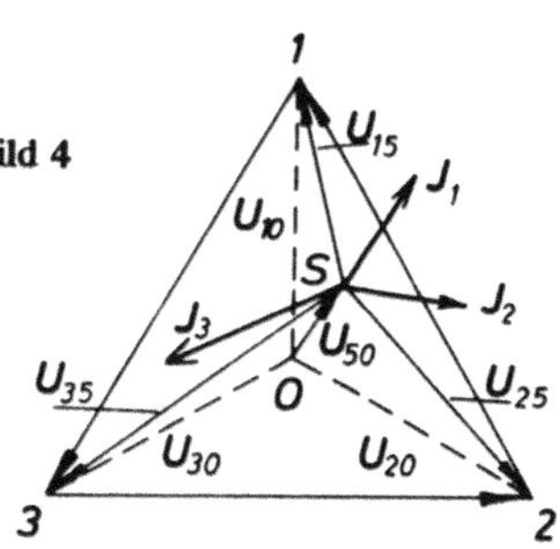

Dazu wird mit drei Widerständen ein künstlicher Nullpunkt gebildet. Das kann mit Hilfe der Widerstände im Spannungspfad der Leistungsmesser geschehen, sofern sie alle den gleichen Wert haben (Bild 3).

Auch in einem unsymmetrisch belasteten Drehstromsystem ohne Nulleiter ist die Summe der angezeigten Leistungen der gesamten Wirkleistung gleich, obwohl die einzelnen Leistungsmesser nicht die in der jeweiligen Phase umgesetzte Wirkleistung messen.

Bild 4 sei das Zeigerdiagramm einer unsymmetrischen Last. In der Schaltung nach Bild 3 wird folgende Wirkleistung gemessen:

$$P_W = \mathbf{U}_{10}\,\mathbf{I}_1 + \mathbf{U}_{20}\,\mathbf{I}_2 + \mathbf{U}_{30}\,\mathbf{I}_3 \tag{3}$$

Wenn man davon den Ausdruck $\mathbf{U}_{S0}\,(\mathbf{I}_1 + \mathbf{I}_2 + \mathbf{I}_3)$ abzieht, der den Wert Null hat wegen

$$\mathbf{I}_1 + \mathbf{I}_2 + \mathbf{I}_3 = 0,$$

so wird

$$P_W = (\mathbf{U}_{10} - \mathbf{U}_{S0})\,\mathbf{I}_1 + (\mathbf{U}_{20} - \mathbf{U}_{S0})\,\mathbf{I}_2 + (\mathbf{U}_{30} - \mathbf{U}_{S0})\,\mathbf{I}_3 \tag{4}$$

Aus dem Zeigerdiagramm folgt:

$$\mathbf{U}_{10} - \mathbf{U}_{S0} = \mathbf{U}_{1S}\,; \quad \mathbf{U}_{20} - \mathbf{U}_{S0} = \mathbf{U}_{2S}\,; \quad \mathbf{U}_{30} - \mathbf{U}_{S0} = \mathbf{U}_{3S}$$

Damit wird

$$P_W = \mathbf{U}_{1S}\,\mathbf{I}_1 + \mathbf{U}_{2S}\,\mathbf{I}_2 + \mathbf{U}_{3S}\,\mathbf{I}_3 \tag{5}$$

Das ist definitionsgemäß die Wirkleistung des Systems. Die Gleichungen (3) und (5) führen also zum gleichen Ergebnis.

Für ein Drehstromsystem ohne Nulleiter hat *Aron* eine Schaltung angegeben, die mit zwei Leistungsmessern die Gesamtleistung zu bestimmen erlaubt. Bei unsymmetrischer Belastung sind im allgemeinen alle Phasenspannungen und -ströme untereinander verschieden. Da aber die Summe der drei Phasenströme immer Null sein muß, läßt sich ein Phasenstrom durch die beiden anderen ausdrücken, z. B.

$$\mathbf{I}_3 = -\mathbf{I}_1 - \mathbf{I}_2 \tag{6}$$

Damit wird Gleichung (2) umgeformt

$$P_W = \mathbf{U}_{1S}\,\mathbf{I}_1 + \mathbf{U}_{2S}\,\mathbf{I}_2 - \mathbf{U}_{3S}\,\mathbf{I}_1 - \mathbf{U}_{3S}\,\mathbf{I}_2 = (\mathbf{U}_{1S} - \mathbf{U}_{3S})\,\mathbf{I}_1 + (\mathbf{U}_{2S} - \mathbf{U}_{3S})\,\mathbf{I}_2 \tag{7}$$

Unabhängig von der Lage des Sternpunktes ist aber

$$\mathbf{U}_{1S} - \mathbf{U}_{3S} = -\mathbf{U}_{31} = \mathbf{U}_{13}, \tag{7a}$$

d. i. die negativ genommene verkettete Spannung zwischen den Punkten 3 und 1 (Bild 5), und

$$U_{2S} - U_{3S} = U_{23}, \tag{7b}$$

d. i. die positiv genommene verkettete Spannung zwischen den Punkten 2 und 3 (Bild 5).

Damit wird

$$P_W = U_{13}\, I_1 + U_{23}\, I_2 \tag{8}$$

Der Laststernpunkt braucht hier ebenfalls nicht zugänglich zu sein. Die beiden Leistungsmesser sind so zu schalten, daß über die Stromspulen je ein Phasenstrom fließt. Die Spannungsspulen werden einmal an die dem Strom zugehörige Phase, zum anderen an die dritte Phase angeschlossen, dabei sind die Vorzeichen der Gleichungen (7a) und (7b) zu berücksichtigen (Bild 6).

Durch zyklische Vertauschung können Gleichung (8) und Bild 6 variiert werden.

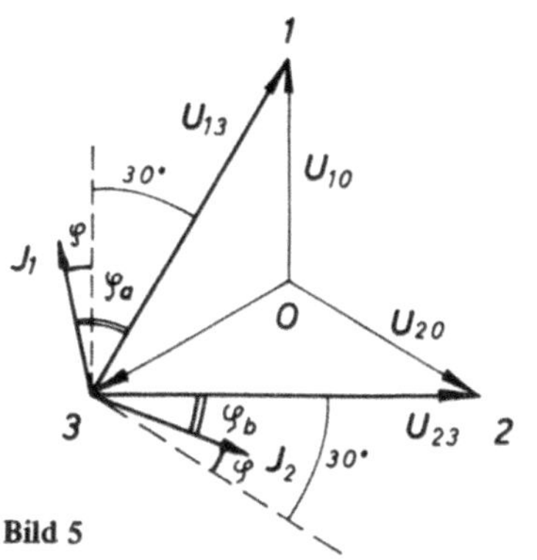

Bild 5

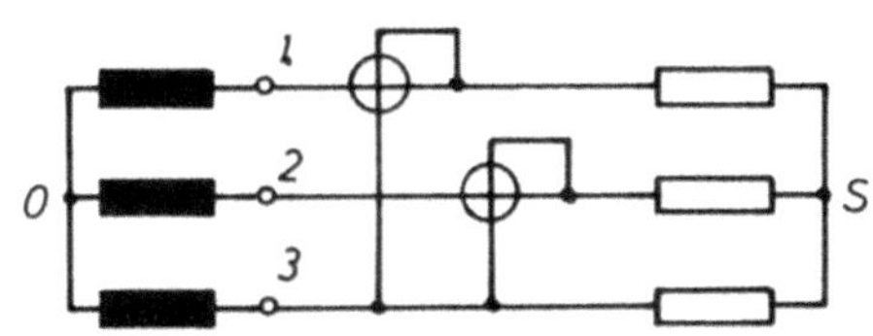

Bild 6

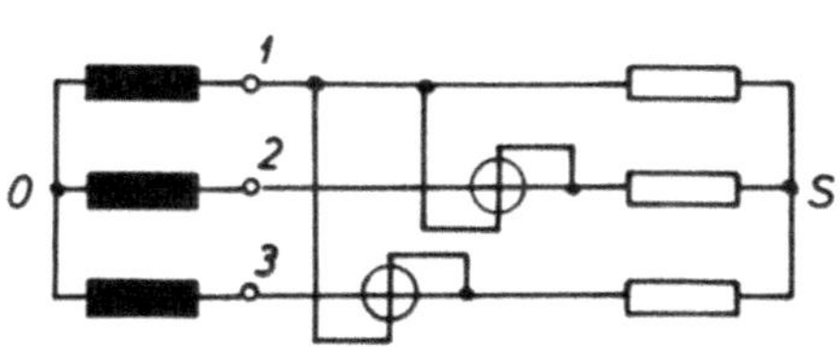

Bild 7a. $P_W = U_{21}\, I_2 + U_{31}\, I_3 \ldots$ (8a)

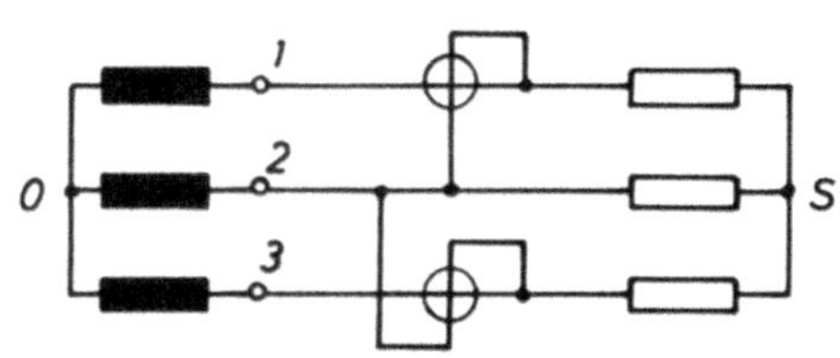

Bild 7b. $P_W = U_{32}\, I_3 + U_{12}\, I_1 \ldots$ (8b)

Ist die Belastung symmetrisch und rein ohmsch, so müssen bei richtigem Anschluß die Ausschläge α_1 und α_2 der beiden Wattmeter z. B.:

$$\alpha_1 \sim U_{13}\ I_1 \cos\varphi_a \quad \text{und} \quad \alpha_2 \sim U_{23}\ I_2 \cos\varphi_b$$

positiv und gleich groß werden ($\alpha_1 = \alpha_2$), da jetzt $I_1 = I_2$, $U_{13} = U_{23}$ und

$\cos\varphi_a = \cos\varphi_b = \cos 30^\circ = \frac{1}{2}\sqrt{3}$ sind.

Ist die Belastung symmetrisch, ihr Phasenwinkel φ aber nicht gleich Null ($\varphi_1 = \varphi_2 = \varphi_3 = \varphi$), so wird auch

$$I_1 = I_2,\ U_{13} = U_{23},$$

aber

$$\varphi_a = 30^\circ - \varphi,\ \alpha_1 \sim \cos(30^\circ - \varphi)$$

$$\varphi_b = 30^\circ + \varphi,\ \alpha_2 \sim \cos(30^\circ + \varphi).$$

Die Ausschläge α_1 und α_2 werden damit ungleich. Überschreitet die Phasenverschiebung einen Winkel von 60°, so wird einer der beiden Wattmeterausschläge negativ. An dem betreffenden Wattmeter sind dann die Spannungsanschlüsse zu vertauschen. Während sich beim ursprünglichen Anschluß nach Bild 6 die Gesamtleistung aus der Summe der beiden Ausschläge ergab, muß nun die Differenz gebildet werden. So wird z. B. nach der Umpolung der Spannung U_{23}

$$P_w = P_1 - P_2 = c\ \alpha_1 - c\ \alpha_2$$

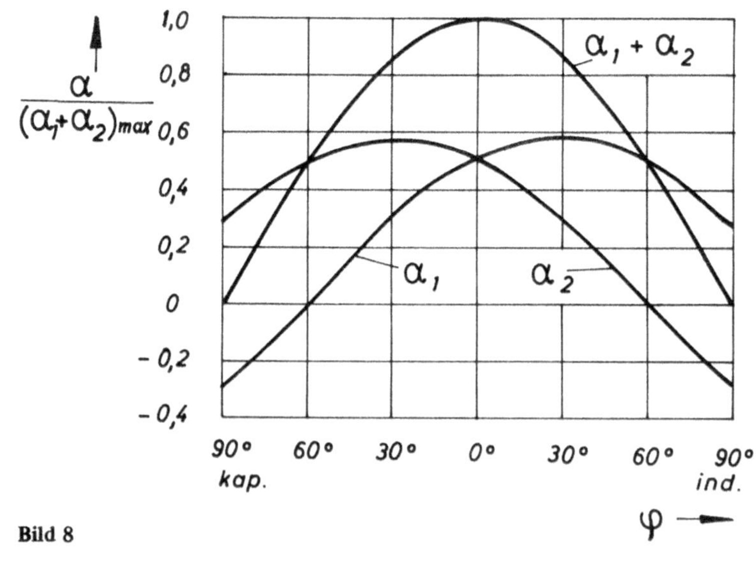

Bild 8

Sind beide Ausschläge entgegengesetzt gleich groß, so wird keine Wirkleistung umgesetzt. Es ist dann $\cos\varphi = 0$; $\varphi = \pm 90^\circ$

$$\cos\varphi_a = \cos(30^\circ - 90^\circ) = +0{,}5$$
$$\cos\varphi_b = \cos(30^\circ + 90^\circ) = -0{,}5$$

Bild 8 zeigt die Abhängigkeit der Ausschläge α_1 und α_2 vom Phasenwinkel φ der Belastung bei gleichbleibender Stromstärke. Das Vorzeichen des Ausschlags α_1 wechselt bei $\alpha_1 = 0$, also bei:

$$\varphi = -60^\circ \text{ bzw. } \cos\varphi = 0{,}5 \text{ cap},$$

das Vorzeichen von α_2 ($\alpha_2 = 0$) bei:

$$\varphi = +60^\circ \text{ bzw. } \cos\varphi = 0{,}5 \text{ ind.}$$

Mit welchem Vorzeichen die Wattmeterausschläge einzuführen sind, läßt sich feststellen, indem man den $\cos\varphi$ der Belastung verbessert. Aus dem Bild 8 geht hervor, daß bei einem Phasenwinkel von etwas weniger als 60° ($\cos\varphi > 0{,}5$) beide Ausschläge gleichsinnig größer werden, bis schließlich einer ein Maximum erreicht. Bei $\cos\varphi = 1$ sind beide Ausschläge gleich. Ist dagegen $\varphi > 60^\circ$, so sinkt ein Ausschlag, dieser ist negativ einzusetzen.

2. Blindleistung

Die Blindleistung ist eine bequeme Rechengröße zur Beurteilung der Energieverhältnisse einer Belastung, eine physikalische Realität hat sie nicht. Sie ist daher auch nicht direkt meßbar. Es ist aber möglich, die Messung der Blindleistung auf eine Wirkleistungsmessung zurückzuführen, wenn man die Beziehung benutzt:

$$P_b = UI \sin\varphi = UI \cos(90^\circ - \varphi) \qquad (9)$$

In einem einphasigen System kann die Blindleistung mit einem Wirkleistungsmesser gemessen werden aus dem Strom und einer Spannung, die der Phasenspannung um 90° nacheilt. Die nacheilende Spannung wird mit besonderen Phasenschieberschaltungen erzeugt (z. B. Hummelschaltung).

Bei einer Blindleistungsmessung im Drehstromsystem kann auf besondere Phasenschieberschaltungen verzichtet werden, da sich im Zeigerdiagramm des Systems senkrecht aufeinander stehende Spannungen auffinden lassen.

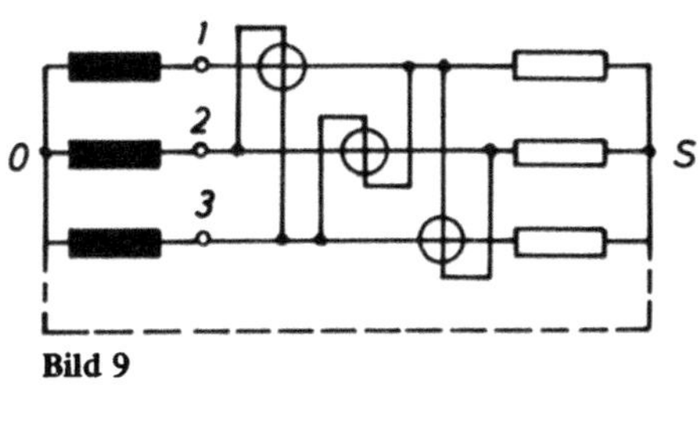

Bild 9

Bild 9 zeigt die Schaltung von drei Leistungsmessern zur Blindleistungsmessung in einem beliebig belasteten Drehstromsystem. Es ist ohne weiteres einzusehen, daß z. B. die verkettete Spannung U_{23} der Phasenspannung U_{10} um 90° nacheilt, solange der

Laststernpunkt und der Nullpunkt identisch sind. U_{23} ist aber $\sqrt{3}$-mal so groß wie U_{10}, das muß man entweder bei der Ablesung oder gleich bei der Wahl des Vorwiderstandes im Spannungspfad berücksichtigen. Die gesamte Blindleistung ist die

Summe der in jeder Phase umgesetzten Blindleistung. Diese wird auch bei einer unsymmetrischen Last ohne Nulleiter richtig ermittelt. Bild 10a zeigt wieder das Zeigerdiagramm der unsymmetrischen Last. Im Bild 10b ist ein Spannungs-Zeigerdiagramm wiedergegeben, das dieselben Spannungen enthält wie Bild 10a, aber gegenüber diesen mit einer Phasennacheilung von 90°.

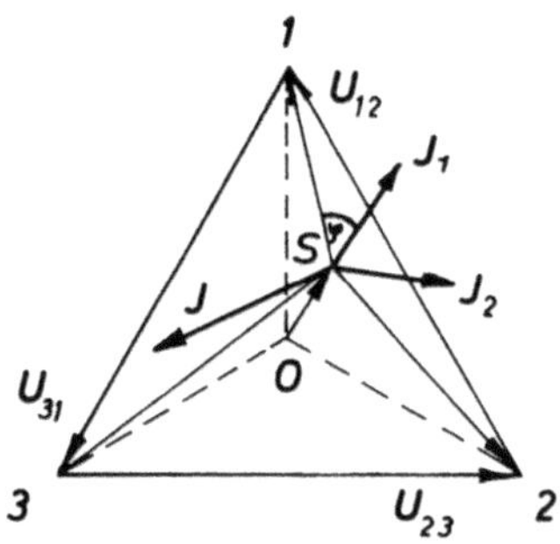

Bild 10a

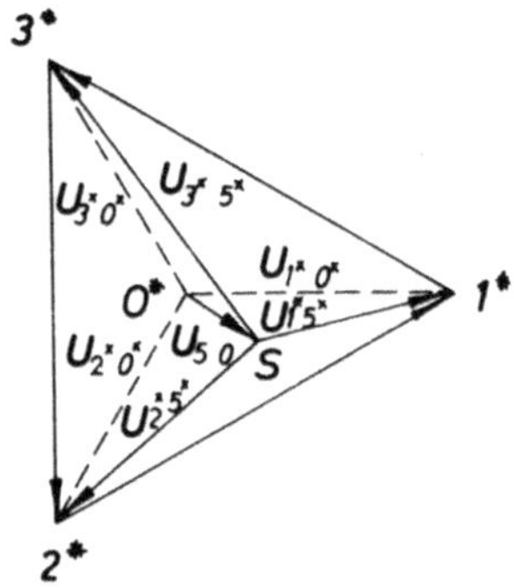

Bild 10b

Die z. B. in der Phase 1 umgesetzte Blindleistung ist dann

$$P_{b1} = U_{1*S*}\, I_1 = U_{1*S*}\, I_1 \cos\varphi_1 = U_{1S}\, I_1 \sin\varphi_1 \qquad (10)$$

In der Schaltung nach Bild 9 wird gemessen:

$$P_b = \frac{U_{23}}{\sqrt{3}}\, I_1 + \frac{U_{31}}{\sqrt{3}}\, I_2 + \frac{U_{12}}{\sqrt{3}}\, I_3 \qquad (11)$$

$$= U_{1*0*}\, I_1 + U_{2*0*}\, I_2 + U_{3*0*}\, I_3$$

Hiervon wird wieder $U_{S*0*}\,(I_1 + I_2 + I_3) = 0$ abgezogen

$$P_b = (U_{1*0*} - U_{S*0*})\, I_1 + (U_{2*0*} - U_{S*0*})\, I_2 + (U_{3*0*} - U_{S*0*})\, I_3 \qquad (12)$$

Aus Bild 10b ist zu entnehmen

$$U_{1*0*} - U_{S*0*} = U_{1*S*}, \text{ usw.}$$

Damit wird

$$P_b = U_{1*S*}\, I_1 + U_{2*S*}\, I_2 + U_{3*S*}\, I_3 \qquad (13)$$

Das ist die in dem System umgesetzte Blindleistung, die von der Gleichung (11) also richtig wiedergegeben wird.

Die Blindleistung eines Drehstromsystems ohne Nulleiter läßt sich ähnlich wie bei der Messung der Wirkleistung in einer Schaltung mit zwei Leistungsmessern bestimmen.

Setzt man Gleichung (6) in Gleichung (13) ein, so ist

$$P_b = (U_{1*S*} - U_{3*S*})\, I_1 + (U_{2*S*} - U_{3*S*})\, I_2 \tag{14}$$

Aus Bild 10b folgt

$$U_{1*S*} - U_{3*S*} = - U_{3*1*} = U_{1*3*}$$
$$U_{2*S*} - U_{3*S*} = U_{2*3*}$$

Vergleicht man Bild 10a und 10b, so wird

$$U_{1*3*} = \sqrt{3}\, U_{20}\, ; \quad U_{2*3*} = \sqrt{3}\, U_{01}$$

Damit ist

$$P_b = \sqrt{3}\, [U_{20}\, I_1 + U_{01}\, I_2] \tag{15}$$

Die Blindleistung des gesamten Systems ist also darzustellen als das $\sqrt{3}$-fache der Summe der Skalarprodukte aus U_{20} und I_1 sowie U_{01} und I_2. Der Nullpunkt muß künstlich gebildet werden aus den beiden gleichen Innenwiderständen der Spannungspfade und einem dritten gleich großen Widerstand (Bild 11). Diese Widerstände werden zweckmäßig so bemessen, daß der Faktor $\sqrt{3}$ in Gleichung (15) berücksichtigt wird.

Durch zyklische Vertauschung der Anschlüsse sind zwei weitere Varianten dieser Schaltung möglich.

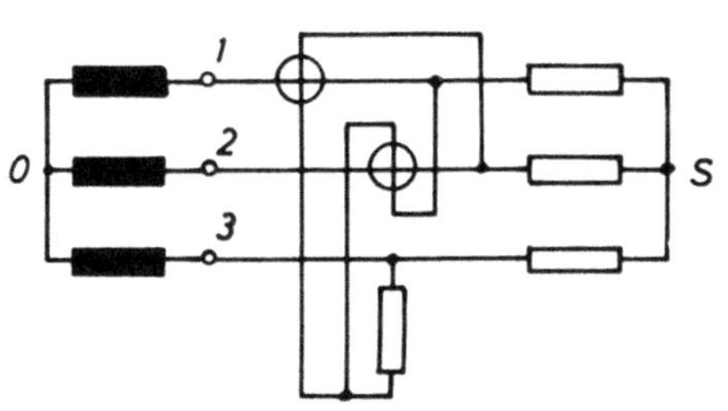

Bild 11

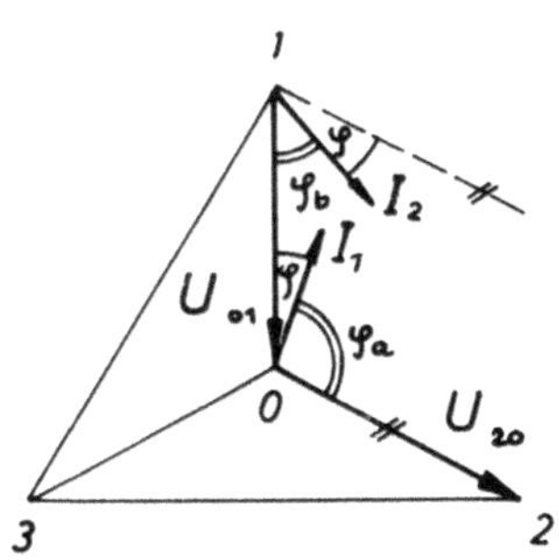

Bild 12

Bei einer symmetrischen ohmschen Belastung wird keine Blindleistung umgesetzt. Man erkennt aus Bild 12, daß die Ausschläge α_1 und α_2 dem Betrage nach gleich groß werden, aber entgegengesetztes Vorzeichen haben.

$$\alpha_1 \sim U_{20}\, I_1\, \cos\varphi_a = U_{20}\, I_1\, \cos 120^\circ = -0{,}5\, U_{20}\, I_1$$

$$\alpha_2 \sim U_{01}\, I_2\, \cos\varphi_b = U_{01}\, I_2\, \cos\ 60^\circ = +0{,}5\, U_{01}\, I_2$$

Es müssen daher die Spannungsanschlüsse an Wattmeter in der Phase 1 vertauscht werden. Die gesamte Blindleistung ergibt sich dann aus der Differenz der Ausschläge

$$P_b = -P_{b1} + P_{b2} = -c\,\alpha_1 + c\,\alpha_2$$

Bei einer symmetrischen Belastung mit wachsendem Phasenwinkel wird für $\varphi_a = 90^\circ$ – das entspricht einer Phasenverschiebung von $\varphi = 30^\circ$ ind. – auch der Ausschlag α_1 positiv (Positive Blindleistung = induktive Blindleistung). Für $\varphi_b = 90^\circ$ entsprechend $\varphi = 30^\circ$ cap wird α_2 negativ (Negative Blindleistung = kapazitive Blindleistung). Bild 13 zeigt die Abhängigkeit der Ausschläge α_1 und α_2 von der Phasenverschiebung der Belastung bei konstantem Strom.

Damit die Blindleistungsmessung ein richtiges Ergebnis liefert, müssen die verketteten Spannungen des Drehstromsystems ein gleichseitiges Dreieck bilden. In einem schiefwinkligen Drehstromsystem sind Phasenschieberschaltungen zur Erzeugung der um 90° nacheilenden Spannungen zu verwenden.

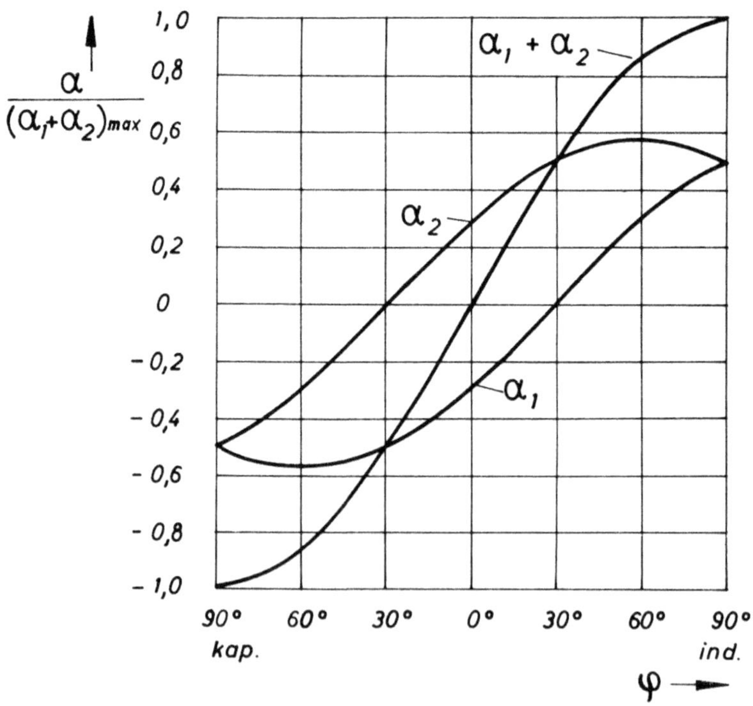

Bild 13

Außerdem ist zu beachten, daß zwischen Strom- und Spannungspfad eines Leistungsmessers ein Spannungsunterschied von der Größenordnung der Phasenspannung auftritt. Es müssen daher schon bei verhältnismäßig niedrigen Spannungen Spannungswandler vorgesehen werden.

Aufgaben

1) Es ist die Wirkleistung eines symmetrisch belasteten Drehstromsystems mit Hilfe der Aronschaltung zu bestimmen. Der Belastungsstrom ist konstant zu halten, der Phasenwinkel zwischen 90° cap. . .0°. . .90° ind zu verändern. α_1, α_2 und $(\alpha_1 + \alpha_2)$ sind in Abhängigkeit des Phasenwinkels φ aufzutragen. Die Ordinate soll in W und in Prozenten der maximalen Leistung $(\alpha_1 + \alpha_2)$ max geteilt werden.
2) Die im Bild 14 gezeigte Schaltung ist so abzuändern, daß die Blindleistung des Systems in Abhängigkeit des Phasenwinkels bei konstantem Belastungsstrom ermittelt werden kann.

   α_1, α_2 und $(\alpha_1 + \alpha_2)$ sind über dem Phasenwinkel aufzutragen. Die Ordinate ist in VA und in Prozenten der maximalen Leistung zu teilen.

Schaltung:

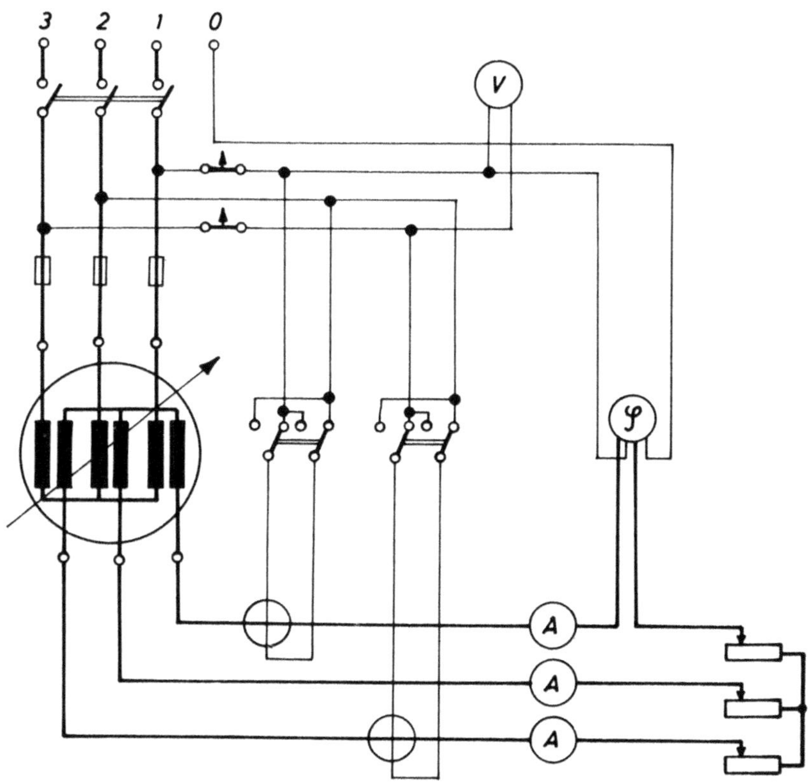

Bild 14

Anmerkung

Die beim Versuch erforderliche Phasenverschiebung zwischen Strom und Spannung wird in einfacher Weise durch einen Drehtransformator erreicht. Dies ist ein normaler, stillstehender Drehstrom-Asynchronmotor mit Schleifringläufer. Bei einem solchen Transformator ist es möglich, die in den beiden Wicklungen (Ständer- und Läuferwicklung) vom Drehfeld induzierten Spannungen in der Phase gegeneinander zu verschieben, indem man den Läufer gegen den Ständer verdreht. Legt man nun die Stromspule eines Leistungsmessers in den Läuferkreis und die Spannungsspule an den Ständer, so läßt sich durch eine räumliche Verdrehung des Läufers jede beliebige Phasenlage zwischen Strom und Spannung im Leistungsmesser erreichen.

Literatur

Archiv für technisches Messen, V 34

H. F. Schwenkhagen: Allgemeine Wechselstromlehre, Band 1; Grundlagen. Springer-Verlag, Berlin 1951.

Pflier, Jahn: Elektrische Meßgeräte und Meßverfahren. 3. Aufl. Springer, Berlin 1965.

Stöckl: Elektrische Meßtechnik, Teubner, Stuttgart 1956.

Versuch 10
Der Wechselstrom-Induktionszähler

1. Aufbau

Zur Messung der elektrischen Arbeit wird für technische Frequenzen (60–16 $\frac{2}{3}$ Hz) im allgemeinen der Induktionszähler benutzt. Er besteht im wesentlichen aus zwei Eisenkernen mit Luftspalten und einer kreisförmigen Aluminiumscheibe, die sich durch die Luftspalte drehen kann. Auf einen Eisenkern ist eine vom Verbraucherstrom durchflossene Spule aufgebracht (Stromeisen); die Spule auf dem anderen Eisenkern liegt an der Verbraucherspannung (Spannungseisen). Die beiden die Scheibe durchsetzenden Flüsse verursachen ein Drehmoment, das die Scheibe in Drehung versetzt. Dabei wird durch einen zusätzlichen Bremsmagneten erreicht, daß die Umdrehungsgeschwindigkeit der Scheibe der Verbraucherleistung proportional ist.

Die Bilder 1a und 1b zeigen zwei gebräuchliche Ausführungen von Induktionszählern in einem Verbraucherstromkreis.

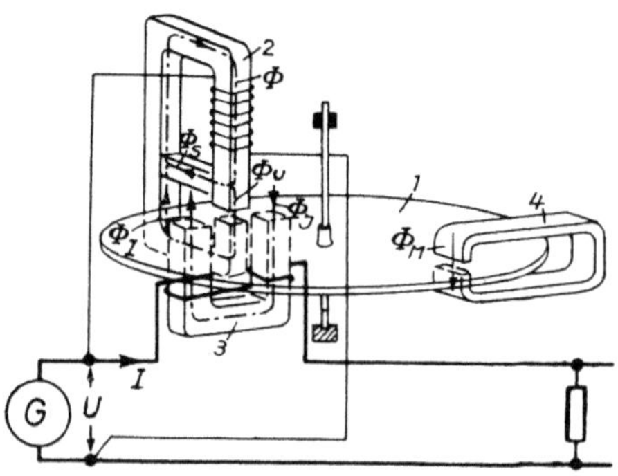

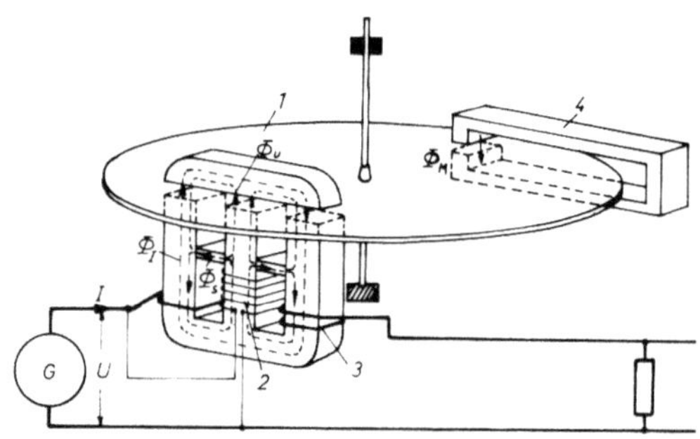

Bild 1a **Bild 1b**

Aufbau und Schaltung von Induktionszählern

1 Aluscheibe, 2 Spannungseisen, 3 Stromeisen, 4 Bremsmagnet

Während bei dem in Bild 1a dargestellten Typ getrennte Spannungs- und Stromeisen vorhanden sind, hat die in Bild 1b dargestellte Ausführung einen gemeinsamen Eisenkern; dadurch ergibt sich ein etwas einfacherer Aufbau. Die beiden Außenschenkel (Stromeisen) dienen gleichzeitig als magnetischer Rückschluß für den Mittelschenkel (Spannungseisen).

2. Entstehung des Drehmoments

Betrachtet man eine unendlich ausgedehnte leitende Scheibe, über der sich an einer Stelle drei Magnetpole befinden, durch die die Wechselflüsse Φ_1, Φ_2 und Φ_3 treten, so werden sich in der Scheibe um jeden Pol kreisförmige Wirbelströme ausbilden. Diese seien I_1, I_2 und I_3 genannt. Sie entstehen dadurch, daß die Wechselflüsse eine Spannung in der Scheibe induzieren, die infolge der Leitfähigkeit Ströme zur Folge hat. Unter der Annahme rein ohmschen Widerstandes ergibt sich:

$$I_n = \gamma_1 \frac{d\Phi_n}{dt} \qquad n = 1, 2, 3 \tag{1}$$

oder für

$$\Phi_n = \hat{\Phi}_n \sin\omega t \tag{2}$$

$$I_n = \gamma_1 \, \omega \, \hat{\Phi}_n \cos\omega t \tag{3}$$

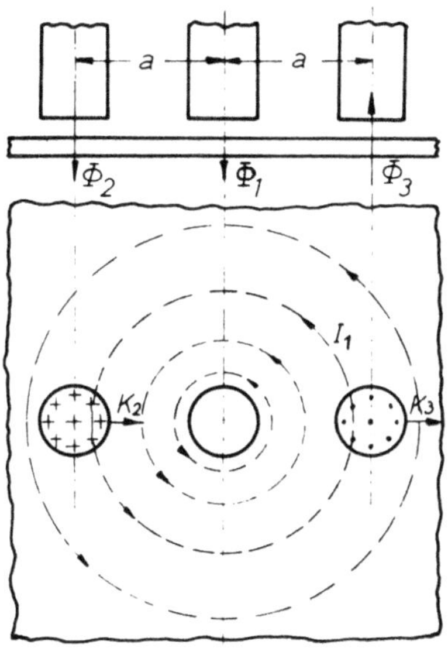

Bild 2

Wirbelströme in einer unendlich ausgedehnten Scheibe ($\Phi_1 = 0$)

Die Wirbelströme eilen dem Fluß also um 90° voraus.

Entscheidend für die Entstehung einer Kraft ist, daß die Wirbelströme, die durch einen Wechselfluß hervorgerufen werden, in den Bereich der anderen Flüsse geraten, wie das in Bild 2 für den Wirbelstrom I_1 dargestellt ist. Allgemein lautet das Gesetz für die elektrische Kraftwirkung

$$F(t) = C \, \Phi(t) \, i(t) \tag{4}$$

Im vorliegenden Fall ergeben sich also die Kräfte K_2 und K_3 unter den Flüssen Φ_2 und Φ_3, die wegen der Symmetrie der Anordnung gleich groß sind. Nimmt man den Fluß Φ_1 nach Gleichung (2) sinusförmig an und den Fluß Φ_2 bzw. Φ_3 um einen beliebigen Winkel β verschoben, so ergibt sich für die Kräfte:

$$K_2 = C \, \hat{\Phi}_2 \sin(\omega t + \beta) \cdot (\gamma_1 \, \omega \, \hat{\Phi}_1 \cos\omega t) \tag{5}$$

$$K_3 = K_2 , \quad \text{für} \quad |\Phi_2| = |\Phi_3|$$

Ebenso entsteht eine Kraft unter dem Mittelschenkel, wenn die Wirbelströme durch die Flüsse Φ_2 und Φ_3 erzeugt werden. Die Superposition der beiden Wirbelströme ergibt Apolloniuskreise (Bild 3).

$$K_1 = -C\,\Phi_1\,\sin\omega t \cdot [\gamma_2\,\omega\,\hat{\Phi}_2\,\cos(\omega t + \beta) + \gamma_3\,\omega\,\hat{\Phi}_3\,\cos(\omega t + \beta)] \quad (6)$$

Es wirken also drei Kräfte auf die Scheibe, deren Mittelwerte man zu einer Kraft zusammenfassen kann.

$$K_{2\,mittel} = K_{3\,mittel} = C_2\,\omega\,\Phi_1\,\Phi_2\,\cos(90^\circ - \beta) \quad (7)$$

$$K_{1\,mittel} = C_1\,\omega\,\Phi_1\,(\Phi_2 + \Phi_3)\cos(90^\circ - \beta) = 2C_1\,\omega\,\Phi_1\,\Phi_2\,\cos(90^\circ - \beta) \quad (8)$$

Damit liefert die Summe der Kräfte K_1 bis K_3 ebenfalls einen Ausdruck

$$K_{ges\,mittel} = C_{12}\,\omega\,\Phi_1\,\Phi_2\,\cos(90^\circ - \beta) \quad (9)$$

Hieraus ersieht man, daß eine maximale Kraft entsteht, wenn der Winkel β zwischen Φ_1 und Φ_2 90° beträgt.

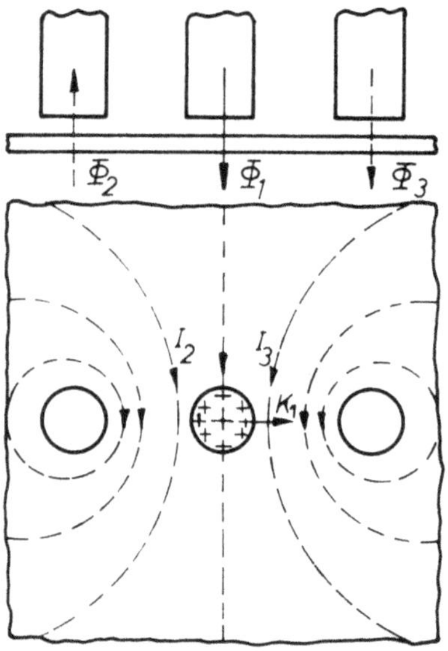

Bild 3

Wirbelströme in einer unendlich ausgedehnten Scheibe ($\Phi_2 = \Phi_3 = 0$)

Ist die leitende Platte nicht unendlich weit ausgedehnt, sondern eine kreisrunde Scheibe mit dem Radius R, so werden die Stromlinien der Wirbelströme verzerrt. Die zu den Bildern 2 und 3 analogen Stromlinienbilder sind in Bild 4 und 5 dargestellt (die äußerste Stromlinie ist in jedem Falle der Scheibenrand).

Bild 4

Scheibenströme ($\Phi_1 = 0$)

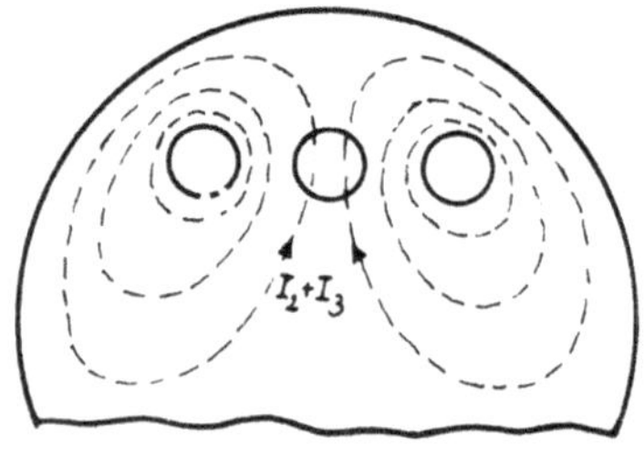

Bild 5

Scheibenströme ($\Phi_2 = \Phi_3 = 0$)

Auch unter diesen Bedingungen entstehen unter den einzelnen Polschuhen Kräfte, die jetzt, da die Scheibe einen Drehpunkt hat, Momente bilden. Grundsätzlich läßt sich analog zu Gleichung (9) eine Momentengleichung schreiben, die aus der Addition der Momente unter den einzelnen Polen entsteht.

$$M_d = C_3\,\omega\,\Phi_1\,\Phi_2\,\cos(90^\circ - \beta) \quad (10)$$

In dieser Gleichung geht in C_3 wesentlich die Geometrie der Anordnung ein.
In Bild 6 sind bei gleichem Scheibenradius R und gleichem Abstand a der Magnetpole die Kräfte bzw. Momente für einen Fluß bei verschiedenem Abstand e der Flüsse vom Mittelpunkt dargestellt. Auf der einen Seite wird mit wachsendem Abstand e der Hebelarm der Kraft K größer, so daß ein größeres Moment entsteht, auf der anderen Seite werden die Stromlinien am Rand mehr zusammengedrängt, was einen größeren Widerstand und damit kleinere Wirbelströme zur Folge hat.
Der genaue Verlauf der Konstanten C_3 wurde von *Rogowski* [1] ermittelt. Er ist in Bild 7 dargestellt. Dabei wurden einige Normierungen eingeführt:

$$x = e/R$$
$$y = a/R$$
$$C_0 = \frac{\kappa\delta}{\pi}$$

R Radius der Scheibe
e Abstand des Triebsystems vom Mittelpunkt
a Abstand der Pole
δ Dicke der Scheibe
κ Leitfähigkeit der Scheibe
C_0 Normierungskonstante

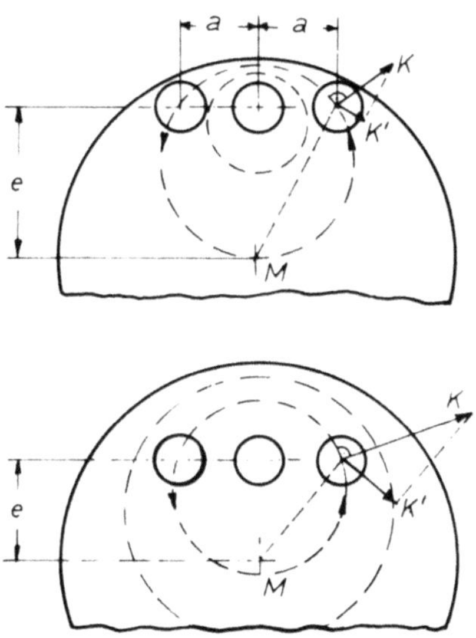

Bild 6
Kräfte in der Zählerscheibe

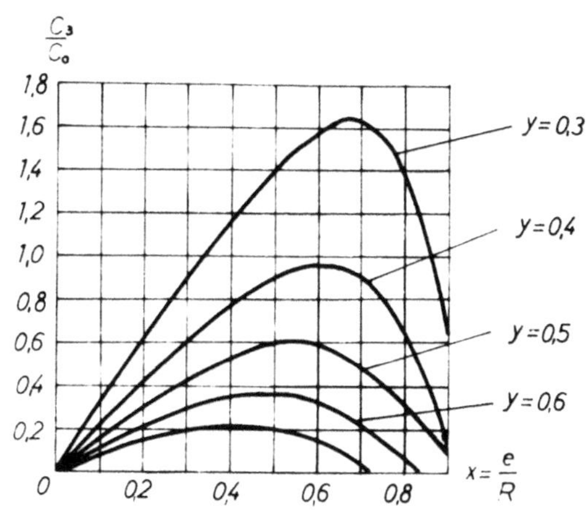

Bild 7
Verlauf des Zählerdrehmoments in Abhängigkeit von der Stellung des Triebsystems

Aus dem Diagramm läßt sich ersehen, daß sich für einen bestimmten Abstand des Triebsystems vom Mittelpunkt der Scheibe ein Maximum ergibt. Außerdem läßt sich das Moment durch Zusammenrücken der Eisenkerne vergrößern.

3. Die Triebflüsse

Vergleicht man die Gleichung für die elektrische Wirkleistung

$$P_W = U\,I\,\cos\varphi$$

mit Gl. (10), so erhält man für eine Frequenz

$$P_W \cong M_d$$

wenn

$$U \cong \Phi_1 = \Phi_U$$
$$I \cong \Phi_2 = \Phi_3 = \Phi_I$$
$$\cos\varphi = \cos(90^\circ - \beta)$$

Die Proportionalitäten werden durch Spulen auf den einzelnen Schenkeln erreicht, die mit der jeweiligen Größe beschaltet sind (Bild 1 a und 1b). Bei dieser Schaltung wird auch die 90°- Differenz zwischen den Winkeln φ und β in erster Näherung erfüllt, denn für das Spannungseisen gilt:

$$\Phi_1 = -j\,\frac{1}{\omega}\,\frac{U}{w_1} = \Phi_U \qquad (11)$$

für das Stromeisen:

$$\Phi_2 = \Phi_3 = \mu\,H_2\,F = \mu\,F\,w_2\,I = \Phi_I \qquad (12)$$

mit:

w_1 Windungszahl auf dem Spannungseisen
w_2 Windungszahl auf dem Stromeisen
F Querschnittsfläche des Stromeisens

Die 90°-Phasenverschiebung wird also im Spannungseisen erzeugt.

In Wirklichkeit eilt der Stromtriebfluß Φ_I wegen der Eisenverluste dem Strom um einen kleinen Winkel ψ nach, so daß zum Ausgleich der Fluß des Spannungseisens Φ_U

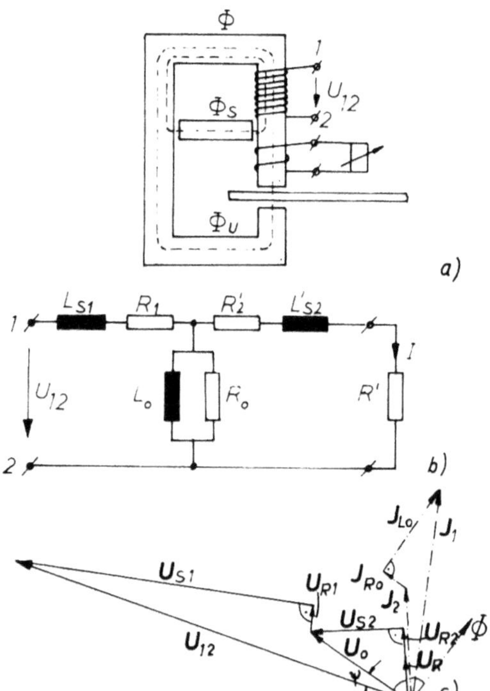

Bild 8
a) Spannungseisen
b) Ersatzschaltbild
c) Zeigerbild

der Spannung um einen Winkel $90^\circ + \psi$ nacheilen muß. Wie dieser Winkel zustande kommt, erkennt man, wenn das Spannungseisen als Transformator betrachtet wird, dessen Primärwicklung die Spannungsspule und dessen Sekundärwicklung die Scheibe und eine zum Feinabgleich angebrachte Kurzschlußwindung bilden (Bild 8a).

Der Streuweg ist bei diesem „Transformator" durch ein besonderes Querjoch sehr stark ausgebildet und zugleich regelbar. Wegen der magnetisch unsymmetrischen Anordnung ergibt sich in dem wie üblich für

$$w_1 : w_2 = 1$$

dargestellten Ersatzschaltbild (Bild 8b), daß die Sekundärstreuinduktivität viel kleiner ist als die Primärstreuinduktivität. Aus dem Zeigerdiagramm (Bild 8c) wird deutlich, daß der Triebfluß Φ_U der Klemmenspannung U_{12} um einen Winkel nacheilt, der größer als 90° sein kann. (Der Fluß Φ_u ist der mit beiden Wicklungen des Transformators verkettete Fluß. Er findet sich im Ersatzschaltbild als Fluß in der Hauptinduktivität, wo er durch Spannung U_0 erzeugt wird. Wegen

$$U_0 = w \frac{d\Phi_U}{dt}$$

eilt er der Spannung U_0 um 90° nach.) Man erkennt auch, daß die ohmschen Widerstände und die Streuinduktivitäten diese Phasenverschiebung wesentlich beeinflussen. Aus diesem Grunde gelingt der Feinabgleich einfach durch Veränderung des Streuweges oder aber indem man statt des Kurzschlusses der Sekundärwicklung einen kleinen veränderlichen Widerstand (Drahtbügel o. ä.) einfügt.

4. Bremsmoment

Wenn sich die Aluminiumscheibe nach Bild 9 in Pfeilrichtung dreht, so werden in den Teilen, die sich im Flusse Φ_M des Dauermagneten befinden, radial gerichtete Spannungen induziert, die die angedeuteten Wirbelströme I_M erzeugen. Diese sind der Spannung, also Φ_M, und der Drehzahl n sowie dem Leitwert der Scheibe proportional. Nach der Lenzschen Regel wirkt die Kraft von Φ_M auf die im Bereich des Magneten verlaufenden Ströme der Drehrichtung entgegen. Es ergibt sich für das Drehmoment:

$$\begin{aligned} M_b &= C_4\ I_M\ \Phi_M \\ &= C_5\ n\ \Phi_M^2 \qquad (13) \\ &= b\ n \end{aligned}$$

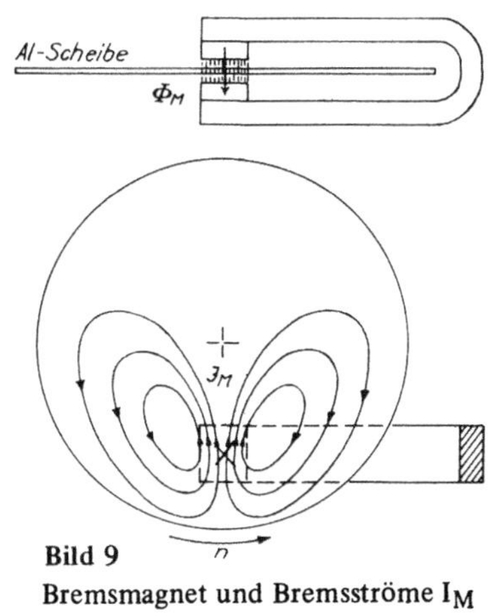

Bild 9
Bremsmagnet und Bremsströme I_M

Der Bremsfaktor b kann durch radiales Verstellen des Bremsmagneten auf den gewünschten Wert gebracht werden.

5. Drehzahl

Das Drehmoment nach Gl. (10) beschleunigt die Aluminiumscheibe, bis das Bremsmoment – die Reibung sei hierbei vernachlässigt – gleich groß ist:

$$M_b = M_d$$
$$C_5\; n\; \Phi_M^2 = C_6\; P_W \qquad (14)$$
$$n = \frac{C_6\; P_W}{C_5\; \Phi_M^2} = C_7\; P_W$$

Die Drehzahl ist also der Leistung im Verbraucherstromkreis proportional. Die Zahl der Umdrehungen innerhalb einer bestimmten Zeit z ist dann ein Maß für die verbrauchte Arbeit A.

$$\int_0^z n\; dt = C_7 \int_0^z P_W\; dt = C_8\; A \qquad (15)$$

Die Zahl der Umdrehungen wird normalerweise über ein Getriebe auf ein Rollenzählwerk übertragen, das die Arbeit in kWh anzeigt.

6. Reibungsmoment

Zum Ausgleich des Reibungsmoments wird der Spannungstriebfluß oft in zwei etwas phasenverschobene Anteile zerlegt. Man erreicht dies entweder dadurch, daß man einen Teil des Flusses zusätzlich belastet (Kupferring, Kupferplatte) oder aber indem man den Pol abstuft und so die magnetischen Widerstände verschieden groß macht (Bild 10). Die beiden etwas phasenverschobenen Flüsse wirken ähnlich wie der Strom und der Spannungsfluß zusammen und üben so auf die Zählerscheibe ein der Spannung proportionales Hilfsmoment aus: Die von Φ_{U1} induzierten Ströme wirken mit Φ_{U2}, die von Φ_{U2} erzeugten Ströme mit Φ_{U1} zusammen zu

$$M_{dHilf} = K\; \Phi_{U_1}\; \Phi_{U_2}\; \sin \sphericalangle (\Phi_{U_1}\; \Phi_{U_2}) \qquad (16)$$

Die Zählerachse trägt eine eiserne Hemmfahne, die von einem besonders geführten Streufluß des Spannungseisens angehalten wird, um auch bei Überspannung Leerlauf zu vermeiden.

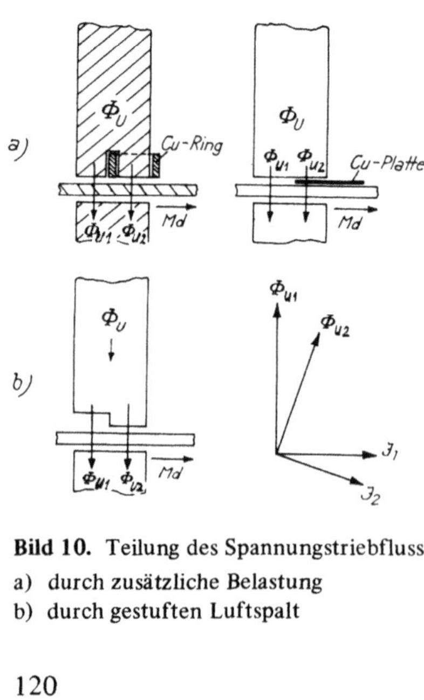

Bild 10. Teilung des Spannungstriebflusses zur Erzeugung des Hilfsmoments:
a) durch zusätzliche Belastung
b) durch gestuften Luftspalt

7. Fehlerquellen und Mittel zu ihrer Behebung

7.1. Strom- und Spannungsdämpfung

Wie der Fluß des Bremsmagneten, so bewirken auch die Flüsse der Strom- und Spannungseisen eine Dämpfung. Die Drehzahl der Scheibe ist also genauer:

$$n = K \frac{P_W}{\Phi_M^2 + \Phi_I^2 + \Phi_U^2} \tag{17}$$

Die Folge davon ist, daß der Zähler bei großer Belastung zu langsam läuft, die Lastkurve (Bild 11) fällt ab. Dieser Fehler ist aber umso kleiner, je größer die normale Dämpfung gegenüber diesen Stördämpfungen ist. Er läßt sich daher durch Anwendung einer möglichst starken Dauermagnetdämpfung (niedrige Drehzahl des Zählers), gelegentlich auch durch ein vom Laststrom abhängiges Hilfsmoment in kleinen Grenzen halten. Hinzu kommt, daß das Hilfsmoment des Spannungstriebes diesen Dämpfungen entgegenwirkt, was insbesondere bei kleinen Belastungen zu Plusfehlern bei Überspannung, zu Minusfehlern bei Unterspannung führt.

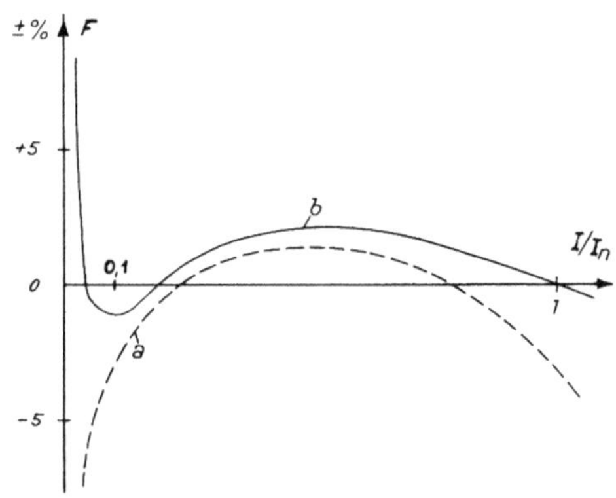

Bild 11. Lastkurve
a) ohne
b) mit Reibungs- und Stromdämpfungsausgleich $\cos\varphi = 1$

7.2. Frequenzabhängigkeit

Die Anzeige eines Induktionszählers ist grundsätzlich von der Frequenz unabhängig, weil bei einer Änderung der Frequenz der Spannungstriebfluß sich umgekehrt proportional mit der Frequenz ändert. Demnach bleibt das Produkt aus Frequenz und Triebfluß, also auch das Drehmoment, gleich.

Die im Spannungseisen erzeugte Phasenverschiebung zwischen U und Φ_U ist aber frequenzabhängig. Außerdem ändern sich die Spannungsdämpfung und das Hilfsmoment, da Φ_U kleiner geworden ist. Die resultierende Wirkung dieser Einflüsse läßt sich nicht allgemein angeben, sie verursachen aber bei den zu erwartenden Frequenzänderungen keinen nennenswerten Fehler.

7.3. Temperatureinfluß

Da sowohl das Drehmoment wie das Bremsmoment der Leitfähigkeit der Scheibe proportional ist, so ändern sich beide Größen bei Änderung der Temperatur im gleichen Sinne, und die beiden Einflüsse heben sich auf. Da aber die Wirbelströme in der Scheibe als Gegen-Amperewindungen in der Sekundärwicklung eines Transformators wirken, nehmen die Triebflüsse und damit das Drehmoment etwas zu. Außerdem fällt der Fluß des Dauermagneten pro 10° Temperaturerhöhung um etwa 0,3 %. Da das Bremsmoment proportional dem Quadrat des Flusses ist, so ändert es sich um etwa 0,6 %, d.h., der Zähler weist einen Plusfehler von 0,6 % pro 10 °C auf.

Durch die Temperaturabhängigkeit des Spannungsspulen-Widerstandes wird die Phasenverschiebung zwischen U und Φ_U verändert. Dadurch werden die oben beschriebenen Temperatureinflüsse teilweise wieder kompensiert.

8. Drehstromzähler

Zur Messung der elektrischen Arbeit im Drehstromsystem benutzt man heute meist besondere Bauarten des Induktionszählers. Analog der Leistungsmessung in Drehstromschaltungen arbeiten drei oder bei Drehstrom ohne Nulleiter zwei Triebsysteme in Aron-Schaltung gemeinsam auf die Zählerachse.

Aufgaben

1) Abgleich des Spannungseisens

   Es ist einzustellen:
   Triebsystemstellung 50 mm, Bremsmagnetstellung 50 mm, Verbraucherstrom 5 A, Verbraucherspannung 220 V, Phasenwinkel 90°

   Den Widerstand R_4 (Belastungswiderstand der Sekundärwicklung des Spannungseisens) so einstellen, daß sich die Zählerscheibe nicht dreht! Der Widerstand bleibt für alle weiteren Versuche auf dem gleichen Wert.

2) Messung der Umdrehungsgeschwindigkeit der Zählerscheibe in Abhängigkeit von der Stellung des Triebsystems

   Es ist einzustellen:
   Bremsmagnetstellung 65 mm, Verbraucherstrom 5 A, Verbraucherspannung 220V, Phasenwinkel 0°.

   Es ist zu messen:
   Umdrehungsgeschwindigkeit der Scheibe (in U/min) als Funktion der Stellung des Triebsystems. Lage des Maximums!

3) Messung der Umdrehungsgeschwindigkeit der Zählerscheibe in Abhängigkeit von der Stellung des Bremsmagneten

Es ist einzustellen:

Triebsystem auf Stellung für maximales Vortriebsmoment (Aufgabe 2), Verbraucherstrom 5 A, Verbraucherspannung 220 V, Phasenwinkel 0°.

Es ist zu messen:

Umdrehungsgeschwindigkeit der Scheibe (in U/min) als Funktion der Stellung des Bremsmagneten.

4) Aufnahme der Lastkurve

Es ist einzustellen:

Triebsystem auf Stellung für maximales Vortriebsmoment, Bremsmagnetstellung 65 mm, Verbraucherspannung 220 V, Phasenwinkel 0°.

Es ist zu messen:

Umdrehungsgeschwindigkeit der Scheibe (U/min) in Abhängigkeit vom Verbraucherstrom (0–6 A). Der prozentuale Fehler aller Meßpunkte bezogen auf Nennstrom 5 A ist zu ermitteln.

5) Aufnahme der Lastkurve bei kompensiertem Reibungsmoment

Einlegen des Kurzschlußrings in die Nut im Spannungseisen. Messung wie 4).

Schaltbild:

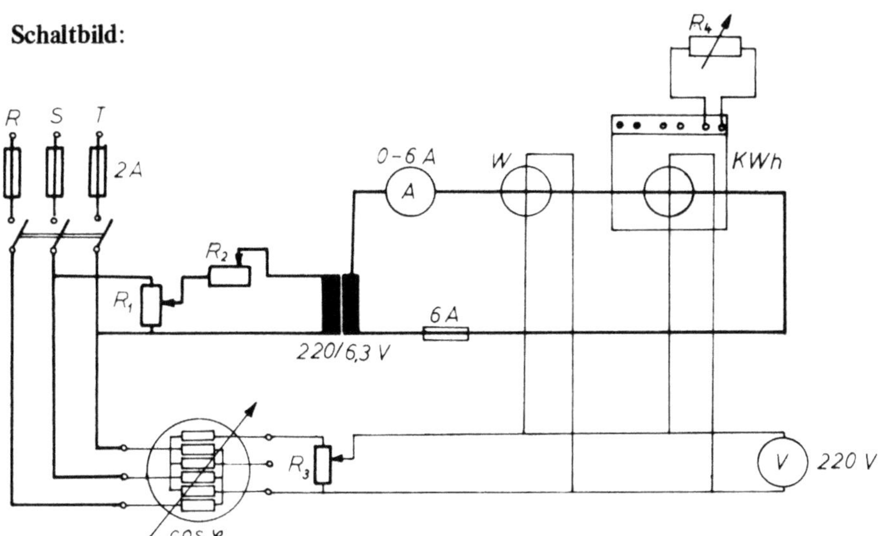

$R_1 = 450\Omega / 1{,}5\,A$

$R_2 = 270\Omega / 0{,}8\,A$

$R_3 = 2200\Omega / 0{,}2\,A$

$R_4 = 100\Omega / 0{,}5\,A$

Bild 12

Literatur

Archiv für technisches Messen, J 752
v. Krukowski: Grundzüge der Zählertechnik. Springer-Verlag 1930.
Pflier: Elektrizitätszähler. Springer-Verlag, Berlin 1954.
Beetz, Forger: Elektrizitätszähler und Meßwandler. G. Braun, Karlsruhe 1959.

Versuch 11
Messungen mit Wandlern

1. Allgemeines

Strom- und Spannungswandler sind Sondertransformatoren für Meßzwecke. Sie werden hauptsächlich zur Erfassung großer Ströme und Spannungen angewandt, da sie die zu messenden Werte auf eine genauer und bequemer meßbare Größe transformieren. Darüberhinaus bieten sie den Vorteil, Wechselstrommeßinstrumente mit einheitlichen Nenndaten (5 A und 100 bzw. 110 V) verwenden zu können. Auch ist es möglich, entfernt von stromführenden Anlagenteilen zu messen und gefährliche Spannung vom Ableseplatz fernzuhalten.

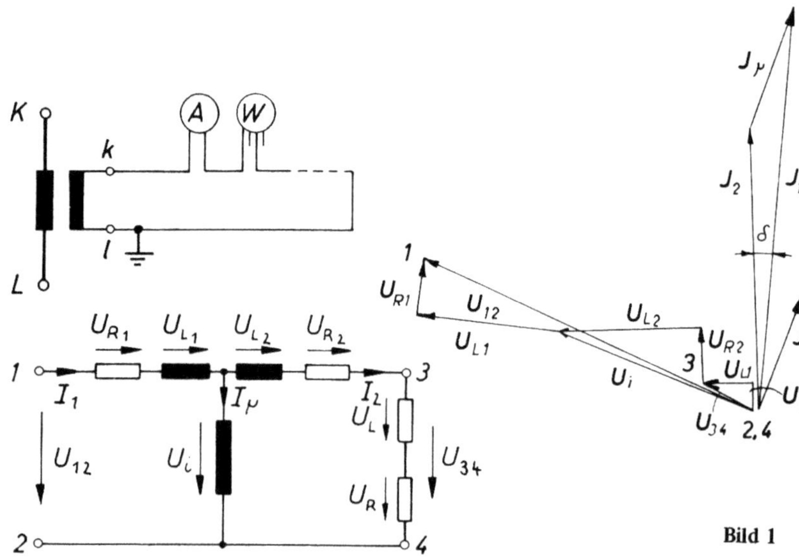

Bild 1

2. Stromwandler

Die Primärwicklung eines Stromwandlers wird in Reihe mit dem Verbraucher geschaltet, so daß sie vom gesamten Betriebsstrom durchflossen wird (Bild 1). Der Sekundärstrom des Wandlers soll nun unter Berücksichtigung des Übersetzungsverhältnisses dem Primärstrom nach Größe und Phasenlage möglichst gleich sein. Die Fehler, die hierbei auftreten, lassen sich am zweckmäßigsten an Hand des Zeigerdiagrammes erkennen (Bild 1). Die Reihenschaltung der Strompfade aller angeschlossenen Instrumente stellt für den Wandler fast einen Kurzschluß dar, so daß das Diagramm dem eines kurzgeschlossenen Transformators ähnlich ist. Die Klemmenspannung U_{34} setzt sich aus den Spannungsabfällen U_R und U_L im Außenkreis zusammen; außerdem verursacht der Strom I_2 in der Sekundärwicklung die Spannungsabfälle U_{R_2} und U_{L_2}, die mit der Klemmenspannung zusammen die induzierte Spannung U_i ergeben. Aus U_i lassen sich nun die Kerninduktion bzw. der magnetische Fluß und damit der Leerlaufstrom ermitteln. Der Vollständigkeit halber sind in das Diagramm auch die primären Spannungsabfälle und die Klemmenspannung eingezeichnet, die jedoch für den Betrieb des Wandlers keine Rolle spielen, da die Primärwicklung von einem eingeprägten Strom durchflossen wird. Man erkennt aus dem Diagramm, daß der Leerlaufstrom eine Abweichung zwischen I_1 und I_2 sowohl nach der Größe als auch nach der Phasenlage verursacht. Als Wandlerfehler werden deshalb der *Winkelfehler* δ und der *Übersetzungsfehler* (auch Stromfehler genannt)

$$F_i = \frac{I_2 K_n - I_1}{I_1} \, 100\,\% \text{ definiert,}$$

worin $K_n = \dfrac{I_{1n}}{I_{2n}}$ die Nennübersetzung ist.

Der Unterschied zwischen $I_2 K_n$ und I_1, also der Magnetisierungsstrom des Wandlers, muß deshalb möglichst klein gehalten werden, um die Fehler in engen Grenzen zu halten. Aus diesem Grunde wählt man die magnetische Induktion im Kern nur sehr selten höher als etwa 1000...2000 Gauß. Für die Primärseite sind Ströme von 5 A bis 6000 A genormt, während die Sekundärseite für 5 A, in Sonderfällen auch für 1 A ausgelegt ist.

Der Leistungsbedarf aller in Reihe angeschlossenen Geräte wird in VA angegeben, ihr Scheinwiderstand, die „Bürde" des Wandlers, in Ohm. Bis zur Nennleistung (Nennbürde) dürfen die Wandler die für ihre Genauigkeitsklasse vorgeschriebenen Fehlergrenzen nicht überschreiten.

Für das Verhalten des Wandlers bei Kurzschluß im Netz ist außerdem die Überstromziffer n von Bedeutung. Die Überstromziffer bezeichnet das Vielfache des Nennstromes, bei dem der Übersetzungsfehler des Wandlers bei Nennbürde einen Wert von 10 % erreicht.

Da die Primärwicklung des Stromwandlers wie eine Drosselspule im Zuge der Übertragungsleitung liegt und zwangsläufig den gesamten Laststrom führt, ist der Primärstrom und damit auch die magnetische Durchflutung des Eisenkernes als gegeben zu betrachten. Zur Kompensation dieser Durchflutung muß also auch auf der Sekundärseite immer ein Strom fließen, d. h. es gilt die strenge Vorschrift, daß der Meßkreis auf der Sekundärseite nicht geöffnet werden darf, solange die Primärwicklung Strom führt, da sonst erhebliche Überspannungen entstehen können.

3. Spannungswandler

Spannungswandler werden ein- und dreiphasig ausgeführt. Die Spannungspfade der parallel angeschlossenen Meßgeräte bilden eine relativ geringe Belastung für den Wandler, so daß sein Nennbetriebszustand dem eines leerlaufenden Transformators entspricht.

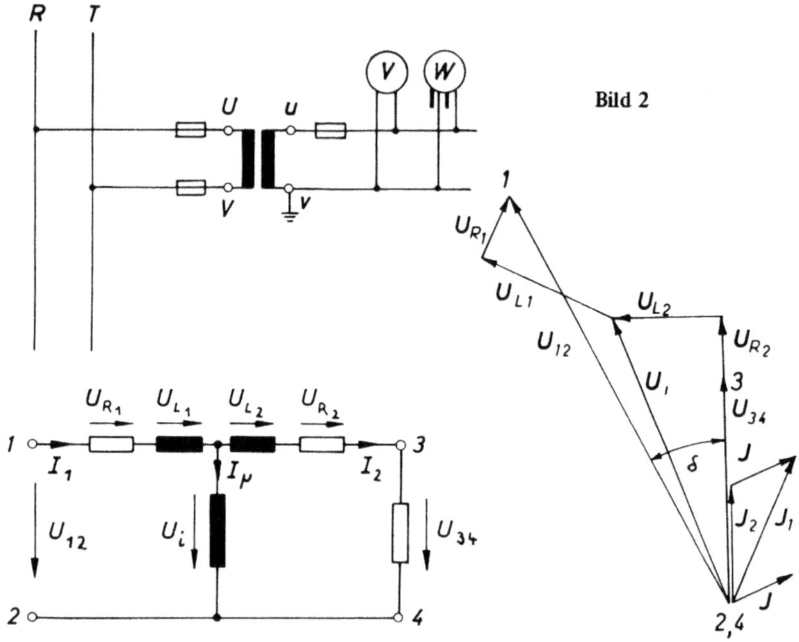

Bild 2

Bild 2 zeigt das Zeigerdiagramm eines Spannungswandlers; auch hier werden wie beim Stromwandler als Abweichungen vom Sollwert der *Winkelfehler* δ und der *Spannungsfehler*

$$F_u = \frac{U_{20}\,K_n - U_{10}}{U_{10}}\;100\,\%$$ angegeben.

Zum Schutz gegen Überlastungen sind in allen nicht geerdeten Sekundärleitungen Sicherungen vorzusehen.

Im Gegensatz zum Stromwandler, der zwischen Null und seinem Nennstrom möglichst genau anzeigen soll, verlangt man beim Spannungswandler ein genaues Arbeiten nur im Bereich von 80...120 % der Nennspannung, da für Spannungsabsenkungen unter 80 % der Nennspannung (also im Störungsfall) eine mäßige Genauigkeit der Spannungsmessung vollauf genügt.

4. Wandler im Drehstromsystem

Eine im Drehstromsystem häufig verwendete Schaltung zeigt Bild 3.

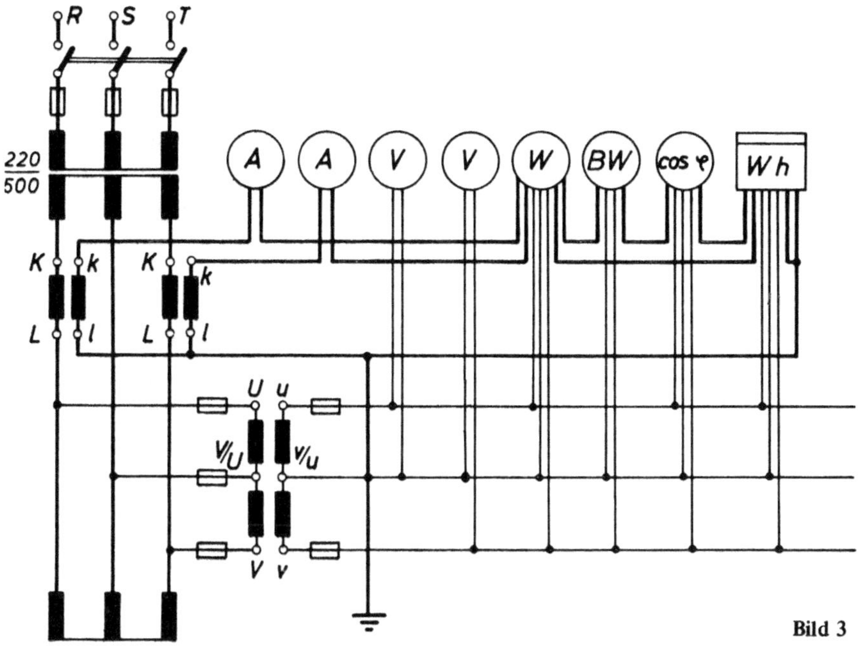

Bild 3

Wie in der Versuchsbeschreibung „Leistungsmessung im Drehstromsystem“ bewiesen wird, genügt nach *Aron* im Drehstromsystem ohne Nulleiter die Messung von zwei Strömen und zwei verketteten Spannungen zur Bestimmung der Leistung. In der vorliegenden Schaltung sind deshalb nur je zwei Strom- und Spannungswandler vorgesehen. Die Spannungswandler werden in der sogenannten V-Schaltung betrieben (Bild 4).

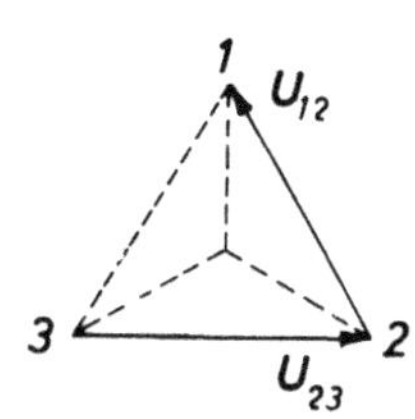

Bild 4

Die Richtung und die Phasenlage von Strömen und Spannungen werden in den angeschlossenen Geräten durch das Zwischenschalten von Meßwandlern nicht geändert.

Besondere Aufmerksamkeit erfordert das Verlegen und Anschließen der Erdverbindungen. Es ist unbedingt darauf zu achten, daß bei jedem Wandler ein Punkt der Sekundärwicklung sowie das Gehäuse und der Eisenkern geerdet sind, damit durch die unter Hochspannung stehenden Primärwicklungen keine gefährlichen Spannungen auf der Sekundärseite influenziert werden können.

5. Messung der Leistung im Drehstromsystem

Die Leistungsmessung im Drehstromsystem mit Wandlern erfolgt grundsätzlich mit dengleichen Schaltungen, wie sie im Versuch 9 beschrieben werden. Hier soll nur noch auf die Ein-Wattmeter-Methode zur Blindleistungsmessung eingegangen werden.
Die zur Blindleistungsmessung benötigte um 90° phasenverschobene Spannung wird hier mit der verketteten Spannung U_{23} gewonnen, die senkrecht auf der Phasenspannung U_{10} steht. Da sie um $\sqrt{3}$ mal größer ist als die Phasenspannung, muß das Ergebnis mit dem Faktor $\frac{1}{\sqrt{3}}$ multipliziert werden. Um die Blindleistung aller drei Phasen zu erhalten, wird die Leistung einer Phase noch mit 3 multipliziert.

$$P_b = 3 \frac{1}{\sqrt{3}} U_{23}\, I_1 \cos\varphi_1$$

$$P_b = \sqrt{3}\, U_{23}\, I_1 \cos\varphi_1$$

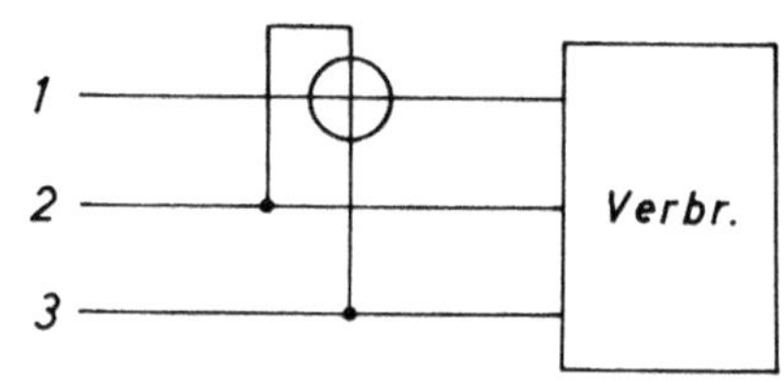

Bild 5

Diese Messung gilt streng nur bei symmetrischer Blindleistungsverteilung auf die 3 Phasen. Sie wird aber (im Gegensatz zur Wirkleistung) häufig auch bei nicht völlig symmetrischen Drehstromsystemen verwendet, da kleine Fehler bei der Messung der Blindleistung eine viel geringere Rolle spielen als bei der Wirkleistung. Schaltung siehe Bild 5.

Aufgaben

Die vollständige Meßschaltung eines Hochspannungsdreiphasensystems ist unter Verwendung von Strom- und Spannungswandlern aufzubauen.

1) Die Leerlaufleistung des Belastungstransformators ist zu messen
   a) mit dem Leistungsmesser
   b) durch Strom-, Spannungs- und cosφ-Messung
   c) mit dem Zähler

   Die drei Ergebnisse sind kritisch zu vergleichen.

2) Es ist experimentell festzustellen und theoretisch zu erläutern, welche Geräte falsch anzeigen bei Vertauschung
   a) der Sekundäranschlüsse eines Stromwandlers
   b) der Sekundäranschlüsse beider Stromwandler.
3) Was zeigt der Blindleistungsmesser an, wenn ihm statt der verketteten Spannung S - T die verkettete Spannung R - S bzw. T - R zugeführt wird? Die Feststellungen sind durch Zeigerdiagramme zu belegen.

Anmerkung

Die Zählerkonstante gilt nur bei Anschluß der auf dem Leistungsschild angegebenen Wandler:

Für die Stromwandler ist $K_n = 1 : 1$
Für die Spannungswandler ist $K_n = 500 : 100$ (bzw. 110)

Vorsicht! Lebensgefährliche Spannungen!
Schaltung nicht berühren, bevor allpolig abgeschaltet ist!

Literatur

R. Bauer: Die Meßwandler. Grundlagen, Anwendung und Prüfung. Springer, Berlin 1953.
H. Neumann: Das Messen mit elektrischen Geräten. Springer, Berlin 1960.

Versuch 12
Gleichstrom-Brücken (Widerstands- und Temperaturmessungen)

Stromdichten und Leistungsverluste in Wicklungen von Transformatoren und Spulen sind durch die im Betrieb auftretende Erwärmung (Übertemperatur) begrenzt. Überschreitet die Temperatur die zulässige Grenze, so wird die Isolation der Wicklung beschädigt oder zerstört, so daß sich ein Schluß der Windungen gegeneinander oder gegen den Eisenkern ausbilden kann.

Für die einzelnen Isolierstoffe geben die VDE-Vorschriften (VDE 0532, § 38–40) die auf der nächsten Seite folgenden höchstzulässigen Übertemperaturen (Temperatur-Differenzen gegen Umgebung bzw. gegen das Kühlmittel) an. Sie gelten unter der Voraussetzung, daß die Temperatur der Umgebung oder des Kühlmittels 35 °C (bei Motoren 40 °C) nicht überschreitet und daß die Temperatur der heißesten Stelle höchstens 10 °C über der praktisch meßbaren mittleren Wicklungstemperatur liegt.

1. Graphische Ermittlung der Endtemperatur

Der zeitliche Verlauf der Erwärmung eines Transformators oder einer Spule erfolgt in erster Näherung nach einer Exponentialfunktion (Bild 1). Im ersten Augenblick entspricht der Anstieg der Kurve dem Zustand, in dem keine Wärme an die Umgebung abgegeben wird. Im Endzustand wird die gesamte im Transformator oder in der Spule erzeugte Wärmemenge an die umgebende Luft bzw. an die Kühlflüssigkeit abgeführt. Trägt man die bei einem Erwärmungsversuch gemessenen Temperaturen über der Zeit auf, so liegen nur im Anfang der Kurve die Meßwerte ohne große Abweichungen auf dem Kurvenzug. In der Nähe der Endtemperatur treten starke Streuungen der Meßwerte auf, da sich geringe Schwankungen der Kühlverhältnisse in diesem Bereich viel stärker bemerkbar machen. Die genaue Bestimmung der Endtemperatur wird daher günstiger nach einem graphischen Verfahren vorgenommen.

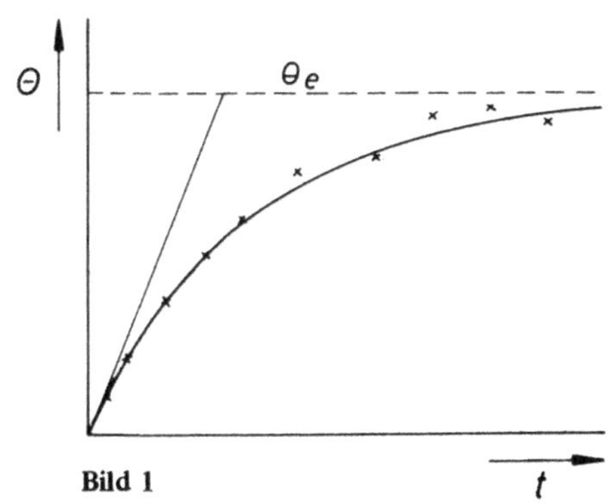

Bild 1
Zeitlicher Verlauf der Erwärmung eines Transformators

Tabelle 1. Isolationsklassen

Klasse	Isolierstoff	Behandlung	Höchstzulässige Übertemperatur im Mittel	Höchstzulässige Übertemperatur heißeste Stelle
A	Organische Stoffe z. B. Baumwolle, Seide, Papier und ähnliche Faserstoffe	getränkt mit organischen Bindemitteln	60 °C	70 °C
A_0	Organische Stoffe z. B. Baumwolle, Seide, Papier und ähnliche Faserstoffe sowie Drahtlack	unter Öl	70 °C	80 °C
E	Wärmebeständige Kunstfolien, Hartpapier, Lackpapier, Drahtlack	ungetränkt	75 °C	85 °C
	Papier	getränkt mit Kunstharzlacken		
B		getränkt mit Kunstharzlacken	85 °C	95 °C
F	Anorganische Stoffe z. B. Glimmer, Asbest, Glaserzeugnisse und ähnliche mineraliche Stoffe	getränkt z. B. mit Silikonen, die mit organischen Kunststoffen modifiziert sind	110 °C	120 °C
H		getränkt z. B. mit reinen Silikonen	135 °C	145 °C
C	Glimmer, Porzellan, Glas, Quarz und ähnliche feuerfeste Stoffe	ungetränkt	nur begrenzt durch die elektrische Isolierfähigkeit und den Einfluß auf benachbarte Isolierstoffe	

Der zeitliche Verlauf der Übertemperatur Θ wird durch folgende Gleichungen dargestellt:
Für die Erwärmung bis zur Endtemperatur Θ_e:

$$\Theta = \Theta_e \left(1 - e^{-\frac{t}{T}}\right); \tag{1}$$

für die Abkühlung von der Anfangstemperatur Θ_a bis auf Raumtemperatur:

$$\Theta = \Theta_a \cdot e^{-\frac{t}{T}}. \tag{2}$$

Differenziert man die Gleichung (1) nach der Zeit t, so erhält man

$$\frac{d\Theta}{dt} = \frac{1}{T}\,\Theta_e\, e^{-\frac{t}{T}}.$$

Nach Gleichung (1) ist $\Theta_e\, e^{-\frac{t}{T}} = \Theta_e - \Theta$ und folglich

$$T\frac{d\Theta}{dt} = \Theta_e - \Theta.$$

Für die jeweilige Temperatur ergibt sich

$$\Theta = -T\frac{d\Theta}{dt} + \Theta_e. \tag{3}$$

Dies ist die Gleichung einer Geraden mit den Veränderlichen Θ und $\frac{d\Theta}{dt}$ sowie dem Steigungsmaß T. Sie läßt sich bequem zur Bestimmung von Θ_e verwenden: Man entnimmt aus dem gemessenen Verlauf $\Theta = f(t)$ die in gleichen Zeitabschnitten Δt erfolgenden Temperaturzunahmen $\Delta\Theta$ und trägt sie mit einem beliebigen Maßstabfaktor n über der jeweiligen Temperatur auf. Auf diese Weise entsteht die in Bild 2 dargestellte Gerade, die sich mit guter Sicherheit bis zum Schnittpunkt mit der Ordinate verlängern läßt, und damit Θ_e ergibt.

Zur Bestimmung der Zeitkonstanten T wird die Anfangstangente an die Kurve $\Theta = f(t)$ gelegt. Diese schneidet auf der Parallelen zur Zeitachse im Abstand der Endtemperatur die Zeitkonstante T heraus, die eine für den Transformator charakteristische Größe ist. Sie wird bestimmt durch seine Wärmekapazität, die abstrahlende Oberfläche und die Wärmeabgabeziffer:

$$T = \frac{G\,c}{A\,h}. \tag{4}$$

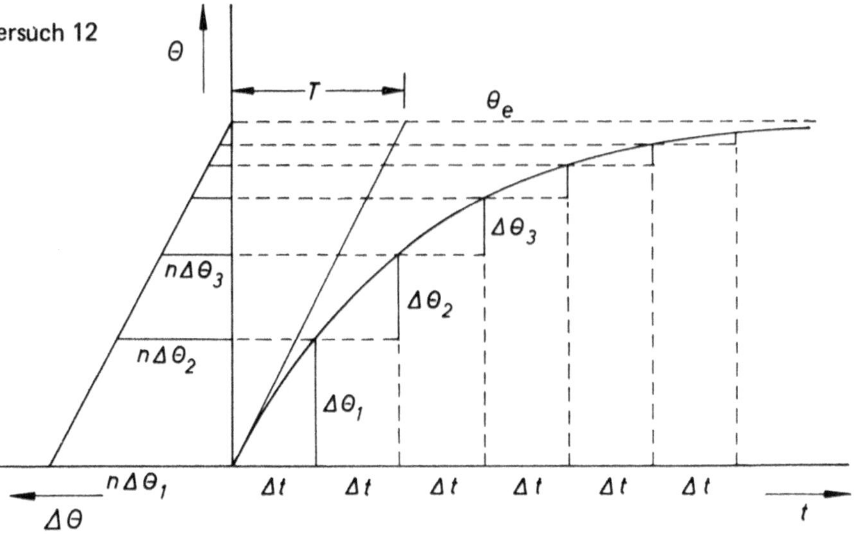

Bild 2. Ermittlung der Endtemperatur aus dem Erwärmungsversuch

Dabei bedeuten

G Gewicht des Transformators

c spezifische Wärme des Werkstoffes

A abstrahlende Oberfläche

h Wärmeabgabeziffer.

Genau genommen kann man gar nicht von einer einzigen Zeitkonstanten des Transformators sprechen, da er kein homogener Körper ist, sondern sich aus einer Reihe verschiedener Werkstoffe zusammensetzt. Die Werkstoffe unterscheiden sich wesentlich in den für die Zeitkonstante charakteristischen Größen, so daß man eigentlich mit mehreren Zeitkonstanten rechnen muß. Die nach der oben angegebenen Methode ermittelte Zeitkonstante T ist daher nur ein Mittelwert.

2. Verfahren zur Temperaturbestimmung

2.1. Thermometer

Messungen mit dem Thermometer können nur an gut zugänglichen Stellen durchgeführt werden. Will man hinreichend genau messen, so muß der Wärmeübergang zwischen der zu messenden Stelle und der Quecksilberkugel so gut wie möglich gemacht werden. Dies erreicht man durch Einpacken der Quecksilberkugel in Stanniol. Andererseits muß eine Abstrahlung nach außen durch Wärmeisolation der Meßstelle mit Hilfe von Putz- oder Glaswolle vermieden werden (Bild 3). Ferner gestattet das Thermometer meist nur Oberflächentemperaturen zu messen, aus denen man nicht

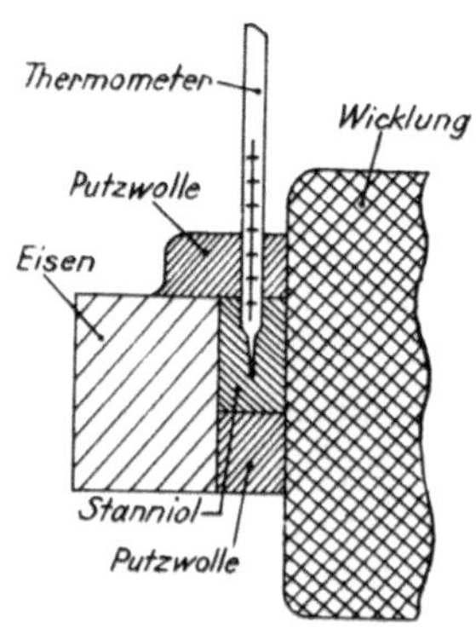

Bild 3

Temperaturmessung mit einem Thermometer

ohne Erfahrung auf die höchste Temperatur im Innern des Transformators oder der Spule schließen kann.

Die Temperaturverteilung in der Wicklung ist infolge der unterschiedlichen Kühlverhältnisse der einzelnen Lagen verschieden. Ihr Verlauf ist in erster Näherung eine Parabel. Das Verhältnis der Abstände des Scheitels von der Innen- und Außenfläche der Wicklung beträgt erfahrungsgemäß 1:2 (Bild 4).

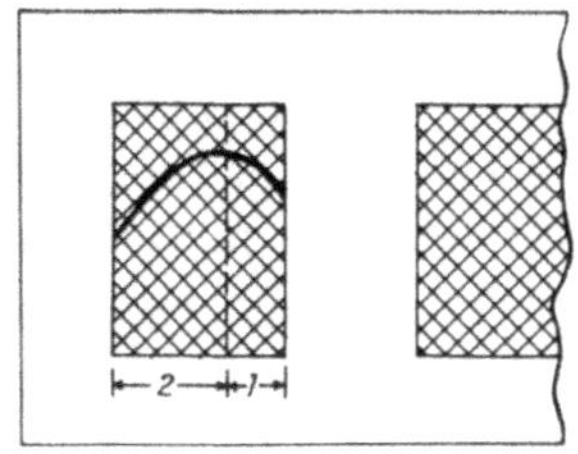

Bild 4
Temperaturverteilung in einer Wicklung

2.2. Thermoelemente

Die Messung mit Thermoelementen hat den großen Vorteil, daß man an jeder Stelle der Wicklung die Temperatur punktförmig erfassen kann. Die Thermoelemente können beim Wickeln des Transformators oder der Spule mit eingebaut werden. Für den praktischen Meßbetrieb liefert das Thermoelement aber erst bei Temperaturen von 300 °C an eine für direkte Messungen ausreichende Spannung. (Näheres darüber siehe Versuch 6).

2.3. Widerstandsmessung

Nach den Vorschriften des VDE wird daher die Übertemperatur aus der Widerstandsänderung der Wicklungen bestimmt. Bekanntlich gilt:

$$R_2 = R_1 \, [1 + \alpha (\Theta_2 - \Theta_1)]. \qquad (5a)$$

R_1 Widerstand bei der Temperatur Θ_1
R_2 Widerstand bei der Temperatur Θ_2
α Temperaturkoeffizient (für Kupfer bei 20 °C : 0,0039).

Sind die Widerstände R_1 und R_2 bekannt, so ergibt sich die Temperaturdifferenz:

$$\Theta_2 - \Theta_1 = \frac{R_2 - R_1}{R_1} \cdot \frac{1}{\alpha} \, . \qquad (5b)$$

Aus der gemessenen Anfangstemperatur, der Widerstandsänderung und dem Temperaturkoeffizienten kann also die Temperaturdifferenz bestimmt werden.

Infolge der ungleichen Temperaturverteilung in der Wicklung ist auch der Widerstand örtlich verschieden. An den Wicklungsklemmen wird demnach nur ein mittlerer Widerstand, d. h. nur eine mittlere Temperatur gemessen. Die in der Wicklung auftretende Höchsttemperatur ist hierbei nicht erfaßbar.

Zur Widerstandsmessung verwendet man wegen der großen Genauigkeit vorteilhaft eine Meßbrücke.

2.3.1. Wheatstone-Brücke

Mit dieser Brücke kann man Widerstände in der Größenordnung von 1 . . . 10^6 Ohm messen. Die Spannung U wird an die Punkte A und B gelegt, das Galvanometer an die Punkte C und D. Durch Veränderung eines der Widerstände R_2, R_3 oder R_4 wird die Brücke abgeglichen, d.h. die Meßdiagonale C D stromlos gemacht.

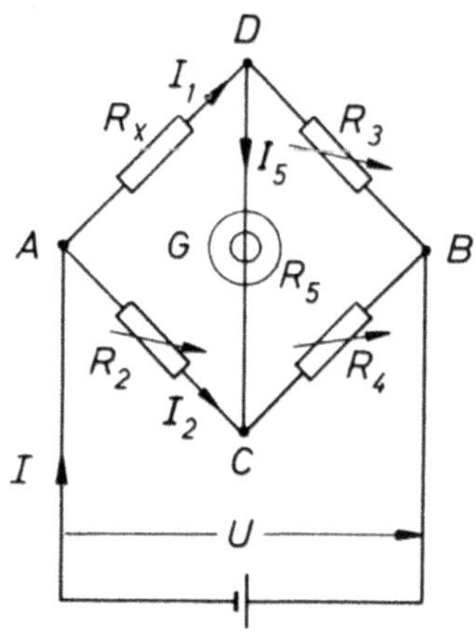

Bild 5
Schaltbild einer Wheatstone-Brücke

Bei Abgleich ist:

$$U_{AC} = U_{AD}$$

und $U_{BC} = U_{BD}$.

Daraus folgt:

$$I_2 \cdot R_2 = I_1 \cdot R_x,$$

$$I_2 \cdot R_4 = I_1 \cdot R_3,$$

$$\frac{R_2}{R_4} = \frac{R_x}{R_3}.$$

Es ist also:

$$R_x = R_3 \frac{R_2}{R_4}. \qquad (6)$$

Die Widerstände R_2, R_3 und R_4 sind Präzisionsstöpsel- oder Kurbelwiderstände. Das Brückenverhältnis $R_2 : R_4$ ist meistens nur in groben Stufen z.B. 100 : 1, 10 : 1, 1 : 10 usw. einstellbar. Der Feinabgleich der Brücke erfolgt durch den Präzisionswiderstand R_3. R_2 und R_4 können auch durch einen Schleifdraht ersetzt werden.

Die Empfindlichkeit einer Brücke läßt sich definieren als das Verhältnis der Ausschlagänderung ΔI_5 am Galvanometer zu der Änderung ΔR_x, die die Ausschlagänderung verursacht. Die Empfindlichkeit wird also umso größer, je kleiner die gerade noch angezeigte Widerstandsänderung ΔR_x ist.

Folgende Einflußgrößen bestimmen die Empfindlichkeit:

1) Sie steigt proportional mit der Größe der Brückeneingangsspannung U bzw. des Brückeneingangsstromes I.
2) Sie nimmt mit der Stromempfindlichkeit des als Nullgerät verwendeten Galvanometers zu und hängt von der Größe seines Widerstandes ab.
3) Sie wird durch die Wahl der Brückenverhältnisse

$\frac{R_x}{R_3}$ und $\frac{R_x}{R_2}$ beeinflußt.

Die Berechnung der kleinsten feststellbaren Verstimmung $\Delta R_{x_{min}}$ bei gegebener Brückeneingangsspannung erfolgt nach Gleichung (7a) und bei gegebenem Brückeneingangsstrom nach Gleichung (7b), wenn man voraussetzt, daß ein Ausschlag von 1/10 Skalenteil noch deutlich erkennbar ist.

$$\Delta R_{x_{min}} = \frac{c_i}{10\,U}\, R_x \left[R_x + R_2 + R_3 + R_4 + R_5 \left(\frac{R_x}{R_3} + 2 + \frac{R_4}{R_2} \right) \right] \qquad (7a)$$

$$\Delta R_{x_{min}} = \frac{c_i}{10\,I}\, \frac{R_5\,(R_x + R_2 + R_3 + R_4) + (R_x + R_2) \cdot (R_3 + R_4)}{R_4} \qquad (7b)$$

c_i bedeutet hierbei die Stromkonstante des Nullgalvanometers in A/Skt.

Beim Aufbau einer Brücke ist zu beachten:

Brückeneingangsspannung bzw. -strom sind der zulässigen Belastbarkeit der Brückenwiderstände anzupassen. Das Galvanometer soll annähernd aperiodisch gedämpft sein. Eine stark periodische Einstellung des Meßsystems verringert die Meßgeschwindigkeit, ebenso eine kriechende Einstellung.

Für die zur Erzielung einer möglichst großen Brückenempfindlichkeit günstigsten Widerstandsverhältnisse seien hier nur Richtwerte ohne Beweisführung angegeben. Es soll möglichst sein:

$$\frac{R_2}{R_x} = 0{,}1, \quad \frac{R_3}{R_x} = 1, \quad \frac{R_4}{R_x} = 0{,}1, \quad \frac{R_5}{R_x} = 0{,}1.$$

(Über die Abnahme der Empfindlichkeit bei anderen Widerstandsverhältnissen siehe Literatur: z.B. *Schwerdtfeger,* Elektrische Meßtechnik I. S. 95).

Die erzielbare Meßgenauigkeit hängt außer von der bisher besprochenen Brückenempfindlichkeit noch von der Genauigkeit der verwendeten Widerstände ab. Die Brücke braucht daher nur so empfindlich zu sein, daß sie gestattet, die Genauigkeit der Schaltelemente auszunutzen. Eine höhere Empfindlichkeit bringt keinen Gewinn und erschwert nur den Abgleich. Bei Präzisionswiderständen kann man mit einer Unsicherheit von etwa 0,02 % rechnen. Der maximale Meßfehler F_{max} bestimmt sich nach Kapitel 2.4 dieses Buches mit

$$R_x = \frac{R_2\, R_3}{R_4} \quad \text{zu}$$

$$F_{max} = \frac{\Delta R_x}{R_x} = \frac{\Delta R_2}{R_2} + \frac{\Delta R_3}{R_3} + \frac{\Delta R_4}{R_4}\,. \qquad (8)$$

Hierbei sind ΔR_2, ΔR_3 und ΔR_4 die Fehler der Präzisionswiderstände R_2, R_3 und R_4.

2.3.2. Thomson-Brücke

Will man Widerstände messen, die kleiner als etwa 1 Ohm sind, so muß man eine andere Brückenschaltung wählen, um den Einfluß der Zuleitungen und der Übergangswiderstände an den Stromklemmen auf das Meßergebnis klein zu halten.

Von störendem Einfluß auf die Messung ist der Widerstand R_6 der Verbindungsleitung der Widerstände R_x und R_3 (Bild 6). Der Fehler ließe sich beseitigen, wenn der Abgriffspunkt C die Verbindungsleitung im Verhältnis $R_x : R_3$ bzw. $R_2 : R_4$ teilen würde. Diese Unterteilung läßt sich mit der in Bild 7 dargestellten Kunstschaltung vornehmen. Die Verbindungsleitung ist durch einen Widerstand $(R_2' + R_4')$ überbrückt, der durch den Punkt A im Verhältnis $R_2 : R_4$ unterteilt ist.

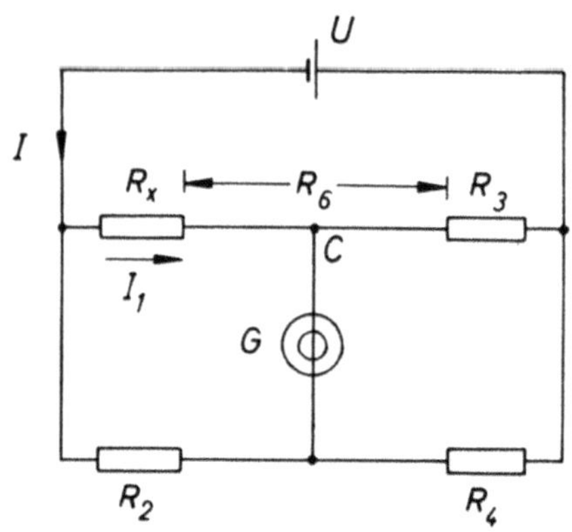

Bild 6

Die Punkte A in Bild 7 und C in Bild 6 sind somit Punkte gleichen Potentials. R_x und R_3 sind die zwischen den Spannungsabgriffen (Meßklemmen) definierten Widerstandswerte; Übergangswiderstände an den Stromklemmen gehen also nicht in die Messung ein. Der niederohmige Normalwiderstand R_3 besitzt also 4 Klemmen. R_x muß ähnlich hergerichtet und angeschlossen werden.

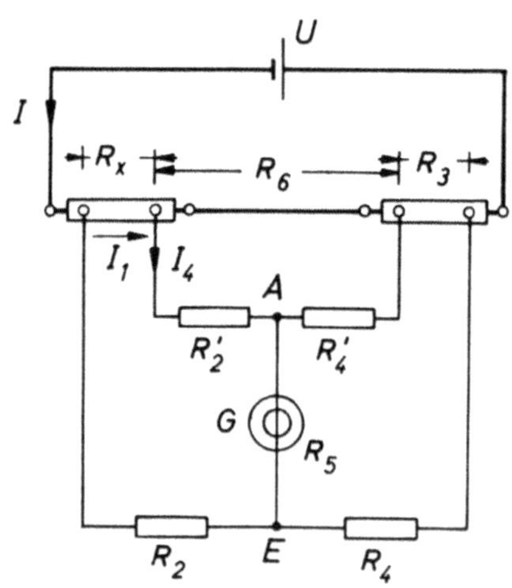

Bild 7

Unter der Voraussetzung, daß

$$R_2 : R_4 = R_2' : R_4' \tag{9}$$

ist, ergibt sich folgende Abgleichbedingung:

$$\frac{I_1\ R_x + I_4\ R_2'}{I_1\ R_3 + I_4\ R_4'} = \frac{R_2}{R_4},$$

$$I_1\ R_x\ R_4 + I_4\ R_2'\ R_4 = I_1\ R_2\ R_3 + I_4\ R_2\ R_4'.$$

Unter Berücksichtigung der Gl. (9) erhält man

$$R_x = R_3\ \frac{R_2}{R_4} \tag{11}$$

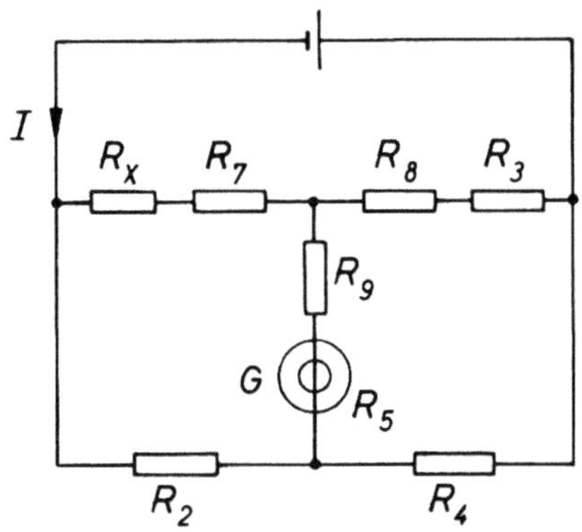

Bild 8
Umwandlung der Thomson-Brücke in eine Wheatstone-Brücke durch Dreieck-Stern-Transformation

Zur Berechnung der Empfindlichkeit wird die Thomson-Brücke (Bild 7) durch eine Dreieck-Stern-Transformation in eine Wheatstone-Brücke (Bild 8) umgewandelt. Die für die Wheatstone-Brücke aufgestellten Empfindlichkeitsgleichungen 7a und 7b lassen sich dann auch auf die Thomson-Brücke übertragen.

Da R_x und R_3 sowie R_6, R_7 und R_8 wesentlich kleiner als R_2 und R_4 sind, kann man die Empfindlichkeitsgleichung bei gegebenem Brückeneingangsstrom I in folgender vereinfachter Form schreiben:

$$\Delta R_{x_{min}} = \frac{c_i}{10\,I}\left[(R_9 + R_5)\left(\frac{R_2}{R_4} + 1\right) + R_2\right]. \qquad (12)$$

Für die Genauigkeit und Dimensionierung der Schaltelemente gelten die gleichen Gesichtspunkte wie bei der Wheatstone-Brücke. Die Meßunsicherheit bei Schleifdrahtbrücken beträgt ± 0,5 %, bei Präzisionsmeßbrücken etwa ± 0,2 %. Zur Vermeidung von Fehlern muß jede Messung mit gewendetem Strom wiederholt werden. Der Meßbereich der Thomson-Brücke liegt zwischen 1 und 10^{-6} Ohm.

2.3.3. Null- und Ausschlagverfahren

1) Nullverfahren:
   Die Größe des temperaturabhängigen Widerstandes R_x wird durch Brückenabgleich (Nullzweig stromlos) ermittelt.
2) Ausschlagverfahren:
   Der Strom im Nullzweig ist bei gegebener Brückeneingangsspannung durch folgende Gleichung gegeben (Bild 5):

$$I_5 = U \frac{R_2 R_3 - R_x R_4}{(R_x + R_3)\,[R_2 R_4 + R_5\,(R_2 + R_4)] + R_x R_3\,(R_2 + R_4)}\;.$$

Wird nun lediglich der Widerstand R_x verändert, z. B. durch Temperatursteigerung, so ist die Änderung des Stromes I_5 ein Maß für diese Widerstandsänderung bzw. Temperatursteigerung. Durch geeignete Dimensionierung der Brücke läßt sich erreichen, daß die Anzeige des Nullinstrumentes der Temperaturdifferenz weitgehend proportional ist.

Wenn die Temperatur mit Hilfe eines Widerstandsthermometers bestimmt wird, so entsteht bei beiden Verfahren ein kleiner Fehler durch die zusätzliche Aufheizung des Meßwiderstandes infolge des ihn durchfließenden Stromes. Dieser ist daher möglichst klein zu wählen. Aus dem gleichen Grund soll die Brücke auch nur für die Dauer der Messung eingeschaltet werden.

Aufgaben

Bei einem kleinen Transformator soll in Abhängigkeit von der Zeit die Temperatur an verschiedenen Stellen der Wicklung gemessen werden. Drei Meßwicklungen aus Widerstandsdraht (Nickel) sind in die Wicklung des Transformators eingelegt. Die innere Meßwicklung ist direkt auf den Transformatorkern aufgebracht. Die mit „Mitte“ bezeichnete Meßwicklung liegt an der vermutlich heißesten Stelle. Die dritte Meßwicklung befindet sich ganz außen. Die drei Wicklungen werden durch einen Umschalter abwechselnd als Widerstand R_x in eine Wheatstone-Brücke gelegt.

$R_x = 3{,}1\ \Omega$ $\quad R_5 = 1\,418\ \Omega$ $\quad \alpha_{Nickel} = 0{,}0068$

$R_2 = 336\ \Omega$ $\quad R_v = 5\,700\ \Omega$

$R_3 = 3\ \Omega$ $\quad R_p = 1\,000\ \Omega$ $\quad c_i = 6{,}29 \cdot 10^{-8}\ \frac{A}{Skt}$

$R_4 = 360{,}7\ \Omega$

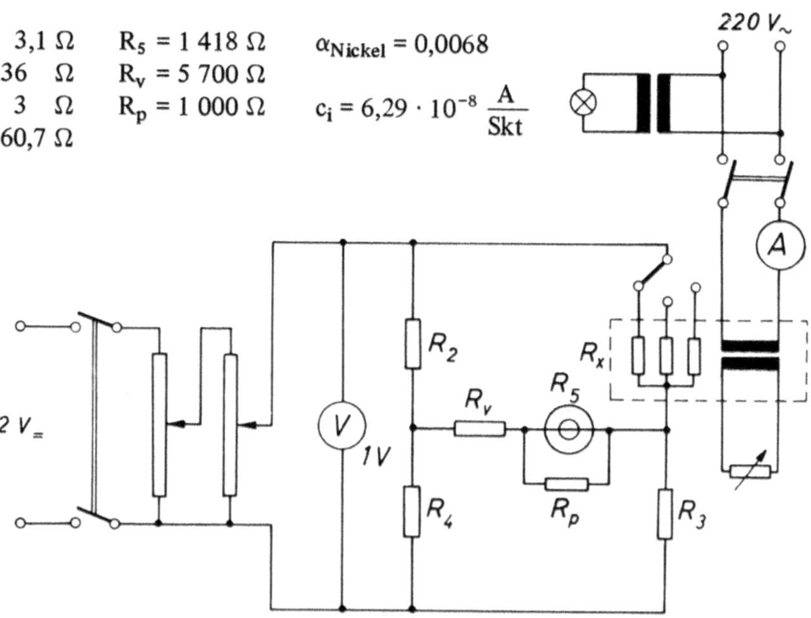

Bild 9

Die Temperatur soll nach der Ausschlagmethode festgestellt werden. Zuvor ist aus den unten angegebenen Daten der Schaltung das Galvanometer in °C zu eichen.

Daten des Transformators:

$$N_n = 55 \text{ W}, \quad U_1 = 220 \text{ V}, \quad U_2 = 10 \text{ V}.$$

Unter N_n sei die aus dem Netz aufgenommene Leistung zu verstehen.

1) Es sind die Erwärmungs- und Abkühlungskurven des Transformators bei Nennlast für alle drei Meßstellen aufzunehmen und zu diskutieren. Die Messungen sollen in einem Abstand von ca. 5 Minuten durchgeführt werden. Zum Vergleich ist die Oberflächentemperatur zusätzlich mit einem Thermometer zu bestimmen.

2) Durch die graphische Ermittlung der Endtemperatur soll nachgeprüft werden, ob die angegebene Belastung zulässig ist.

3) Mit welchem Fehler wird die Temperatur des Widerstandes bestimmt, wenn man eine Unsicherheit der Präzisionswiderstände von ± 0,02 % annimmt?

   Erwärmungsmessung an Spulen mit Hilfe der Thomson-Brücke nach dem Nullverfahren:

4) Es ist die mittlere Erwärmungskurve einer niederohmigen Spule in der nachfolgend angegebenen Schaltung aus der Widerstandsmessung mit der Thomson-Brücke zu ermitteln. Der Brückeneingangsstrom von 15 A soll während der ganzen Messung konstant gehalten werden. Vor Abgleich der Brücke ist der Galvanometer-Vorwiderstand auf seinen größten Wert einzustellen und erst mit zunehmendem Abgleich zu verkleinern. Der Kaltwiderstand der Spule beträgt $R \approx 0{,}07$ Ohm.

5) Durch graphische Ermittlung der Endtemperatur soll nachgeprüft werden, ob die oben angegebene Stromstärke zulässig ist.

6) Es ist der Ohmsche Widerstand der Stromspule eines Leistungsmessers in Abhängigkeit von dem sie durchfließenden Strom zu bestimmen. Die Bedeutung dieses Meßergebnisses ist im Hinblick auf die Korrektur bei Leistungsmessern (siehe auch Versuch 1) zu diskutieren.

7) Wie groß ist die kleinste durch einen Ausschlag von 1 Skalenteil angezeigte Widerstandsänderung, wenn folgende Größen gegeben sind:
   Stromkonstante des Galvanometers $c_i = 10^{-6}$ A/Skt.,
   Innenwiderstand des Galvanometers $R_5 = 875\ \Omega$, $R_2 = 100\ \Omega$, $R_2' = 100\ \Omega$,
   $R_4 = 10\ \Omega$,
   Brückeneingangsstrom $I = 15$ A.

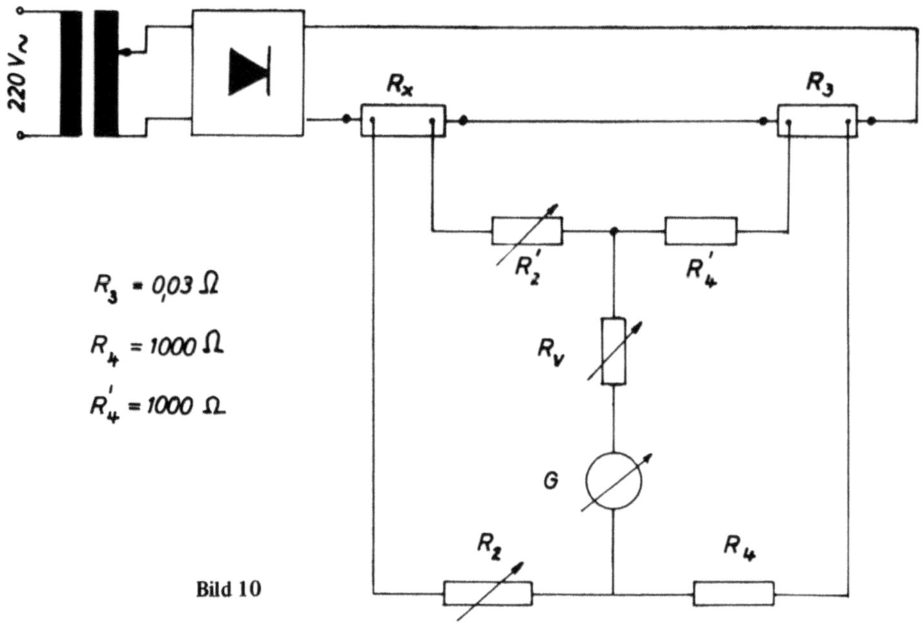

Bild 10

Literatur

J. Krönert: Meßbrücken und Kompensatoren.

W. Schwerdtfeger: Elektrische Meßtechnik Teil 1: Gleichstrom-Meßtechnik. 7. Aufl. C. F. Wintersche Verlagshandlung, Basel, Braunschweig 1968.

F. Lieneweg: Temperaturmessung.

F. Punga: Elektromaschinenbau. S. 213.

G. Gotter: Erwärmung und Kühlung elektrischer Maschinen. Springer, Berlin 1954. Archiv für technisches Messen. J 910-1, J 911-1, J 912-1, J 20 bis 24.

Versuch 13

Gleichstrom-Kompensator

1. Allgemeines

Der Gleichstrom-Kompensator dient vor allem zum Eichen von Präzisions-Gleichstrom-Meßgeräten (Strom- und Spannungsmesser). Außerdem können damit auch Präzisions-Wechselstrom-Meßgeräte (Strom-, Spannungs- und eisenlose Leistungsmesser) geeicht werden, sofern sich die Anzeigen bei Wechsel- und Gleichstrom decken. Ein weiteres großes Anwendungsgebiet, die Messung der Leerlaufspannung einer Spannungsquelle, insbesondere einer solchen mit hohem Innenwiderstand, ergibt sich aus dem Vorteil, daß der Kompensator während der Messung dem Meßkreis keinen Strom entnimmt. Ferner können mit dem Kompensator auch Widerstandsmessungen durchgeführt werden.

2. Prinzip

Das Messprinzip des Kompensators ist im Bild 1 vereinfacht wiedergegeben.

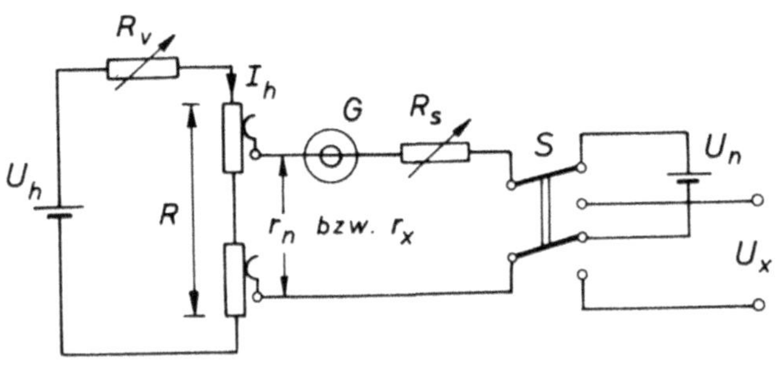

Bild 1. Messprinzip des Kompensators

Es beruht auf dem Vergleich der zu bestimmenden Spannung U_x mit einer genau bekannten Spannung U_n. Der Meßvorgang ist dabei folgender:

Schalter S wird auf U_n geschaltet. Dann wird der von der Hilfsspannung U_h gelieferte Strom I_h mit einem Widerstand R_v so eingestellt, daß an dem zwischen den Schleifkontakten liegendem Teil r_n des Präzisionswiderstandes R eine Spannung abfällt, die gleich ist der bekannten Spannung U_n. Da beide Spannungen gegeneinander geschaltet sind, muß das im Stromkreis liegende Galvanometer G bei Spannungsgleichheit Null anzeigen. Der Hilfsstrom errechnet sich zu:

$$I_h = \frac{U_n}{r_n}. \tag{1}$$

Nun wird der Umschalter S auf U_x geschaltet und die beiden Schleifkontakte auf dem Präzisionswiderstand R solange bewegt, bis das Galvanometer wieder Null anzeigt. Die Größe des dabei abgegriffenen Widerstandes sei r_x.

Da bei diesem Abgleich der Gesamtwiderstand des Hilfsstromkreises (R_v + R) und damit der Hilfsstrom I_h nicht verändert wurde, so kann man, konstante Hilfsspannungsquelle vorausgesetzt, die unbekannte Spannung U_x ermitteln aus

$$\frac{U_n}{r_n} = \frac{U_x}{r_x} \tag{2}$$

zu:

$$U_x = \frac{U_n}{r_n} \cdot r_x \,. \tag{3}$$

Um die Auswertung der Messung zu erleichtern, wählt man für den Widerstandswert r_n zweckmäßig ein Vielfaches von U_n (z.B. $r_n = 1\,000\, U_n$).

Beim Kompensator verwendet man als Vergleichsspannung U_n für Messungen höchster Genauigkeit das *Weston-Normalelement*. Seine positive Elektrode besteht aus reinem Quecksilber, die negative aus Cadmium-Quecksilber-Amalgam. Der Elektrolyt ist eine gesättigte Lösung von Cadmiumsulfat. Die Leerlaufspannung des Elementes ist temperaturabhängig, sie beträgt bei 20 °C 1,01830 V (int.) oder 1,01865 V (abs.). Der mittlere Temperaturkoeffizient ist etwa -4.10^{-5} pro °C.

Bei entsprechend vorsichtiger Behandlung des Weston-Normalelementes ist die zeitliche Konstanz seiner Leerlaufspannung außerordentlich gut. Eine Änderung tritt vor allem bei zu starker Stromentnahme infolge Polarisation auf. Grundsätzlich darf daher ein Normalelement mit höchstens 10^{-5} A kurzzeitig belastet werden. Bei der Messung ist also darauf zu achten, daß der Widerstand R_S im Galvanometerkreis zunächst auf seinen höchsten Wert eingestellt ist und erst mit fortschreitendem Abgleich langsam auf Null gebracht wird. Gleichzeitig dient R_S auch als Schutz für das Galvanometer.

Die im Hilfsstromkreis des Kompensators liegenden Widerstände müssen temperaturunabhängig sein. Große Genauigkeit wird nur von dem eigentlichen Kompensationswiderstand R verlangt. Als Hilfsspannungsquelle wird in der Regel ein Akkumulator benutzt, da bei den geringen Belastungen die Konstanz seiner Klemmenspannung ausreichend ist.

3. Meßgenauigkeit

Mit dem Gleichstrom-Kompensator erreicht man allgemein eine große Genauigkeit. Sie ist vor allem gegeben durch:

a) das Weston-Normalelement (für längere Zeit etwa 0,005 % Abweichung möglich)
b) die Präzisionswiderstände (Fehler von etwa 0,01 . . . 0,1 %)
c) die große Empfindlichkeit, bzw. niedrige Stromkonstante der Galvanometer (etwa 10^{-7} . . . 10^{-9} A/Skt.)

Aufgaben

Eichung eines Dreheisen-Strommessers mit dem Kompensator.

Mit dem Kompensator ist ein Dreheisen-Strommesser in allen Meßbereichen nachzueichen. Der wahre Strom I' ist als Funktion des angezeigten Stromes I graphisch darzustellen.

Der auf den Endausschlag bezogene prozentuale Fehler p_e des Gerätes ist zu berechnen und aufzutragen.

Zum Schaltbild (Bild 2)

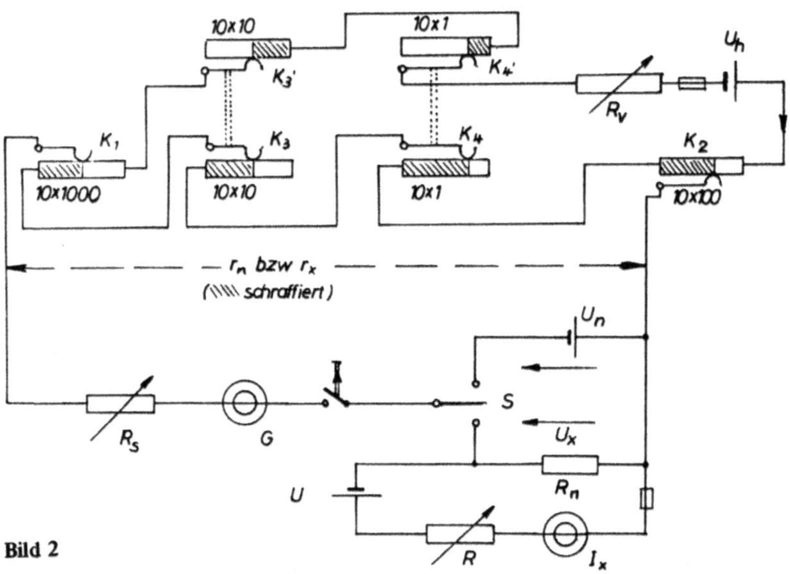

Bild 2

Kompensationsschaltung nach *Feußner*

Man beachte die Schaltung der Dekaden-Widerstände nach *Feußner:* Trotz Einstellung beliebiger Werte r_n bzw. r_x darf sich der Gesamtwiderstand R des Hilfskreises nicht ändern, um den Hilfsstrom I_h konstant zu halten. Dies wird durch Doppeldekaden erreicht, bei denen gleichzeitig der Widerstand der oberen Dekade um so viel vergrößert (verkleinert) wird, wie die untere Dekade verkleinert (vergrößert) wird.

Die Strommessung wird auf die Messung einer Spannung zurückgeführt, die der unbekannte Strom I_x an einem Normalwiderstand R_n erzeugt. Die an R_n abgegriffene Spannung beträgt:

$$U_x = I_x R_n \tag{4}$$

Setzt man Gleichung (4) in Gleichung (3) ein, so erhält man für den unbekannten Strom I_x:

$$I_x = \frac{U_n r_x}{r_n R_n} \tag{5}$$

Ausführung des Versuches

1) Man stelle r_n mit den Dekaden K_1 bis K_4 zweckmäßig auf ein ganzes Vielfaches von U_n ein, z.B. $r_n = 1000 \cdot U_n$. Dabei ist für das Normalelement der Einfluß der Raumtemperatur zu beachten (siehe Prüfschein).
   Der Schalter S befindet sich in Nullstellung.
2) R_s wird auf den maximalen Widerstandswert gestellt. Die Kompensatorschaltung wird über S mit dem Normalelement U_n verbunden. Mit R_v ist der Hilfsstrom I_n so zu verändern, daß das Galvanometer Null anzeigt. Gleichzeitig wird R_s mit fortschreitendem Abgleich langsam auf den Widerstandswert Null herabgeregelt.
3) Nach dem Abgleich darf an R_v nichts mehr geändert werden. Vor der Umschaltung auf U_x wird R_s wieder auf seinen Maximalwert gestellt. Der Schalter S wird dann auf U_x umgelegt. Nun wird mit Hilfe des Regelwiderstandes R ein beliebiger Ausschlag auf dem zu eichenden Instrument eingestellt.
4) Durch Ändern der Dekadenwiderstände wird das Galvanometer auf den Ausschlag Null gebracht, wobei wie unter 2. R_s mit fortschreitendem Abgleich herausgenommen wird.
5) Nach erfolgtem Abgleich kann an den Dekaden K_1 bis K_4 r_x abgelesen werden.

Literatur

Krönert: Meßbrücken und Kompensatoren. Archiv für technisches Messen, J 931–1, J 021–2, J 022-3, J022-4, Z 41-1.

Versuch 14

Wechselstrom-Brücken

1. Allgemeines

Die in Versuch 12 beschriebenen Wheatstone- und Thomson-Brücken lassen sich prinzipiell auch mit Wechselstrom betreiben, wenn man anstelle des nur auf Gleichstrom ansprechenden Drehspulgalvanometers ein wechselstromempfindliches Nullinstrument schaltet. Ferner muß vorausgesetzt werden, daß die Meßwiderstände und ihre Zuleitungen so beschaffen sind, daß bei Wechselstrom keine Meßfehler durch unbekannte Induktivitäten oder Kapazitäten entstehen. Diese Bedingungen sind bei Niederfrequenz erfüllbar. Bei Mittelfrequenzen ist eine gute Auswahl der Schaltelemente und ein sorgfältiger Aufbau der Meßanordnung erforderlich. In der Hochfrequenztechnik finden Brücken und Kompensationsschaltungen nur in Sonderfällen Anwendung. Die Meßwiderstände werden durch besondere Wicklungen induktivitäts- und kapazitätsarm gehalten. Verwendete Kapazitäten und Induktivitäten müssen einen möglichst kleinen Verlustwinkel besitzen.

Wechselstrombrücken dienen zur Messung von Kapazitäten, Koeffizienten der Selbst- und Gegeninduktion, Scheinwiderständen, Verlustfaktoren, Frequenzen und weiterhin zahlreicher anderer elektrischer und nichtelektrischer Größen, die sich auf die genannten zurückführen lassen.

2. Abgleichbedingungen einer Wechselstrommeßbrücke

Ist die Brücke abgeglichen, so ist

$$U_{AC} = U_{AD}$$

und

$$U_{CB} = U_{DB}$$

oder:

$$I_1 \cdot Z_1 = I_2 \cdot Z_2$$
$$I_1 \cdot Z_3 = I_2 \cdot Z_4$$

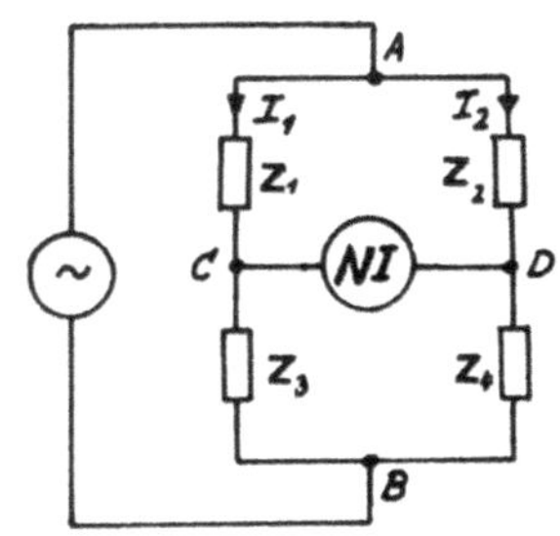

Bild 1

Dividiert man beide Gleichungen, so erhält man die Beziehung:

$$\frac{Z_1}{Z_3} = \frac{Z_2}{Z_4} \tag{1a}$$

bzw.

$$Z_1 \cdot Z_4 = Z_2 \cdot Z_3 \tag{1b}$$

In der polaren Schreibweise dargestellt:

$$Z_1 \cdot Z_4\, e^{j(\varphi_1 + \varphi_4)} = Z_2 \cdot Z_3\, e^{j(\varphi_2 + \varphi_3)}$$

Für den Abgleich müssen also folgende Gleichungen erfüllt sein:

$$Z_1 \cdot Z_4 = Z_2 \cdot Z_3 \tag{2a}$$

$$\varphi_1 + \varphi_4 = \varphi_2 + \varphi_3 \tag{2b}$$

In kartesischen Koordinaten hat die Abgleichbedingung die Form

$$(R_1 \pm jX_1)(R_4 \pm jX_4) = (R_2 \pm jX_2)(R_3 \pm jX_3) \tag{3}$$

Die Realteile und Imaginärteile von Gl. (3) können getrennt betrachtet werden. Man erhält dann wiederum zwei voneinander unabhängige Bedingungen für den Abgleich:

$$R_1 R_4 \mp X_1 X_4 = R_2 R_3 \mp X_2 X_3 \tag{3a}$$

$$R_1 X_4 + R_4 X_1 = R_2 X_3 + R_3 X_2 \tag{3b}$$

Mit der Abgleichbedingung (2b) läßt sich schnell feststellen, ob eine nur prinzipiell gegebene Brücke abgleichbar ist. Für diesen Fall muß die Winkelbedingung erfüllbar sein. Die Bedingung (2a) eignet sich zur Überprüfung der Frequenzabhängigkeit des Brückenabgleichs. Zu diesem Zweck müssen die Blindwiderstände in der Form ωL bzw. $\frac{1}{\omega C}$ geschrieben werden. Tritt ω in der ausgerechneten Gleichung (2a) auf, dann muß die Brücke bei geänderter Frequenz neu abgestimmt werden, d.h. der Abgleich ist frequenzabhängig.

2.1. Zeigerdiagramm

Eine gute Übersicht über die Verhältnisse bietet das Spannungszeigerdiagramm. Als Beispiel diene die Schaltung des Bildes 2.

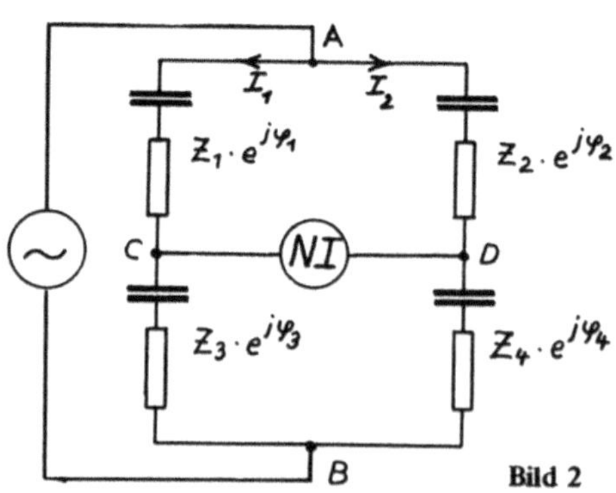

Bild 2

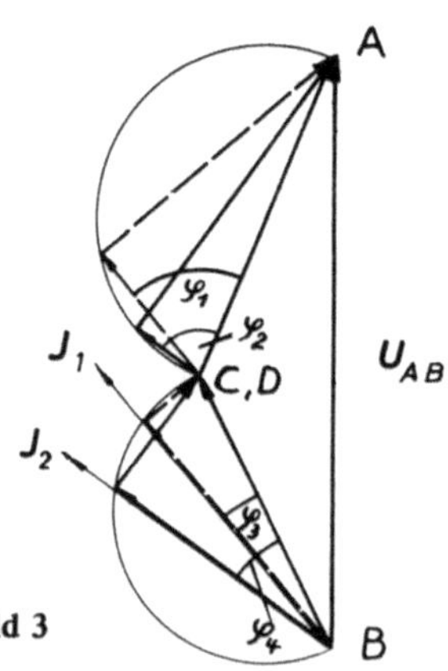

Bild 3

In der abgeglichenen Brücke haben die Punkte C und D gleiches Potential. Die Teilspannungen U_{AC} und U_{AD} bzw. U_{CB} und U_{DB} müssen also nicht nur in ihrer Größe, sondern auch in der Phasenlage übereinstimmen.

Mit Hilfe eines Zeigerdiagramms läßt sich ebenfalls feststellen, ob ein Abgleich mit einer gegebenen Brückenanordnung erzielt werden kann oder nicht. Da Wechselstrombrücken nach Größe und Phase abzugleichen sind, müssen auch zwei Abgleichglieder vorhanden sein. Durch Verändern eines Abgleichgliedes allein läßt sich nur ein Minimum der Brückendiagonalspannung einstellen.

2.2. Betrachtung der Brückendiagonalspannung

Während des ganzen Brückenabgleichs ändert sich die Diagonalspannung nach Größe und Phasenlage. Zur Veranschaulichung des Abgleichvorganges sollen diese Änderungen betrachtet werden. Zu diesem Zweck wird die Diagonalspannung U_{CD} als Zeiger in einer komplexen Ebene dargestellt, deren reelle Achse durch die Lage der Brückeneingangsspannung U_{ab} festgelegt ist.

Beispiel

Die Brücke nach Bild 4 soll abgeglichen werden. Verändert man eines der beiden Abgleichelemente, z.B. R_N, kontinuierlich, während das zweite, nämlich $C_N = C_1$, konstant gehalten wird, dann beschreibt im allgemeinen Fall die Zeigerspitze eine beliebig zum Nullpunkt liegende Kurve. Wiederholt man diesen Vorgang für andere Werte von C_N, dann erhält man eine Kurvenschar (Bild 5). Wählt man R_N als Parameter und ändert C_N kontinuierlich, dann entsteht eine zweite Kurvenschar (Bild 6). Die Überlagerung beider ergibt ein Ortskurvenfeld (Bild 7).

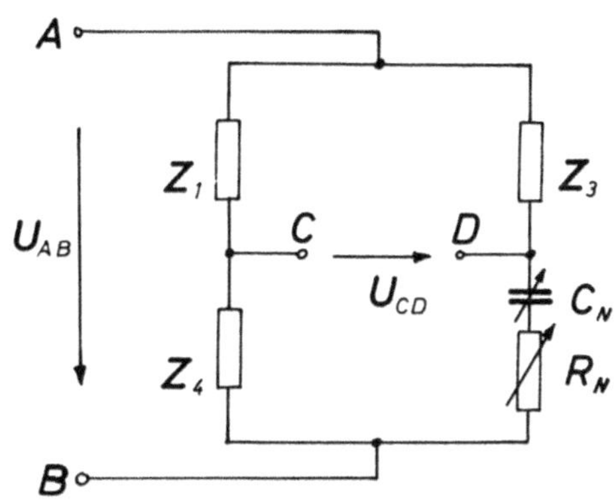

Bild 4

Für jeden Abgleichschritt kann also nur ein Minimum von U_{CD} eingestellt werden. Durch wechselweises Abgleichen mit R_N und C_N erhält man den vollständigen Abgleich (Abgleichvorgang in Bild 7 gestrichelt eingezeichnet).

Mit Hilfe eines Vektormessers (vgl. Versuch 4) lassen sich die beiden Komponenten von U_{CD} in bezug auf U_{AB} messen und damit die Ortskurven für U_{CD} in der komplexen Ebene ermitteln.

Anhand der beiden Ortskurvenscharen kann man feststellen, ob der Brückenabgleich gut konvergiert, d.h. ob viele oder wenige Schritte bis zum vollständigen Abgleich nötig sind.

Es gibt Brücken, z. B. die Anderson-Brücke, die so aufgebaut sind, daß die Ortskurven Geraden sind und senkrecht aufeinander stehen, so daß der Abgleich in zwei Schritten möglich ist.

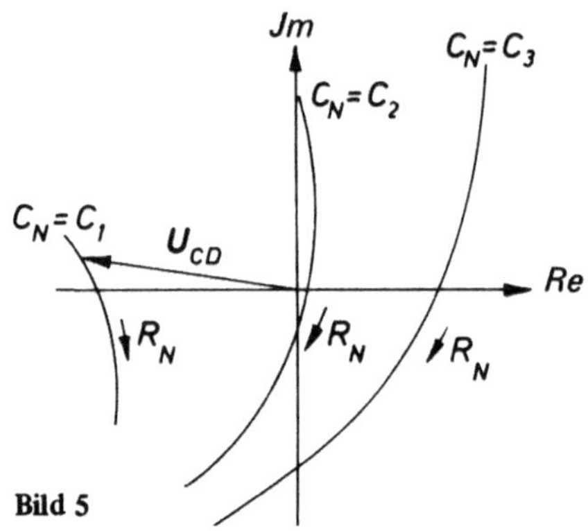

Bild 5

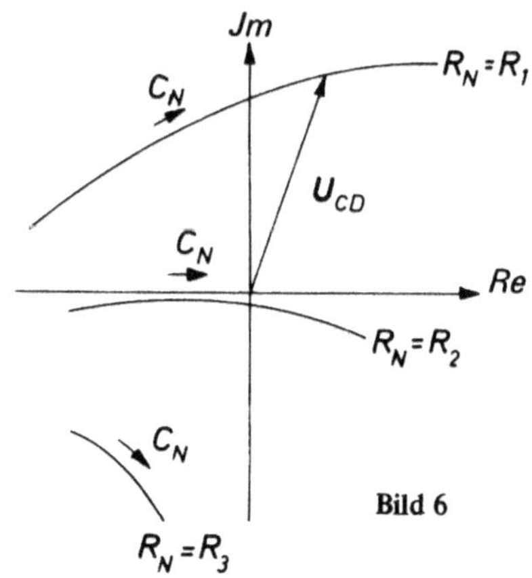

Bild 6

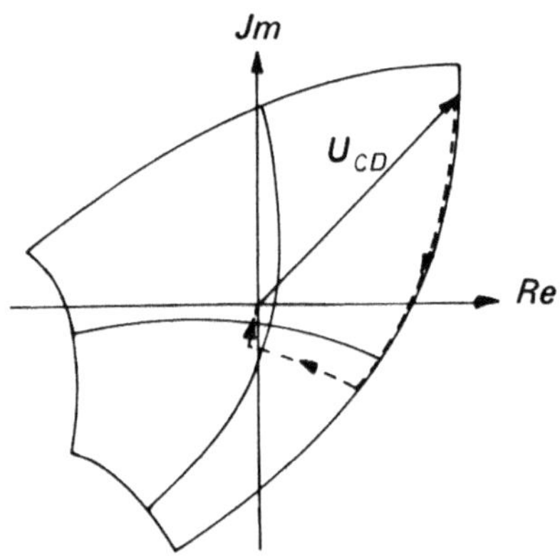

Bild 7

3. Meßgenauigkeit, Fehlerquellen

Waren bei der Gleichstrombrücke lediglich die Genauigkeit der Schaltelemente, die Empfindlichkeit der Brücke und die Qualität der Isolation für die Meßgenauigkeit verantwortlich, so ergeben sich bei der Wechselstrombrücke neue Fehlerquellen. Da man jedoch das sehr zeitraubende Verfahren der Brückenmessung meistens anwendet, um eine große Genauigkeit zu erlangen, ist es unerläßlich, diese Fehlerquellen zu erkennen und, soweit die verlangte Genauigkeit es gebietet, zu beseitigen.

Als hauptsächliche Fehlerquellen treten die galvanische, induktive und kapazitive Kopplung der Schaltelemente und der Einfluß der Temperatur und Luftfeuchtigkeit auf. Weiterhin ist die Phasenreinheit der verwendeten Schaltelemente von großer Bedeutung.

Die *galvanische Kopplung* (z.B. Kriechwege) tritt bei Gleich- und bei Wechselstrombrücken auf, wenn bei den Brückengliedern schlechte Isoliermaterialien verwendet werden. Dieser Einfluß läßt sich leicht durch Verwendung hochwertiger Isolierstoffe vermeiden.

Mehr Aufwand erfordert die Beseitigung der *induktiven Kopplung*. Sie wird verursacht durch elektromagnetische Wechselfelder, die in der Brücke selbst oder in anderen nicht zur Brücke gehörenden Stromkreisen (z.B. in Kabeln, Transformatoren usw.) erzeugt werden können. Es ist deshalb erforderlich, die Verbindungsleitungen und Zuleitungen soweit wie möglich verdrillt zu verlegen und das Nullinstrument mit Schirmen aus hochpermeablen Blechen, wie z.B. Mumetall und Permalloy, zu versehen. Sollte dies zur Beseitigung der Störungen nicht ausreichen, so muß man die induktiven Schaltglieder der Brücke (Spulen und Zuleitungen) ebenfalls magnetisch abschirmen.

Die *kapazitive Kopplung* entsteht durch Streukapazitäten, die sowohl zwischen den einzelnen Punkten der Schaltung als auch zwischen diesen und Erde wirken. Sie verfälschen die wirksame Größe und Phasenlage der Schaltelemente.

Um Streukapazitäten zwischen den einzelnen Brückengliedern zu beseitigen, wird man Verbindungsleitungen und Zuleitungen abschirmen und diese Schirme gemeinsam mit einem Punkt der Schaltung an Erde legen. Eventuell muß man auch noch die anderen Brückenglieder mit geerdeten Schirmen versehen.

Eine Möglichkeit, den Einfluß der Erdkapazitäten weitgehend auszuschalten, bietet die Schaltung von *K. W. Wagner* (Bild 8).

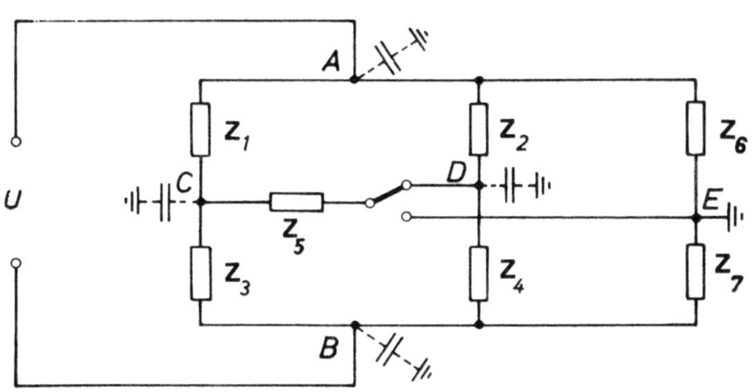

Bild 8

Z_1 bis Z_4 und Z_5 (Nullinstrument) stellen die eigentliche Brücke dar, Z_6 und Z_7 den sogenannten *Wagnerschen Hilfszweig.* Denkt man sich die Erdkapazitäten auf die Punkte A, B, C und D vereinigt, so erhält man das in Bild 9 gezeigte Streukapazitätenschema. Durch wechselseitigen Abgleich der Hauptbrücke und der Hilfsbrücke bringt man die Punkte C, D und den geerdeten Punkt E auf gleiches Potential. Die an C und D liegenden Erdkapazitäten bleiben dann stromlos und können den Abgleich nicht mehr beeinflussen. Die Reihenschaltung der auf die Punkte A und B vereinigt gedachten Erdkapazitäten bildet ausschließlich eine zusätzliche Belastung der Spannungsquelle, die auf den Brückenabgleich keinen Einfluß hat. Bei Erdung des Punktes C ist zwar auch ein Abgleich möglich. Es gehen dann aber die unbekannten Schaltkapazitäten mit in den Abgleich ein.

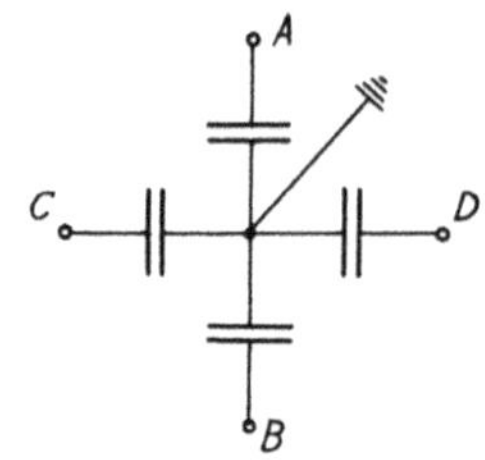

Bild 9

Stellt man hohe Anforderungen an die Genauigkeit einer Brücke, so müssen vor allem die Bauelemente diesen Anforderungen genügen. Sie müssen also die notwendige Genauigkeit und auch Phasenreinheit besitzen. Kapazitäten müssen möglichst verlustfrei und induktivitätsarm, Widerstände kapazitäts- und induktivitätsarm gebaut sein. Bei Widerständen erreicht man dies durch Verwendung der Wagner-Wertheimer- oder Chaperon-Wicklung. Bei Kapazitäten lassen sich die oben angeführten Bedingungen durch Verwendung von Luft oder Glimmer als Dielektrikum ($\tan \delta < 10^{-4}$) ebenfalls erfüllen. Induktivitäten vermeidet man jedoch gewöhnlich bei Wechselstrombrücken, da sie sich nicht verlustfrei ausführen lassen und ihr Ohmscher Widerstand gewöhnlich stark temperaturabhängig ist.

4. Brückenempfindlichkeit

Die Empfindlichkeit einer Wechselstrommeßbrücke wird genauso wie bei der Gleichstrommeßbrücke definiert. Sie ist durch das Verhältnis $\Delta\alpha/\Delta \mathbf{Z}$ gegeben, d.h. durch diejenige Widerstandsänderung $\Delta \mathbf{Z}$, die bei einer abgeglichenen Brücke einen gerade noch feststellbaren Skalenausschlag $\Delta\alpha$ ergibt.

Da im allgemeinen weniger die gerade noch meßbare absolute Widerstandsänderung $\Delta \mathbf{Z}_{min}$ interessiert, wird die Empfindlichkeit der Wechselstrommeßbrücke meistens als die gerade noch meßbare prozentuale Widerstandsänderung angegeben.

$$\delta_{min} = \frac{\Delta \mathbf{Z}_{min}}{\mathbf{Z}} \, 100\,\%$$

Setzt man nun

$\mathbf{Z}_2 = m\,\mathbf{Z}_1$ $\qquad$ $\mathbf{Z}_3 = n\,\mathbf{Z}_1$

$\mathbf{Z}_4 = m\,n\,\mathbf{Z}_1$ $\qquad$ $\mathbf{Z}_5 = p\,\mathbf{Z}_1$

$\mathbf{Z}_5$ Widerstand des Nullgerätes,

so berechnet sich die kleinste noch meßbare Abweichung $\Delta \mathbf{Z}_{1\,min}$ des Widerstandes vom Sollwert $\mathbf{Z}_1$ bei abgeglichener Brücke zu:

$$\Delta \mathbf{Z}_{1\,min} = \frac{c_i}{2\,U} \cdot \left| 1 + m + n + m \cdot n + p\left(\frac{1}{n} + 2 + n\right) \right| \cdot \mathbf{Z}_1^2 \qquad (4a)$$

Hierbei versteht man unter der Stromkonstante c_i des Nullinstrumentes diejenige Stromstärke, die eine Anzeige von einer Skaleneinheit erzeugt. U ist die gegebene Brückeneingangsspannung.

Die kleinste noch meßbare prozentuale Abweichung ergibt sich zu:

$$\delta_{min} = \frac{c_i}{2\,U} \cdot \left| 1 + m + n + m \cdot n + p\left(\frac{1}{n} + 2 + n\right) \right| \cdot \mathbf{Z}_1 \cdot 100\,\% \qquad (4b)$$

Die Gleichungen sind praktisch dieselben wie bei der Gleichstrommeßbrücke. Die Empfindlichkeit der Brücke hängt nur ab von der Größe der Schaltelemente, der Empfindlichkeit des Nullinstrumentes und der Wahl der Brückenverhältnisse **m, n** und **p**.

5. Nullinstrumente

Ein Nullinstrument oder Nullindikator für Wechselstrombrücken soll besonders in der unmittelbaren Nähe des Nullpunktes eine hohe Empfindlichkeit für die Grundfrequenz der Meßspannung besitzen, aber unempfindlich gegen Überlastungen und Fremdbeeinflußung sein. Wegen ihrer quadratischen Skala scheiden daher die direkt anzeigenden Wechselstrominstrumente aus, ebenso die üblichen Gleichrichter-Meßinstrumente.

Der *Telefonhörer* findet bei Mittelfrequenzen Anwendung. Die Hörgrenze liegt für 800 Hz bei etwa 10^{-8} A, für 100 Hz dagegen bei 10^{-2} A. Der Unterschied ist durch die frequenzabhängige Empfindlichkeit des menschlichen Ohres bedingt.

Akustische Indikatoren (Telefonhörer, Lautsprecher) bewähren sich für den Tonfrequenzbereich gut. In Räumen mit hohem akustischen Störpegel sind jedoch optisch anzeigende Geräte vorzuziehen. Hierzu gehören das Vibrationsgalvanometer (für den Frequenzbereich 10 bis 100 Hz) in verschiedenen Bauarten, das „magische Auge“ (Abstimm-Anzeigeröhre) und der Elektronenstrahl-Oszillograph für einen sehr großen Frequenzbereich.

Das *Vibrationsgalvanometer* (V.G.) ist allgemein wie ein Gleichstromgerät gebaut, wobei die Eigenfrequenz des beweglichen Systems auf die Frequenz der Meßgröße abstimmbar ist. Dies hat zur Folge, daß schon sehr kleine Ströme das System zu relativ großen Schwingungen anregen, die durch einen Lichtzeiger auf die Skala projiziert werden. Man erreicht damit eine große Empfindlichkeit, die das System jedoch auch leicht auf mechanische Schwingungen ansprechen läßt. Dieser Nachteil läßt sich beheben, wenn man das V.G. auf eine schwere Platte setzt, die auf

Schaumgummi, Federn usw. ruht. Bei dem viel verwendeten Nadelvibrationsgalvanometer wird eine Weicheisennadel oder eine magnetische Stahlnadel von einem Gleichfeld durchsetzt, dessen Rückstellkraft dem System eine bestimmte Eigenfrequenz erteilt. Dem Gleichfeld wird senkrecht dazu das Wechselfeld der Meßgröße überlagert. Veränderung des Gleichfeldes durch Verschieben eines magnetischen Nebenschlußes oder – bei Verwendung eines Spulenmagneten – durch Änderung des Spulenstromes erlaubt die Einstellung der Resonanzfrequenz und somit der größten Empfindlichkeit. Eine grobstufige Änderung der Resonanzfrequenz ist auch durch Auswechseln der Nadel möglich. Bild 10 zeigt als Beispiel schematisch den Aufbau eines Nadelvibrationsgalvanometers mit magnetischem Rückschluß.

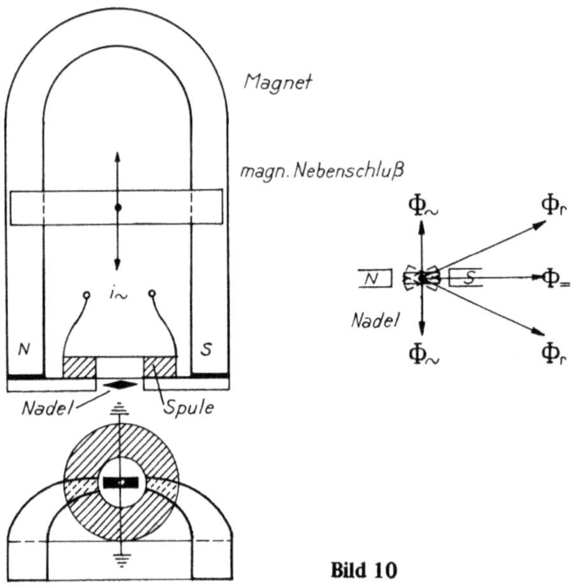

Bild 10

Die Empfindlichkeit des Vibrationsgalvanometers wird als die Verbreiterung des Spaltbildes in mm, bezogen auf 1 m Lichtzeigerlänge, für einen Strom von 1 μA oder eine Spannung von 1 μV im Resonanzfall angegeben. Sie kann je nach seiner Bauart bis zu 700 $\frac{\text{mm}}{\mu\text{A m}}$ oder 2,5 $\frac{\text{mm}}{\mu\text{V m}}$ betragen. Der Strom, der 1 mm Spaltverbreiterung zur Folge hat, beträgt dann 1,4 10^{-9} A.

Hoher Eingangswiderstand und Trägheitslosigkeit der Anzeige sind die Kennzeichen der *oszillographischen Indikatoren.* Die Diagonalspannung der Brücke wird über einen Verstärker an die Ordinatenplatten des Oszillographen gelegt. Die

Eingangsempfindlichkeit beträgt 10^{-6} V pro cm. Als Zeitablenkspannung (wagrechte Ablenkung) wählt man eine gleichfrequente Wechselspannung, deren Phasenverschiebung zur Ordinatenspannung auf 0 oder (zweckmäßiger) 90° eingestellt werden kann. So entsteht als Lissajous-Figur entweder eine schrägliegende Gerade, die beim Brückenabgleich in eine wagrechte übergeht oder eine Ellipse, die zu einer wagrechten Geraden zusammenschrumpft (Bild 11). Oberwellen, Fremdfelder und andere Störquellen sind als Deformationen der Lissajous-Kurve leicht zu erkennen.

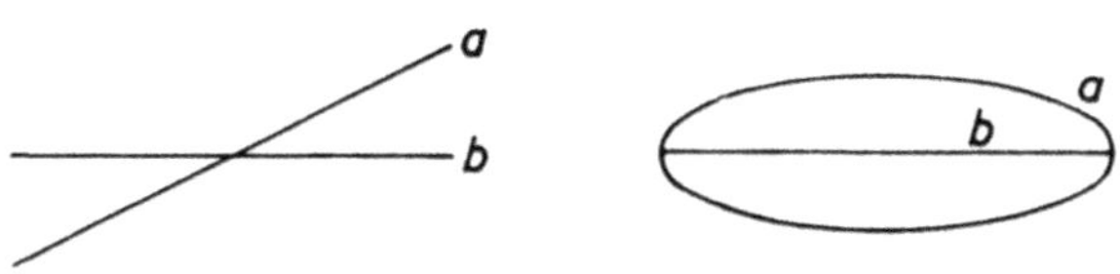

Phasenwinkel 0° Phasenwinkel 90°

Bild 11
a Brücke nicht abgeglichen
b Brücke abgeglichen

6. Anwendung

6.1. Messungen an Papierkondensatoren mit der Wien-Brücke

Bild 12 zeigt zwei einfache Ersatz-Schaltbilder einer verlustbehafteten Kapazität. Die Widerstände sind ein Maß für die Verluste des Kondensators. Diese Verluste entstehen z. T. im Dielektrikum, zu einem kleineren Teil in Form von Joulescher Wärme in den Zuleitungen und Belägen. Sie sind die Ursache dafür, daß die Phasenverschiebung φ zwischen Strom und Spannung nicht genau 90° beträgt. Zur Kennzeichnung der Verluste führt man den „Verlustwinkel" $\delta = 90° - \varphi$ ein, für den die folgenden Beziehungen gelten.

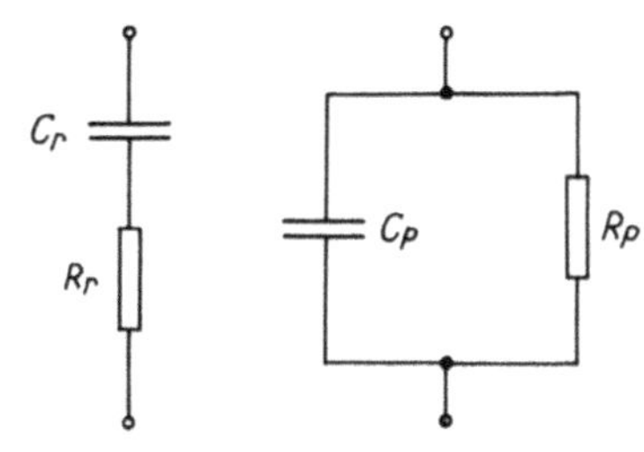

Bild 12

Bei Reihenersatzschaltung:

$$\tan \delta = \frac{U_R}{U_C} = \frac{R_r}{X_r} = \omega\, C_r\, R_r$$

Bei Parallelersatzschaltung:

$$\tan \delta = \frac{J_R}{J_C} = \frac{X_p}{R_p} = \frac{1}{\omega\, C_p\, R_p}$$

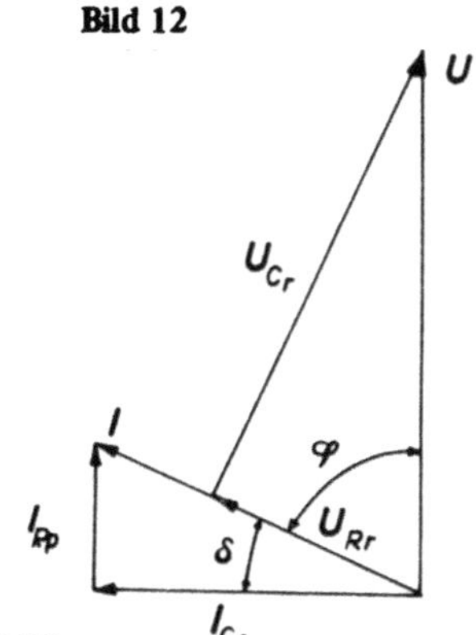

Bild 13

Außerdem läßt sich der tan δ durch das Verhältnis von Wirk- und Blindleistung ausdrücken.

$$\tan\delta = \frac{J^2\,R_r}{J^2\,X_r} = \frac{U^2/R_p}{U^2/X_p} = \frac{P_W}{P_b}\ .$$

Will man Kapazität und tan δ durch eine Brückenmessung bestimmen, so muß diese Brücke einen Abgleich nach Betrag und Phase ermöglichen.

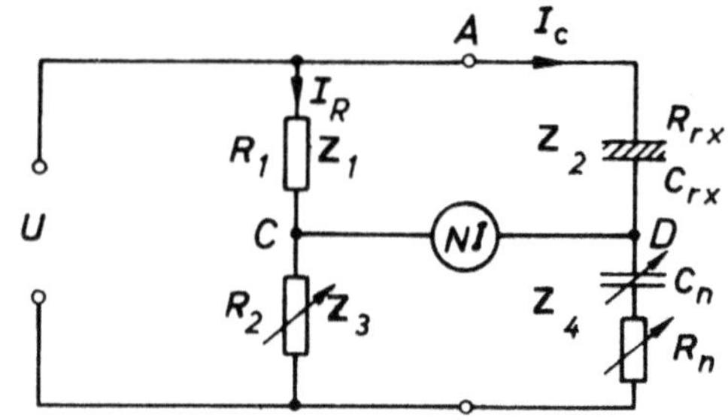

Bild 14

Bild 14 zeigt die grundsätzliche Schaltung der Wien-Brücke, wobei das Reihenersatzschaltbild der verlustbehafteten Kapazität zugrunde gelegt wurde, da dies bei kleinen Verlusten bequemer ist.

Für die Brücke gilt die allgemeine Abgleichbedingung.

Setzt man für $\mathbf{Z}_1 = R_1$, $\mathbf{Z}_3 = R_2$, $\mathbf{Z}_2 = R_{rx} + \frac{1}{j\omega C_{rx}}$ und $\mathbf{Z}_4 = R_n + \frac{1}{j\omega C_n}$ ein, so erhält man die Gleichung:

$$\frac{R_1}{R_2} = \frac{R_{rx} + \frac{1}{j\omega C_{rx}}}{R_n + \frac{1}{j\omega C_n}}$$

und daraus

$$\frac{R_1}{R_2} = \frac{R_{rx}}{R_n}\,;\ R_{rx} = \frac{R_1}{R_2}\,R_n$$

$$\frac{R_1}{R_2} = \frac{C_n}{C_{rx}}\,;\ C_{rx} = \frac{R_2}{R_1}\,C_n$$

$$\tan\delta = \omega C_{rx}\,R_{rx} = \omega C_n\,R_n$$

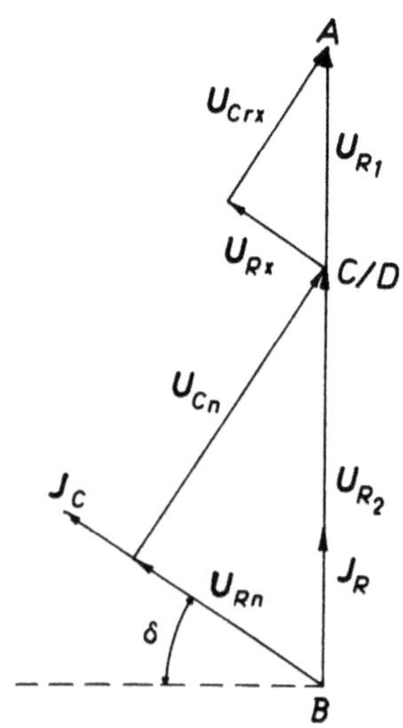

Bild 15

Bild 15 zeigt das Diagramm der Wien-Brücke in abgeglichenem Zustand.

Benutzt man zur Beseitigung der kapazitiven Erdkopplung einen zusätzlichen Brückenzweig R_5, R_6, C_W nach *K. W. Wagner,* so erhält man das vollständige Schaltbild nach Bild 16.

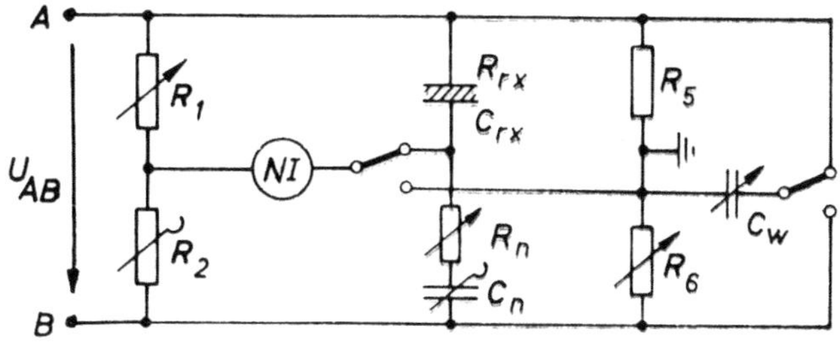

Bild 16

Aufgaben

Bestimmung einer unbekannten Impedanz mit der Wien-Brücke

1) Der tan δ einer verlustbehafteten Kapazität C_{x1} soll bestimmt werden (Bild 14).

   U = 100 V, f = 50 Hz.

   Als Nullinstrumente sind sowohl das Vibrationsgalvanometer als auch der oszillographische Nullindikator zu verwenden. Die beiden Messungen sollen verglichen werden.

2) Gegeben $R_1 = 5\ \text{k}\Omega$, $R_2 = 6\ \text{k}\Omega$

   $\mathbf{Z}_{x2} = R_2 // C_2$

   Die beiden Komponenten der Brückendiagonalspannung U_{CD} sollen mit Vektormesser (VM) und Gleichstrominstrument in bezug auf die Brückeneingangsspannung U_{AB} gemessen werden. In der komplexen Ebene sind drei Kurven mit C_N als Parameter und R_N = 1 bis 10 kΩ, sowie 3 Kurven mit R_N als Parameter und C_N = 0,3 bis 0,9 μF zu bestimmen.

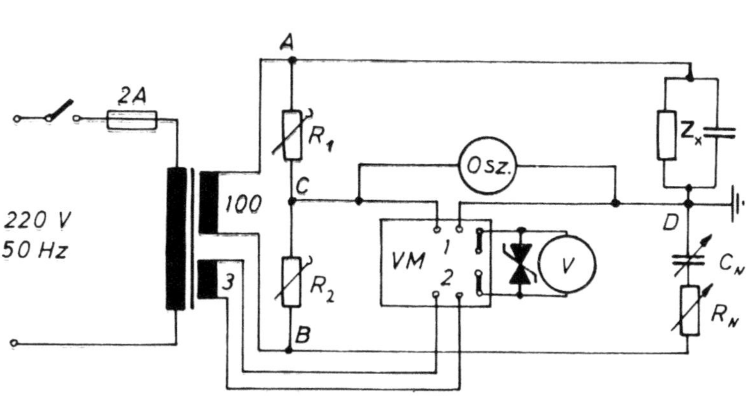

Bild 17

Anmerkung

Zur Messung der Phasenlage der Eingangsspannung soll die 3V-Wicklung des Eingangstransformators verwendet werden. Sämtliche Messungen werden zweckmäßigerweise im 3V-Meßbereich des Vielfachmeßgerätes vorgenommen, da eine Meßbereichsumschaltung den Diagonalwiderstand und damit das Meßergebnis ändert. Zum Schutz gegen Überlastung sind parallel zu den Eingangsklemmen des Meßgerätes zwei gegeneinander geschaltete Zenerdioden gelegt, die als Spannungsbegrenzer wirken.

3) $R_1 = 3\,k\Omega$, $R_2 = 7\,k\Omega$, $\mathbf{Z}_{x3} = R_3 \,//\, C_3$ (Bild 17). Die Impedanz $\mathbf{Z}_{x3}$ soll mit dem Vektormesser gemessen werden. Der Abgleichvorgang ist graphisch darzustellen.

Hinweise zum Arbeiten mit dem Vektormesser

Zunächst sei zur grundsätzlichen Information über den Vektormesser auf Versuch 4 verwiesen. Während jedoch der dort verwendete Vektormesser Vor- und Parallelwiderstände zur Meßbereichserweiterung für Spannungs- und Strommessungen enthält, besteht das in Versuch 14 eingesetzte Gerät nur aus dem eigentlichen Meßgleichrichter mit Antriebsmotor. Außerdem ist noch eine Batterie zur Einstellung der Kontaktzeit eingebaut. Bild 18 zeigt die Anordnung der Klemmen: Die Klemmenpaare 1 und 2 stellen zwei mit Schalter Sch 2 wahlweise einstellbare Eingänge dar. Schalter Sch 1 ist ein zweipoliger Umschalter für die gleichgerichtete Ausgangsspannung, die zwischen A und D auftritt.

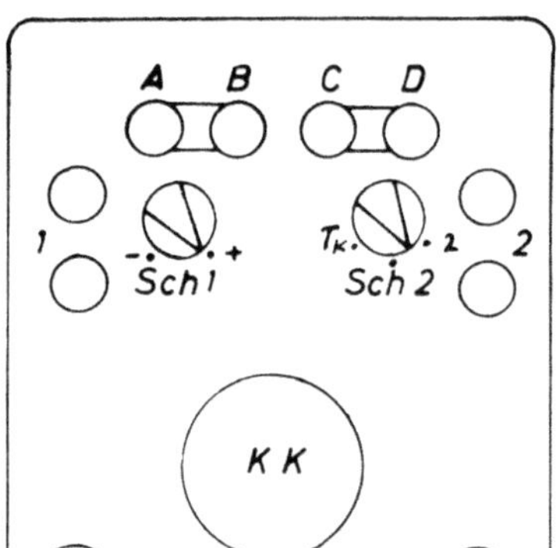

Bild 18

Durch Öffnen der Verbindung zwischen A und B und Drehen von Sch 2 in Stellung T_K (Kontaktzeit) erhält man die Batteriespannung an A und D. K_1 ermöglicht eine geringfügige Regelung dieser Spannung. Schließt man die Verbindung A–B bei laufendem Motor, dann schließt der Meßkontakt die Batteriespannung zeitweise kurz. Mit K_3 kann dann die gewünschte Kontaktzeit eingestellt werden.

Anders als in Versuch 4 läuft der Synchronmotor selbständig an. Da jedoch zwei Fanglagen möglich sind, muß nach jedem Aus- und Wiedereinschalten die Phasenlage der Meßspannung kontrolliert werden.

Literatur

W. Schwerdtfeger: Elektrische Meßtechnik Teil 2: Wechselstrom-Meßtechnik. 5. Aufl. C. F. Wintersche Verlagshandlung, Basel, Braunschweig 1960.

J. Krönert: Meßbrücken und Kompensatoren.

H. F. Schwenkhagen: Allgemeine Wechselstromlehre. Band 1: Grundlagen. Springer, Berlin 1951. Band 2: Vierpole, Leitungen und Wellen. Springer, Berlin 1959.

O. Zinke, H. Brunswig: Hochfrequenz-Meßtechnik. Hirzel, Stuttgart 1959. Archiv für technisches Messen: J 850–852, J 920–924 (dort auch weitere Literatur).

Notizen

Versuch 15
Frequenzmessung

1. Allgemeines

Die wesentlichsten Frequenzmeßverfahren bei niederen und mittleren Frequenzen sind:

1) Periodenzählung in der Zeiteinheit oder Messung der Periodendauer
2) Direktanzeigende Frequenzmessung (mittels Impulsformers)
3) Strom- und Spannungsmessung an frequenzabhängigen Widerständen
4) Messung mit Frequenzmeßbrücken
5) Frequenzanzeige durch Resonatoren
6) Vergleich der Meßfrequenz mit einer bekannten Frequenz

Beschreibung der genannten Verfahren:

1.1. Periodenzählung in der Zeiteinheit oder Messung der Periodendauer

Dieses Verfahren führt die Frequenz entsprechend ihrer Definition auf eine Zeitmessung und Periodenzählung zurück:

$$f = \frac{n}{t}$$ n Zahl der Perioden
t Zeit

Zur Zählung der Perioden können elektromechanische und elektronische Zählgeräte verwendet werden, die innerhalb des Nennfrequenzbereichs einen möglichen Anzeigefehler von ± 1 Periode ergeben. Infolge des konstanten absoluten Fehlers ergibt sich bei gleicher Meßdauer für tiefe Frequenzen ein größerer relativer Fehler als für hohe Frequenzen. Zur Zeitmessung werden genau gehende Uhren benutzt. Der relative Uhrfehler ist, über längere Zeit gemessen, im Mittel bei Quarzuhren $F \cong 10^{-9} \ldots 10^{-8}$, bei den besten Pendeluhren $F \cong 10^{-7}$, bei guten Stoppuhren $F \cong 2 \cdot 10^{-4}$ [ATM V 3613–1].

1.2. Direktanzeigende Frequenzmessung mittels Impulsformers

In diesen Geräten erzeugen elektromagnetische oder elektronische Schalter aus der Meßspannung eine Folge von gleichförmigen Impulsen mit derselben Frequenz. Ein Strommesser, dessen Skala in Einheiten der Frequenz geeicht ist, zeigt den arithmetischen Mittelwert der gleichgerichteten Impulse proportional der Frequenz an. Durch Meßbereichumschaltung können diese Geräte Frequenzen von 10 Hz bis 100 kHz anzeigen. Die erreichbare Genauigkeit ist mit $F \cong \pm 1 \ldots 2\,\%$ angegeben [ATM V 3612–8; V 3613–3 und 4].

Bild 1
Allgemeines Blockschaltbild für direktanzeigende Frequenzmesser mit Impulsformer

1.3. Strom-Spannungsmessung an frequenzabhängigen Widerständen

Aus der Strom-Spannungsmessung eines frequenzabhängigen Widerstandes bekannter Größe kann die Frequenz berechnet werden. Das Verfahren läßt sich vereinfachen, wenn der Strom unabhängig von der Spannung und der Frequenz konstant gehalten wird. Der Spannungsmesser kann dann in Einheiten der Frequenz geeicht werden. Meßgeräte dieser Art erfassen oft nur einen kleinen Frequenzbereich, z. B. von 49 bis 51 Hz. Ihr relativer Meßfehler wird mit etwa 0,04 % angegeben [ATM V 3612–7].

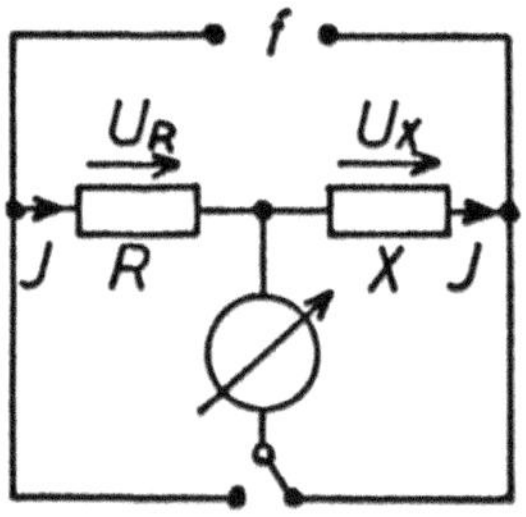

Bild 2
Vergleich der Spannungen an einer Reaktanz und einem ohmschen Widerstand

Eine andere Vereinfachung des Verfahrens ergibt sich an dem Vergleich der Spannungen an einer Reaktanz und einem ohmschen Widerstand, deren Größen bekannt sind, und die beide vom gleichen Strom durchflossen werden. Ist der Widerstand R einstellbar und geeicht, z. B. eine Widerstandsdekade, so läßt sich bei Einstellung auf Spannungsgleichheit der Reaktanzwert an der Dekade ablesen. Ist eine Normalfrequenz vorhanden, so ergibt sich durch eine vergleichende Messung mit der Normalfrequenz vorhanden, so ergibt sich durch eine vergleichende Messung mit der Normalfrequenz eine vereinfachte Berechnung der unbekannten Frequenz, bei der die Größe der Induktivität oder Kapazität nicht in die Rechnung eingeht.

1.4. Messung mit Frequenzmeßbrücken

Grundsätzlich ist jede Brücke mit komplexer Abgleichbedingung für Frequenzmessungen geeignet. Unter den zahlreichen Schaltungen hat sich die Wien-Robinson-Brücke als vorteilhaft erwiesen. Der erste und zweite Brückenzweig besteht aus phasengleichen Scheinwiderständen, deren Beträge ein bestimmtes Verhältnis bilden, während der dritte Zweig aus einer Reihenschaltung und der vierte aus einer Parallelschaltung von Kondensator und Widerstand besteht. Besonders einfach wird die komplexe Abgleichbedingung, wenn $R_3 = R_4$ und $C_3 = C_4$ gewählt werden. Es folgen daraus die beiden Bedingungen:

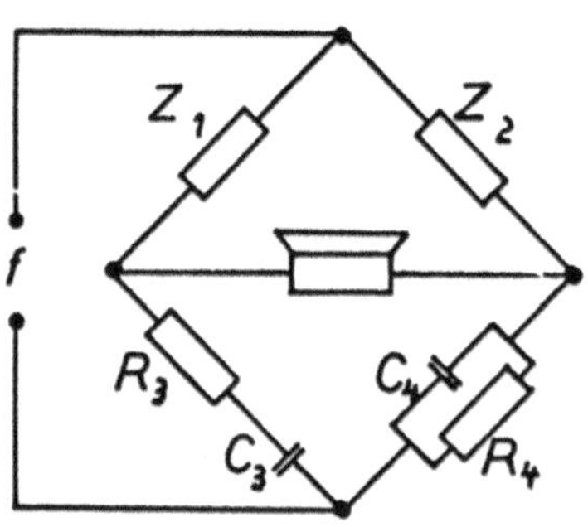

Bild 3
Wien-Robinson-Brückenschaltung

$$\frac{Z_1}{Z_2} = 2 \text{ für das Brückenteilerverhältnis} \quad (1)$$

$$2\pi f C_3 R_3 = 1; \; f = \frac{1}{2\pi C_3 R_3} \text{ für die Frequenz} \quad (2)$$

Der Meßbereich von solchen Frequenzmeßbrücken kann bei einem relativen Meßfehler von $\pm 1 \cdot 10^{-3}$ von 20 Hz bis 10 kHz reichen, bei einem relativen Meßfehler von $\pm 3 \cdot 10^{-3}$ bis f = 100 kHz [ATM V 3613–2, J 921–8]

1.5. Frequenzanzeige durch Resonatoren

Zur Anzeige von technischen Frequenzen bis 1500 Hz eignen sich mechanische Resonatoren, wie z. B. die elektromagnetischen (oder elektrostatischen) Zungenfrequenzmesser, die oft nur für einen kleinen, jeweils interessierenden Frequenzbereich gebaut sind, und deren relativer Meßfehler über längere Zeit etwa 10^{-2} beträgt [ATM V 3613–1].

Quarzresonatoren für Festfrequenzen, wie z. B. Leuchtresonatoren nach *Giebe* und *Scheibe*, werden für Frequenzen zwischen etwa 10 kHz und 4 MHz hergestellt und lassen einen relativen Ablesefehler von 10^{-5} zu [ATM V 3614–1].

Elektrische Resonanzkreise finden als Absorptionsfrequenzmesser nur in der HF-Meßtechnik Verwendung und ergeben bei den üblichen Geräten einen relativen Meßfehler von ± 0,5...5 % [ATM V 3614–1 ff, V 3614–3, V 3614–6].

1.6. Frequenzmessung durch Vergleich mit einer bekannten Frequenz

Durch Überlagerung der zu messenden Frequenz f mit einer bekannten Frequenz f_n entsteht eine Schwebung, deren Frequenz gleich der Differenz der überlagerten Frequenzen ist. Ist die Frequenz f_n veränderbar, so kann durch Einstellung auf Schwebungsnull die unbekannte Frequenz durch die bekannte ermittelt werden ($f = f_n$), andernfalls muß die Schwebungsfrequenz durch Periodenzählung und Zeitmessung oder ein anderes Frequenzmeßverfahren bestimmt werden.
Als Schwebungsanzeiger eignen sich Kopfhörer, Lautsprecher, Meßinstrumente, Glimmlampen, Abstimmanzeigeröhren und Elektronenstrahloszillographen.

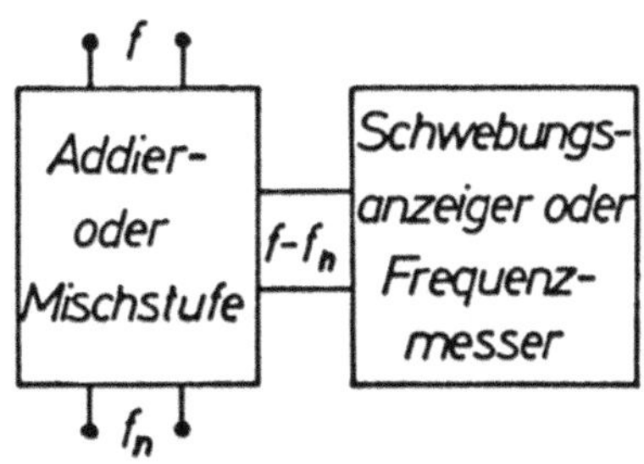

Bild 4
Blockschaltbild für Frequenzmessung durch Vergleich mit einer bekannten Frequenz

Mit Oszillographen können ganzzahlige Frequenzverhältnisse $\frac{f}{f_n}$ entweder als Lissajousfiguren beobachtet und bestimmt werden oder aus der Zahl der Lichtmarken in einem helligkeitsgesteuerten Oszillogramm ermittelt werden.

Die relative Genauigkeit der Frequenzmessung wird durch Überlagerung mit einer Normalfrequenz wesentlich erhöht, wenn die Schwebungsfrequenz klein gegen die Meßfrequenz ist. Wird z. B. nach Überlagerung der unbekannten Frequenz f mit einer tiefer liegenden Normalfrequenz von 100 kHz ± 0,01 Hz ($F = 10^{-7}$) eine Schwebungsfrequenz von 1 kHz erzeugt und mit einem Fehler von ± 1 Hz ($F = 10^{-3}$) gemessen, dann ergibt sich daraus mit f = 101 kHz ± 1,01 Hz ein relativer Fehler von 10^{-5}. Für die Schwebungsfrequenz Null ist der relative Fehler der Meßfrequenz gleich dem relativen Fehler der Normalfrequenz. Bei geringen Ansprüchen an die Genauigkeit läßt sich die unbekannte Frequenz durch Tonhöhenvergleich mit einer einstellbaren, bekannten Frequenz bestimmen. Unterscheiden sich beide Töne in ihrer Lautstärke, so tritt ein physiologisch bedingter Fehler auf, weil bei gleicher Frequenz ein lauter Ton höher zu liegen scheint als ein leiser Ton.

Normalfrequenzen werden u. a. von einigen Sendern ausgestrahlt, z. B.

1) Normalfrequenzen der Physikalisch-Technischen Bundesanstalt (PTB), Braunschweig: die Trägerfrequenz 77,5 kHz des Senders DCF 77 (Funksendestelle Hainflingen der Deutschen Bundespost) und dessen Modulationsfrequenzen 200 Hz und 440 Hz. Die maximale Frequenzabweichung beträgt ± 10^{-8} der Sollfrequenz.

2) Normalfrequenzanlagen [ATM V 3613–1; V 3614–1; NTZ 7 (1959) S. 374 *G. Ohl,* Meßmethoden und Ergebnisse für die Normalfrequenzaussendung der Physikalisch-Technischen Bundesanstalt über den Sender DCF 77].

2. Versuchsdurchführung

2.1. Beschreibung der bei den Versuchen verwendeten Meßgeräte

2.1.1. Elektronisches Zählgerät

Das elektronische Zählgerät [Valvo Technische Informationen, Heft 2 s (1953)] enthält 5 Zähldekaden, die notwendigen Vorstufen, den Impulsformer für die Zählimpulse und die Stromversorgung für insgesamt 7 Zähldekaden. An der Rückseite des Zählgerätes ermöglicht eine Kontaktleiste den Anschluß weiterer Zähldekaden.

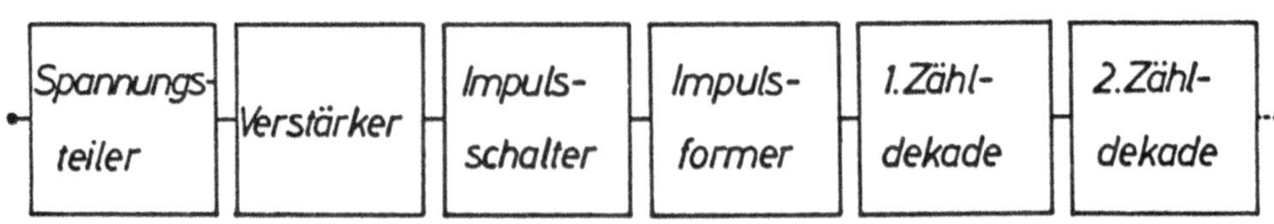

Bild 5. Prinzipschaltbild des elektronischen Zählgerätes

Die in den Zähldekaden benutzte Zählröhre E1T ist eine kleine Kathodenstrahlröhre. Der bandförmige Elektronenstrahl kann 10 stabile Stellungen einnehmen, die die Ziffern „0" bis „9" charakterisieren. Er erzeugt dabei auf dem im Glaskolben angebrachten Leuchtschirm jeweils einen Leuchtstrich. Bei Betätigung der Rückstelltaste kehrt der Elektronenstrahl in allen Zählröhren in die Anfangsstellung „0" zurück.

2.1.2. Frequenzmeßbrücke

Nach Bild 6 wird eine Wien-Robinson-Brücke mit ohmscher Spannungsteilung im ersten und zweiten Brückenzweig aufgebaut;

$$R_1 = 2\,R_2 = 2000\ \text{Ohm} \pm 0{,}2\,\%$$

Zum Abgleich der Brücke dienen die Widerstandsdekaden R_3 und R_4 mit einstellbaren Werten von

$$11 \cdot 0{,}1\,\Omega \text{ bis } 11 \cdot 1000\,\Omega \pm 3\,\%$$

Als Festkapazitäten sind zwei Styroflexkondensatoren $C_3 = C_4 = 50\,000$ pF + 1 % vorgesehen.

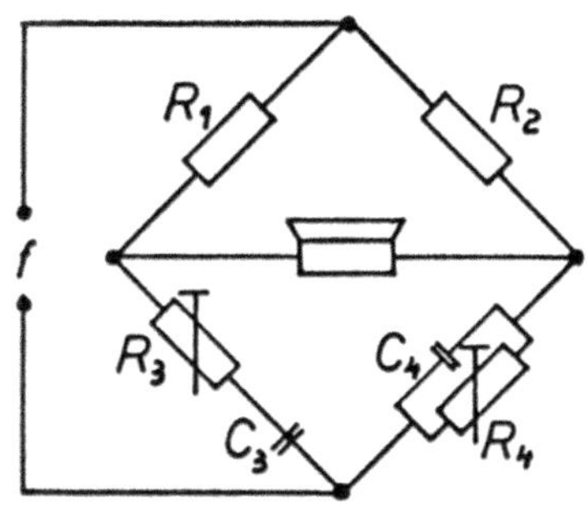

Bild 6
Wien-Robinson-Brücke

(Um die Empfindlichkeit zu erhöhen, wird die Brückeneingangsspannung mit fortschreitendem Abgleich bis zur maximalen Ausgangsspannung des RC-Generators erhöht.)

2.1.3. Stoppuhr

Die Stoppuhr hat eine relative Ganggenauigkeit von $\pm 10^{-3}$. Durch die schrittweise Zeigereinstellung (Quantelung der Zeit) kann ein möglicher Meßfehler von ± 0,3 s auftreten. Die Uhr kann durch den seitlichen Hebel in Gang gesetzt und gestoppt werden, zur Rückstellung beider Zeiger dient der oben angebrachte Druckknopf.

2.1.4. Oszillograph

Der Oszillograph kann zum Abbilden von Lissajousfiguren verwendet werden, wenn der eingebaute Kippgenerator abgeschaltet wird. Dies ist in der Stellung „Extern Input" des Hor.-Frequ. Selektor der Fall. Eine der beiden Spannungen wird dann zur Horizontalablenkung an die Buchse „Hor. Input", die andere an die Buchsen des Vertikal-Verstärkereingangs gelegt.

2.2. Auswertung von Lissajousfiguren

Legt man zwei Spannungen verschiedener Frequenzen, f_x und f_y, an die Buchsen des X- und Y-Verstärkers eines Oszillographen, so erhält man ein mehr oder weniger schnell bewegtes Schirmbild, das bei bestimmten Frequenzverhältnissen eine der bekannten Lissajousfiguren ergibt. Bei dem Frequenzverhältnis $f_x/f_y = 1$ bildet sich eine Ellipse ab, siehe Bild 7a, die im Sonderfall ein Kreis oder eine Gerade sein kann. Das Frequenzverhältnis von stehenden Schirmbildern läßt sich in einfacher Weise durch Auszählen der Scheitelwerte in x und y-Richtung bestimmen: die Zahl der Scheitelwerte in x-Richtung ergibt die Verhältniszahl f_x, die Zahl der Scheitelwerte in y-Richtung ergibt die Verhältniszahl f_y des Frequenzverhältnisses f_x/f_y oder f_y/f_x. Bei allen Figuren kann es vorkommen, daß bei bestimmten Phasenunterschieden der beiden verglichenen Spannungen eine Überdeckung der Kurvenzüge eintritt, die dann zu offenen Kurven führt (vgl. Bild 7b bis 7k). In solchen Fällen sind die Scheitelwerte der offenen Kurvenenden einfach, die Scheitelwerte der Schleifen doppelt zu zählen.

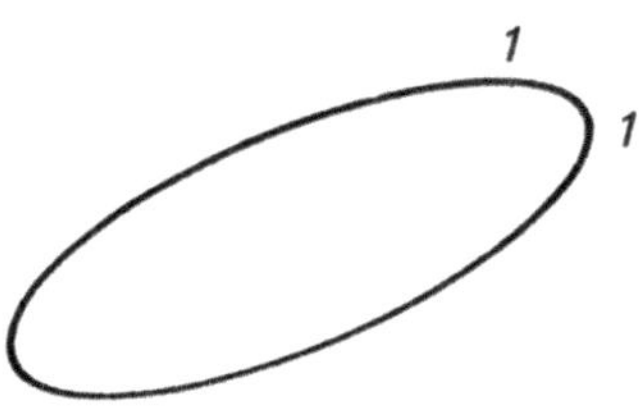

Bild 7a $\frac{f_x}{f_y} = \frac{1}{1}$

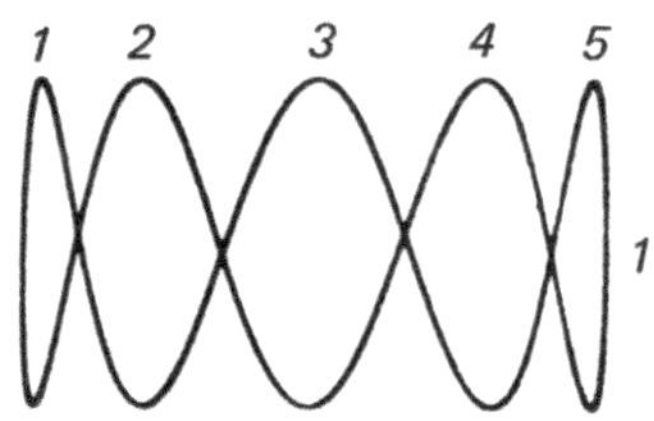

Bild 7b $\frac{f_x}{f_y} = \frac{1}{1}$

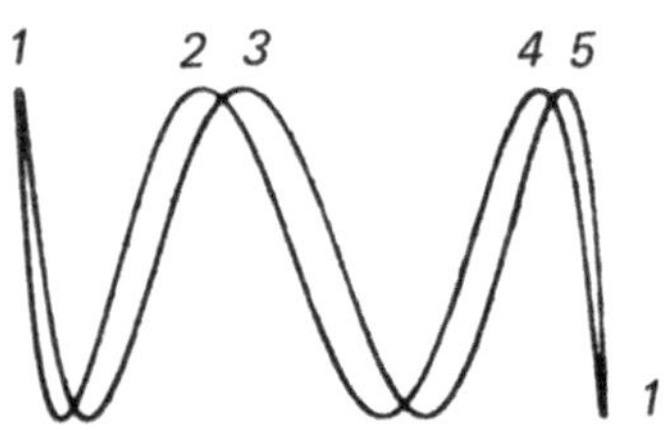

Bild 7c $\frac{f_x}{f_y} = \frac{1}{5}$

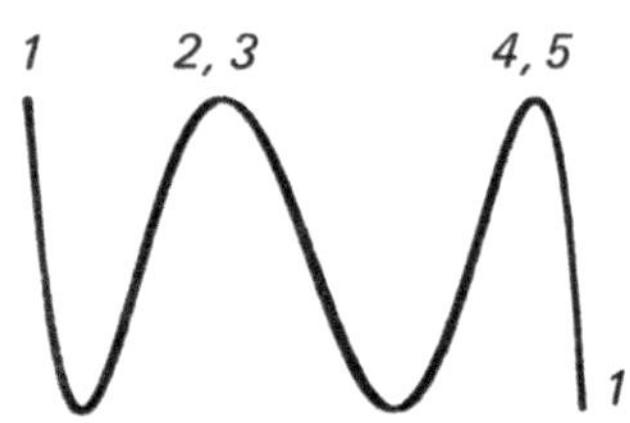

Bild 7d $\frac{f_x}{f_y} = \frac{1}{5}$

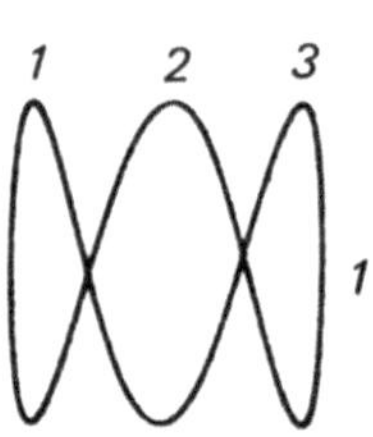

Bild 7e $\frac{f_x}{f_y} = \frac{1}{3}$

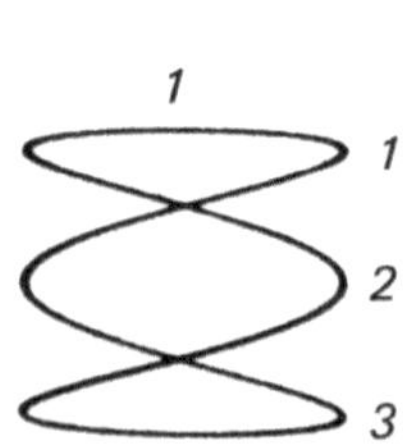

Bild 7f $\frac{f_x}{f_y} = \frac{3}{1}$

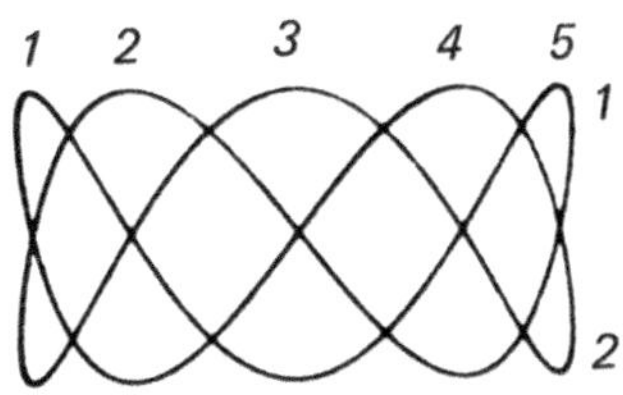

Bild 7g $\frac{f_x}{f_y} = \frac{2}{5}$

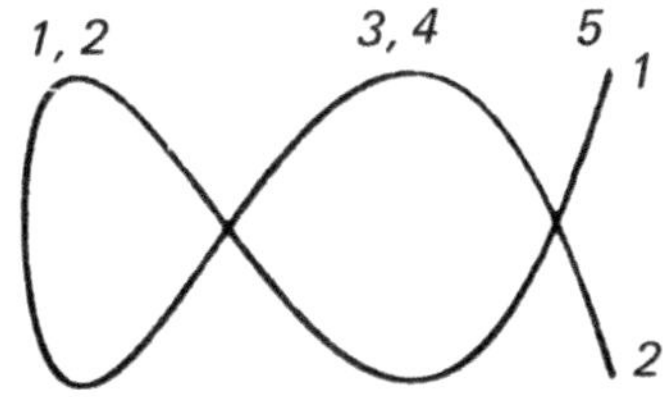

Bild 7h $\frac{f_x}{f_y} = \frac{2}{5}$

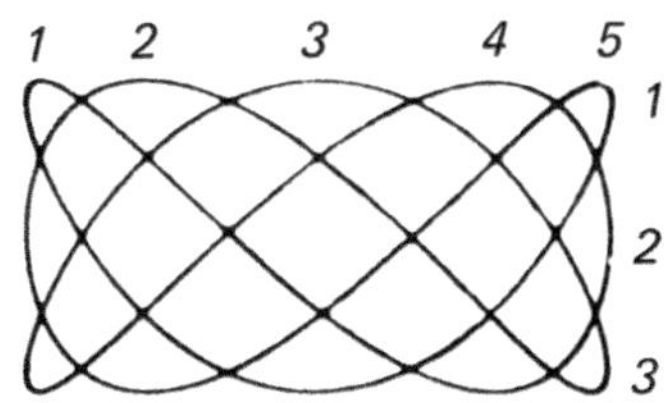

Bild 7i $\frac{f_x}{f_y} = \frac{3}{5}$

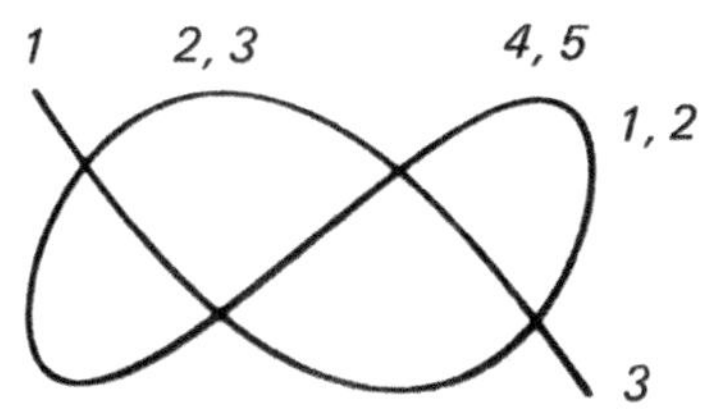

Bild 7k $\frac{f_x}{f_y} = \frac{3}{5}$

Aufgaben

1) Die Frequenzen f_1, f_2 und f_3 des Impulsgebers sollen durch gleichzeitige Zählung mit einem elektromechanischen Zähler und dem elektronischen Zählgerät mit einer Genauigkeit von etwa 1 % bestimmt werden. Wie lange muß die Zeitmessung mindestens dauern?

2) Bereich und Skalenwert des RC-Generators für die Frequenz 1 kHz ist durch Vergleich mit der Normalfrequenz f_n = 1 kHz (relativer Fehler = 10^{-3}) zu ermitteln. Als Schwebungsanzeiger sind Kopfhörer und Röhrenvoltmeter (parallel) zu verwenden.

3) Durch Vergleich der Spannung an einem Kondensator, C = 2 x 50000 pF + 1 ‰ mit der Spannung an einer Widerstandsdekade sind die Frequenzen f des RC-Generators für folgende Skalenwerte im Bereich II zu bestimmen: 30, 60, 90, 120, 150 170.

4) Der RC-Generator soll im Bereich II und III mit je 7 Meßpunkten geeicht werden,
   a) mit dem Oszillographen durch Lissajousfiguren mit Hilfe der Normalfrequenz $f_n = 1$ kHz,
   b) mit der Wien-Robinson-Frequenzmeßbrücke,
   c) mit dem elektronischen Zählgerät und Zeitmessung.
5) Das Zeigerdiagramm der abgeglichenen Frequenzmeßbrücke ist zu zeichnen.
6) Die Abgleichbedingungen der Brücke sind abzuleiten.

Literatur

O. Zinke, H. Brunswig: Hochfrequenz–Meßtechnik. Hirzel, Stuttgart 1959.

W. Schwerdtfeger: Elektrische Meßtechnik. Teil 2: Wechselstrom-Meßtechnik. 5. Aufl. C. F. Winter'sche Verlagshandlung, Basel / Braunschweig 1960.

Benz: Meßtechnik für Funkingenieure. S. 207 ff.

Wind: Handbook of Electronic Measurements I.

Spezielle Literatur über einzelne Frequenzmeßverfahren:

Czech: Der Elektronenstrahl-Oszillograph. S. 211 ff.

Krönert: Meßbrücken und Kompensatoren. S. 184 ff.

Versuch 16
Messung nichtelektrischer Größen

1. Einleitung

Im Zuge immer weitergehender Automation von Fabrikationsprozessen ergibt sich das Problem, nichtelektrische Vorgänge in ihrer Auswirkung möglichst schnell zu erfassen, den Meßwert zu transportieren, zu registrieren und eventuell in Steuerungen weiterzuverarbeiten. Hier bietet die Elektrotechnik vielseitige Möglichkeiten, auch nichtelektrische Größen einfach zu messen. Wesentliche Vorteile dieser Meßart sind Rückwirkungsfreiheit und bequeme Transportmöglichkeit der Meßwerte. Grundsätzlich werden die nichtelektrischen Größen in elektrische Größen umgewandelt. Die Meßwertumformer nennt man Geber. Aus der großen Vielfalt der möglichen Beispiele sei hier nur auf einige mechanisch-elektrische Geber eingegangen.

2. Drehzahlmessung

2.1. Tachometerdynamo

Diese Maschinen können je nach Verwendungszweck des Meßwertes Gleich- oder Wechselspannungsgeneratoren sein. Man fordert von ihnen eine möglichst lineare Charakteristik der Funktion u = f(n), selbst bei Belastung mit mehreren Instrumenten. Der mögliche Fehler solcher Maschinen wird von den Herstellerfirmen mit kleiner als 1 % angegeben.

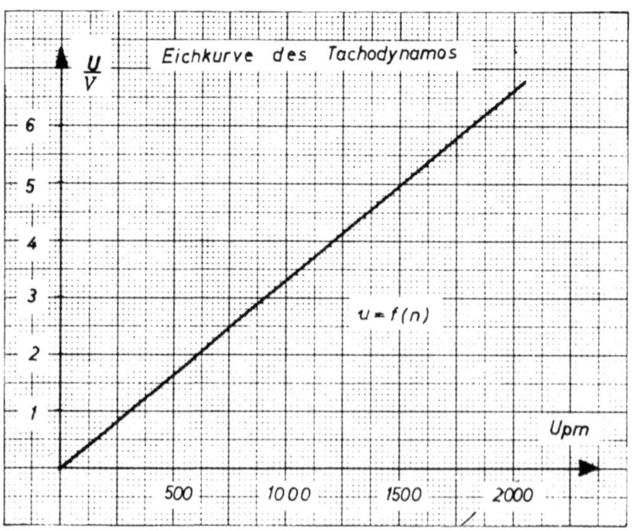

Bild 1

2.2. Stroboskopie

Der Vollständigkeit halber sei diese Möglichkeit hier erwähnt. Man leuchtet das sich drehende Objekt mit Lichtblitzen bekannter Folgefrequenz an. Ergibt sich ein einfaches stehendes Bild des Objektes, so entspricht dessen Drehfrequenz der Impulsfolgefrequenz.

2.3. Impulsverfahren

Bringt man am Umfange einer rotierenden Welle Impulsgeber an, so ist die Impulsfolgefrequenz proportional der Umlaufgeschwindigkeit und damit der Drehzahl. Solche Impulse können mechanisch, magnetisch, induktiv, kapazitiv und photoelektrisch gegeben werden.

Je größer die Impulszahl pro Umdrehung ist, desto kleiner ist die kleinste noch meßbare Drehzahl, und desto größer ist die erreichbare Genauigkeit, besonders bei sich schnell ändernden Drehzahlen. Die Impulse werden entweder direkt pro Zeiteinheit gezählt, oder man wertet sie durch Mittelwertbildung als kontinuierliche Anzeige aus.

2.3.1. Photoelektrische Impulsgeber

Als lichtelektrische Geber können Photozellen, Photoelemente, Photodioden, Photowiderstände und Phototransistoren verwendet werden. Diese Bauelemente, soweit es passive Elemente sind, ändern bei Beleuchtung ihren Durchgangswiderstand, oder im Falle der aktiven Elemente geben sie bei Beleuchtung eine Spannung ab.

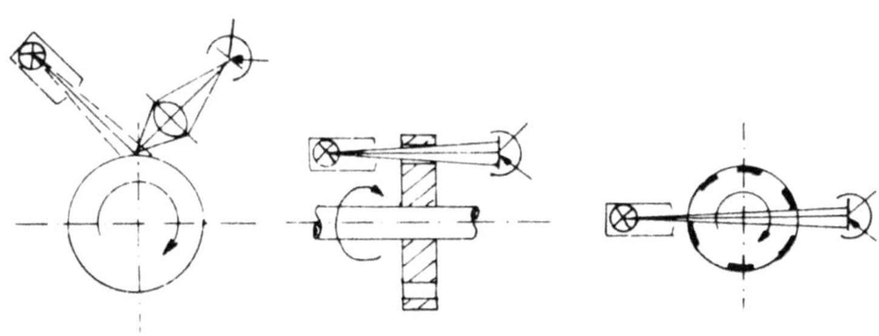

Reflexionsgeber *Schattengeber* **Bild 2**

Die Geber können nun verschieden ausgebildet sein. Reflexionsgeber sind einfach durch schwarze Markierungen auf der Welle herzustellen. Man muß allerdings durch eine Optik dafür sorgen, daß die Markierung genau auf der lichtempfindlichen Stelle abgebildet wird.

Bei allen Schattengebern ist ein mechanischer Aufwand nötig (Lochscheibe).

Verwendet man durchsichtige Wellen (Plexiglas), so kann auch eine einfache Markierung auf dem Wellenumfang als Schattengeber fungieren. Bei den Impulsen kommt es nur auf die Folgefrequenz an. Die Form darf keine Rolle spielen. Man formt sie deshalb zunächst durch einen Flip-Flop mit vorgeschaltetem Begrenzer zu Rechtecken um, die einen Transistorschalter ansteuern, mit dem ein Kondensator aufgeladen wird. Der Ladestrom ist im Mittelwert ein Maß für die Drehzahl.

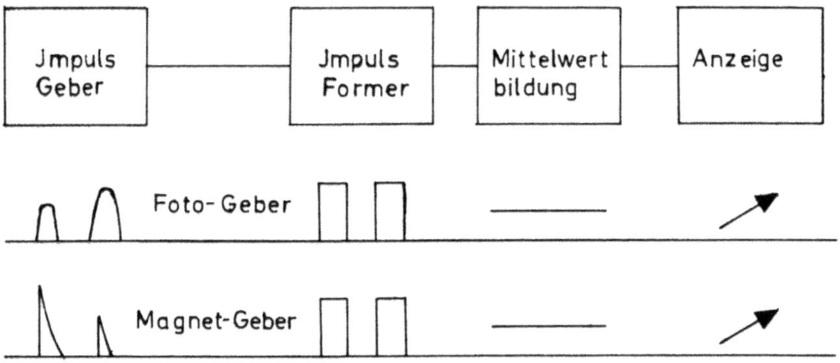

Bild 3

2.3.2. Magnetimpulsgeber

Hier werden die Impulse durch einen oder mehrere auf die Welle aufgeklebte Dauermagnete erzeugt. Diese Magnete laufen an einer Tastspule vorbei, in der dabei Spannungsimpulse erzeugt werden, die dann, wie unter 2.3.1 schon erwähnt, weiterverarbeitet werden.

3. Messung von Wegen, Lageänderungen und Dehnungen

Die Frage nach einem geeigneten Geber führt auch hier zu verschiedenen Lösungen. Es kann induktiv gemessen werden, indem der zu messende Weg den magnetischen Rückschluß einer Spule verändert. Es kann mit Dehnungsmeßstreifen (DMS) gemessen werden, indem die Dehnung den Querschnitt und die Länge eines Widerstandsdrahtes und damit den elektrischen Widerstand verändert. Weiterhin können Längenänderungen die Kapazität einer Anordnung verändern. Kräfte auf elastisches Material können schließlich auch über die entstehenden Dehnungen bzw. Stauchungen erfaßt werden. Hierzu sei noch auf Permeabilitätsänderungen (Änderung der Induktivität) bei Druck auf bestimmte ferromagnetische Werkstoffe und auf die Piezoelektrizität hingewiesen.

3.1. Induktive Wegmessung

Hat man größere Wege zu messen, so ist dieses Verfahren vorteilhaft. Die Schaltung zeigt zwei achsial angeordnete Spulen mit einem gemeinsamen Eisenkern, der die Wegänderung aufnimmt. Die dadurch entstehenden veränderlichen Induktivitäten ergeben in einer Wechselstrombrücke eine dem Weg proportionale Brückendiagonalspannung. Beide Brückenzweige sind als phasenrein zu betrachten. Die Diagonalspannung hat den gezeigten Verlauf, von dem für Meßzwecke nur der lineare Teil verwendet wird. Der große Anstieg zeigt, daß das Verfahren sehr empfindlich ist (Bild 4).

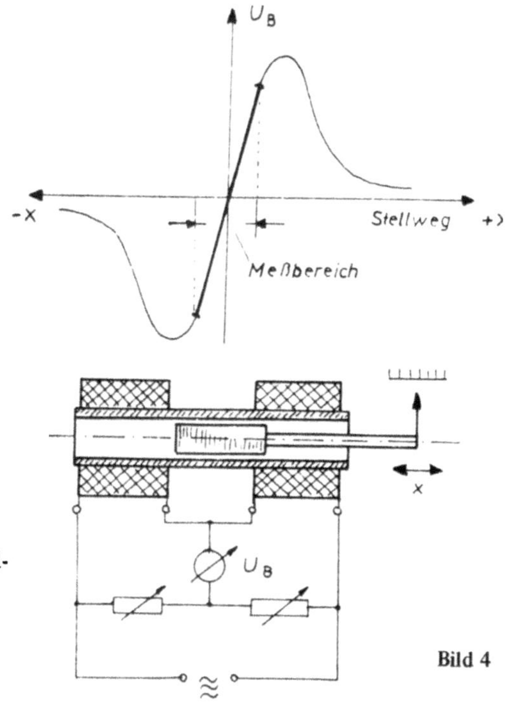

Bild 4

3.2. Induktives Abtasten einer unrunden Welle

Dieses Verfahren kann als Beispiel für berührungsloses Messen stehen, aber auch stellvertretend für ähnliche kapazitive Meßverfahren, die jedoch den Nachteil der größeren Störanfälligkeit durch Einstreuungen haben.

Die Meßmethode ist der induktiven Wegmessung sehr ähnlich. Den veränderlichen magnetischen Rückschluß stellt hier der Prüfling selbst dar (ferromagnetische Welle oder Hülse). Jede Verlagerung des Prüflings bedingt eine Veränderung der Aufnehmerinduktivität. Die Messung erfolgt auch hier in einer Brückenschaltung.

Um Unrundheiten unter Elimination der Wellenverlagerung anzuzeigen, schaltet man beide Geber zu einer Induktivität im Brückenzweig zusammen.

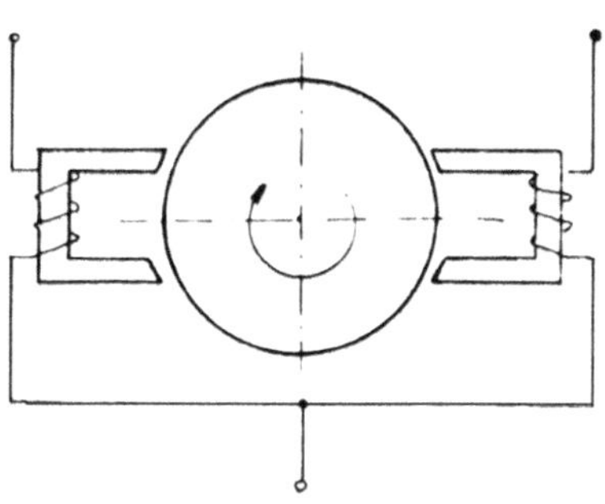

Bild 5

3.3. Messung mit Dehnungsmeßstreifen (DMS)

Ein Dehnungsmeßstreifen ist eine dünne Folie, auf die ein mäanderförmig angeordneter Widerstandsdraht gekittet ist. Wird ein solches System auf ein beanspruchtes Werkstück geklebt, so vollführt es dessen Dehnungen mit und ändert dementsprechend seinen Widerstand.

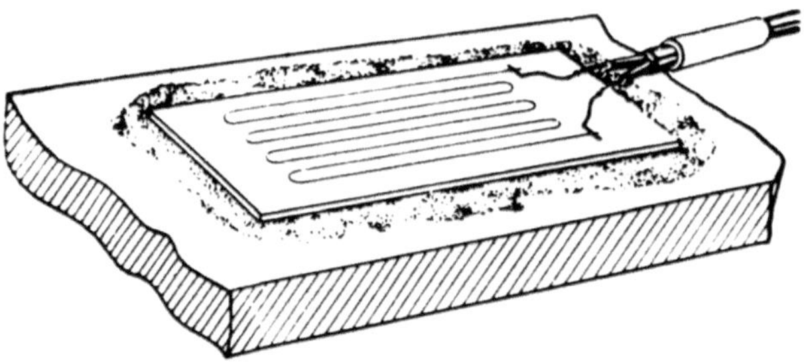

Bild 6

$$\frac{dR}{R} = (1 + 2\,\mu)\,\frac{dL}{L}$$

$\frac{dR}{R}$ relative Widerstandsänderung

$\frac{dL}{L}$ relative Längenänderung

μ Poissonsche Konstante, die die Durchmesserverkleinerung des gedehnten Körpers kennzeichnet. ($\mu = 0{,}25 - 0{,}4$ bei Metallen)

Für ein bestimmtes Widerstandsmaterial kann für den DMS eine Empfindlichkeitskonstante definiert werden.

$$K = \frac{\Delta R/R}{\Delta L/L}$$

Die große Verbreitung der Messungen mit DMS beruht im wesentlichen auf der Tatsache, daß man vor der Notwendigkeit steht, die Werkstoffe und ihre mechanische Belastbarkeit besser auszunutzen, wozu man aber die genaue Spannungsverteilung kennen muß und weiterhin, daß sich komplizierte Spannungsverteilungen einer exakten Berechnung entziehen. Zusammengefaßt kann man folgende Vorteile aufzeigen:

a) Geringer Raumbedarf
b) Geringe Rückwirkung auf das Meßobjekt
c) Eine Messung ist an jeder Stelle möglich.

d) Leichte Anbringung ohne Beschädigung des Meßobjektes
e) Große Genauigkeit
f) Verzögerungsfreie Meßwertumformung
g) Gut für Fernmessung geeignet.

Die entstehenden Nachteile sind:

a) Das entstehende Signal ist so gering, daß verstärkt werden muß. Das bedingt einen großen schaltungstechnischen Aufwand.
b) Die obere Frequenzgrenze liegt bei 500 Hz.
c) Temperaturanfälligkeit.

Die Widerstandsänderung wird durch eine Wheatstone-Brücke in ein Spannungssignal umgewandelt. Die Brücke wird mit Wechselspannung gespeist, da das Spannungssignal verstärkt werden muß und die Wechselspannungsverstärker einfacher zu bauen und genauer im Betrieb sind. Die Brücke arbeitet nach dem Ausschlagverfahren. Das bedeutet: Aus dem Abgleich heraus ergibt jede Widerstandsänderung (Eingangssignal) eine Verstimmung der Brücke und damit eine Brückendiagonalspannung (mit der Frequenz der Brückenspeisespannung) als Ausgangsgröße. Die Widerstandsänderung wird somit der Brückenspeisespannung aufmoduliert. Man spricht auch von einer Trägerfrequenzbrücke.

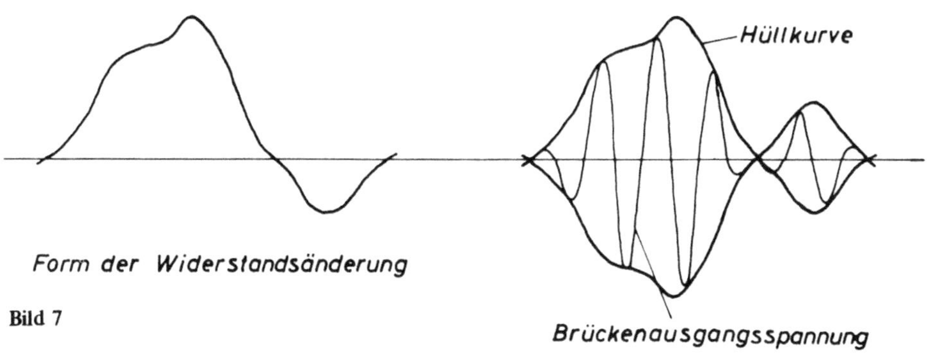

Bild 7

Zur Anzeige wird die verstärkte, modulierte Spannung gleichgerichtet. Damit vom Drehspulinstrument registriert werden kann, daß ein Nulldurchgang erfolgte, muß die Gleichrichtung „phasenrichtig“ sein, es muß die Phasenabweichung von einer vorgegebenen Bezugsspannung (z. B. Brückenspeisespannung) angezeigt werden.

Diese Aufgabe kann durch einen Schalter gelöst werden, der genau im Takte der Frequenz der Bezugspannung geöffnet und geschlossen wird. Ist die Spannung, die durch diesen Schalter geschaltet wird, in Phase mit der Bezugspannung, so gelangt diese unverändert zum Verbraucher. Bei einer Phasenverschiebung gelangt nur der Teil der zu schaltenden Spannung zum Verbraucher, der während der Zeit ansteht, in der der Schalter geschlossen ist (siehe Versuch 4). Eine Diode im Sperrbetrieb läßt sich auch als Schalter verwenden, wenn man sie mit der Bezugspannung, die den Hilfsstrom I_h treibt, in Durchlaßrichtung öffnet. Der Verbraucherstrom I_v kann dabei maximal gleich I_h werden.

Nach diesem Prinzip arbeitet der Ringdemodulator Bild 9.

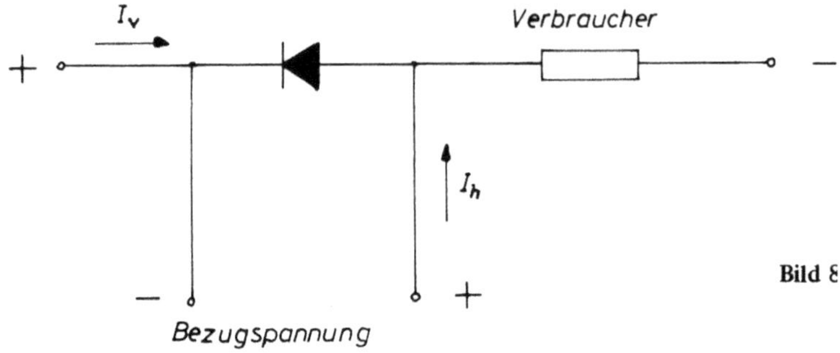

Bild 8

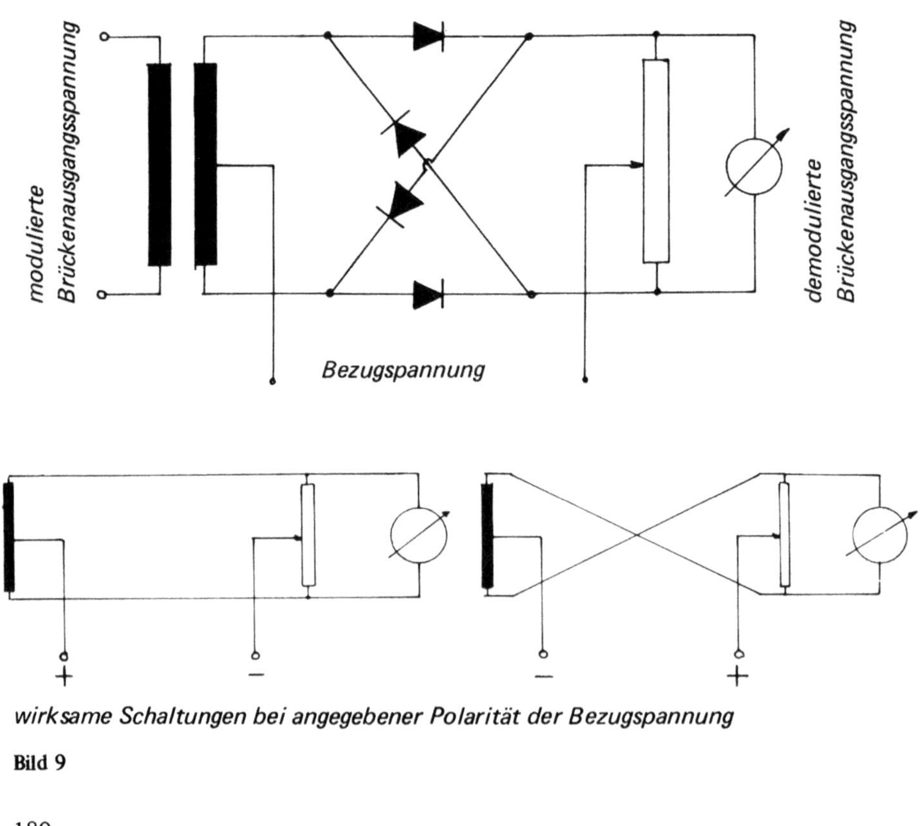

wirksame Schaltungen bei angegebener Polarität der Bezugspannung

Bild 9

Es empfiehlt sich, in solchen Brücken als Bauelemente für alle Brückenzweige nur DMS zu verwenden, weil dadurch der Temperatureinfluß eliminiert wird, wenn die DMS räumlich nicht zu weit voneinander angeordnet und nach Möglichkeit auf gleichartigen Werkstoffen angebracht sind. Zudem ergibt sich eine gute Möglichkeit des Nullabgleiches. Am Beispiel des Biegebalkens sei die Messung näher erläutert.

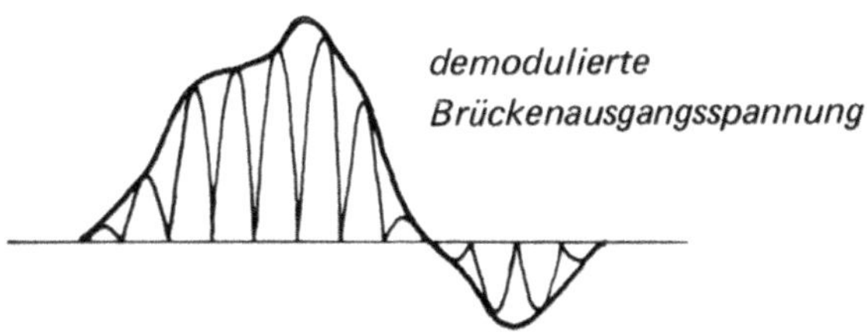

Bild 10

Die messenden DMS werden gegeneinander auf die Seiten des Balkens geklebt. In gleicher Weise sind die DMS des anderen Brückenzweiges auf einem Biegebalken angeordnet, mit denen der Nullabgleich hergestellt wird.

Die DMS unterliegen wie der Prüfling dem Hooke'schen Gesetz

$\sigma = \epsilon E$ — σ mechanische Spannung; ϵ Dehnung; E Elastizitätsmodul

Für den gezeigten Fall ergibt sich am DMS die Dehnung

$$\epsilon = \frac{3ad}{2l^3}\,x$$

$$\frac{\Delta R}{R} = K\,\frac{\Delta L}{L} = K\,\epsilon = K\,\frac{3ad}{2l^3}\,x$$

$$\frac{\Delta R}{R} = k \cdot x.$$

Das gilt für kleine Auslenkungen, wo zwischen $\Delta R/R$, ϵ, Kraft P und Auslenkung x Proportionalität herrscht.

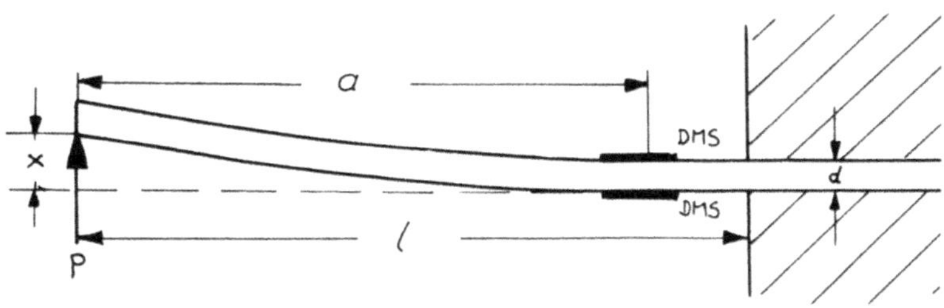

Bild 11

4. Drehmomentenmessung

4.1. Messung mit Dehnungsmeßstreifen

Ein Drehmoment M_d ist die Ursache für die Torsion einer Welle. Die Torsion kann wie im gezeichneten Fall als Längenänderung Δq angegeben werden.

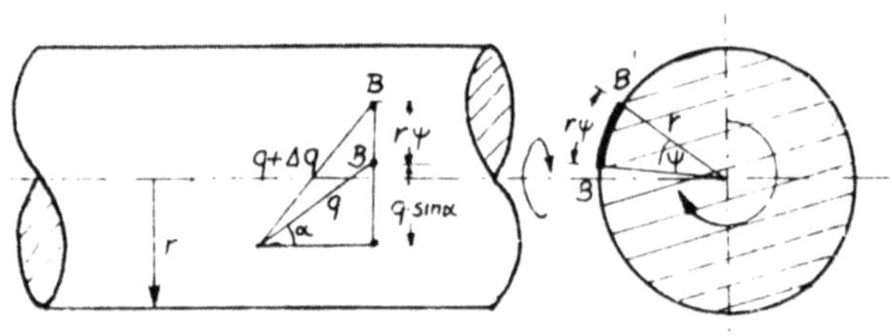

Bild 12

$$\frac{\Delta q}{q} = M_d \sin 2\alpha / 2\, G\, W_p$$

W_p polares Widerstandsmoment

G Gleitmodul

$$\frac{\Delta R}{R} = K \frac{\Delta q}{q}$$

Die Funktion $\frac{\Delta q}{q}$ hat Maxima bei $\alpha = 45^\circ, 135^\circ, 225^\circ, 315^\circ$, während sie bei $\alpha = 0^\circ, 90^\circ, 180^\circ, 270^\circ$ zu Null wird. Um maximale Empfindlichkeit zu erhalten, muß man den DMS unter 45° zur Wellenachse anbringen. Da die Meßwerte von einer rotierenden Welle nur über Schleifringe abgenommen werden können, ist an dieser Stelle größte Sorgfalt anzuwenden, damit das Signal nicht durch störende Schleifringübergangswiderstände gestört wird.

4.2. Messung mit Hilfe zweier Wechselstromgeneratoren

Zwei Wechselstromgeneratoren (Dynamos) werden an den Enden einer torsionsbeanspruchten Welle fest angekuppelt. In ihren feststehenden Spulen werden Wechselspannungen gleicher Amplitude induziert. Der elektrische Winkel zwischen beiden Spannungen ist dem Torsionswinkel ψ über die Polpaarzahl des Rotors p proportional.

$$\varphi = p\,\psi$$

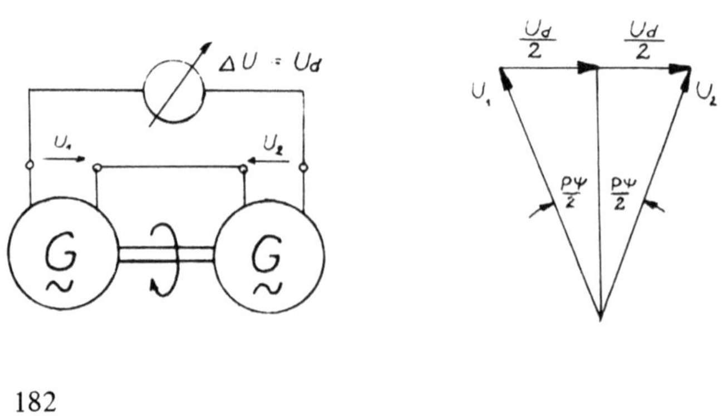

Bild 13

Ein in Reihe mit beiden Dynamos liegendes Voltmeter zeigt die Differenz beider Spannungen an.

$$\psi = C\,M_d$$

$$U_d = 2U \sin \frac{p\psi}{2}$$

$$U = |U_1| = |U_2| \text{ für } n = \text{konstant.}$$

$$M_d = \frac{2}{pC_1} \arcsin \frac{U_d}{2U}$$

bei kleinen Verdrehwinkeln ψ auch einfacher

$$M_d = \frac{U_d}{pC_1 U} = C_2 \frac{U_d}{U}$$

$$U_d = \text{konst.}\, M_d$$

5. Messen von Unwuchten (induktiver Schwingungsaufnehmer)

Der Schwerpunkt eines rotationssymmetrischen Körpers sollte stets in dessen Drehachse liegen. Ist das nicht der Fall, so ist eine unsymmetrische Masse mit ihrer Fliehkraft dafür verantwortlich zu machen. Diese Fliehkräfte sind gefährlich, da sie die Lagerungen hoch beanspruchen. Das Ausschalten dieser Fliehkräfte (Unwuchten) nennt man Auswuchten. Das bedeutet, man sucht zunächst die Stelle der Unwucht und versucht, sie durch eine Gegenmasse aufzuheben oder aber ganz wegzunehmen.

Jeder rotierende Körper versucht, sich um seinen Schwerpunkt zu drehen, d.h., sein vorgesehener Lagerpunkt wird sich um den Schwerpunkt bewegen. Ist das Lager nun gefedert aufgehängt, so wird es diese Bewegung mitmachen.

Diese Bewegung kann nun wieder auf verschiedenste Weise registriert werden. Hier sei die Möglichkeit des induktiven Schwingungsaufnehmers erwähnt. Ein Permanentmagnet taucht in eine Spule und induziert dort eine der Bewegungsgeschwindigkeit proportionale Spannung.

Integriert man die gemessene Spannung mit einem Integrierglied, so erhält man den Hub des Tauchankers (Bild 14 links).

$$e_c = \frac{1}{C} \int i\,dt$$

$$i = e/_R\,;\; R \gg \frac{1}{\omega C}\,;\; e = K \frac{dx}{dt}$$

$$e_c = \frac{1}{C} \int \frac{K}{R} \frac{dx}{dt}\, dt = \frac{K}{RC}\, x$$

e_c ist proportional dem zurückgelegten Weg.

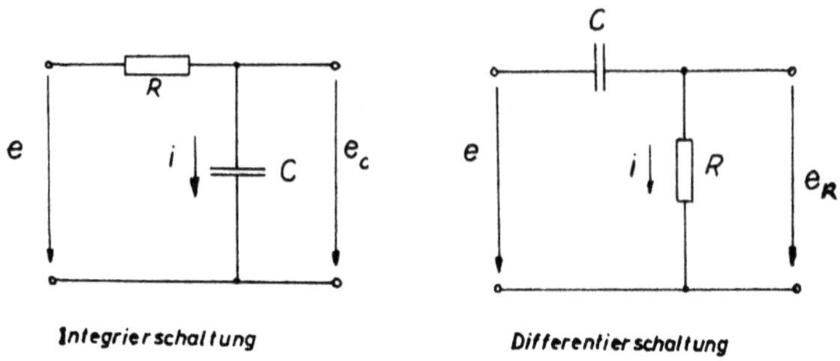

Bild 14

Differenziert man die gemessene Spannung, ergibt sich die Beschleunigung des Tauchankers.

$$i = C\,\frac{de}{dt}\,;\ R \ll \frac{1}{\omega C}\,;\ e_R = RC\,\frac{de}{dt}$$

$$e = K\,\frac{dx}{dt}$$

$$e_R = RC\,\frac{d\left(K\,\frac{dx}{dt}\right)}{dt} = K'\,\frac{d^2x}{dt^2}$$

Triggert man einen Oszillographen an einer festen Marke des Rotationskörpers, so kann der elektrische Winkel vom Triggereinsatz bis zum Maximum der Geberspannung auf dem Umfange vom Triggerpunkt aus aufgetragen werden, um die Stelle der Unwucht zu finden. Die Richtung kann aus der Drehrichtung und der Polarität des Geberausschlages ermittelt werden. Die Polarität des Geberausschlages findet man experimentell. Diese Anweisung bezieht sich auf die verwendete Anordnung.

5.1. Erläuterungen zur Versuchsdurchführung

Die Meßwertanzeige kann entweder mit dem eingebauten μ-Amperemeter erfolgen (Schalterstellung: Osz) oder aber mit einem externen Gerät (Schalterstellung: Ext. Meßgerät).

Das Eingangspotentiometer des Meßverstärkers ist sehr vorsichtig zu bedienen.

Der Antriebsmotor darf nur bei u = 0 eingeschaltet werden.

Alle elektronischen Meßeinrichtungen sind in einem Gehäuse untergebracht.

Der linke Frontplattenteil (Bild 15) enthält die Brückenspeisespannung und zeigt die Weiterverarbeitung der Brückenausgangsspannung. Die Messung der Drehzahl nach der Impulsmethode zeigt der rechte Frontplattenteil.

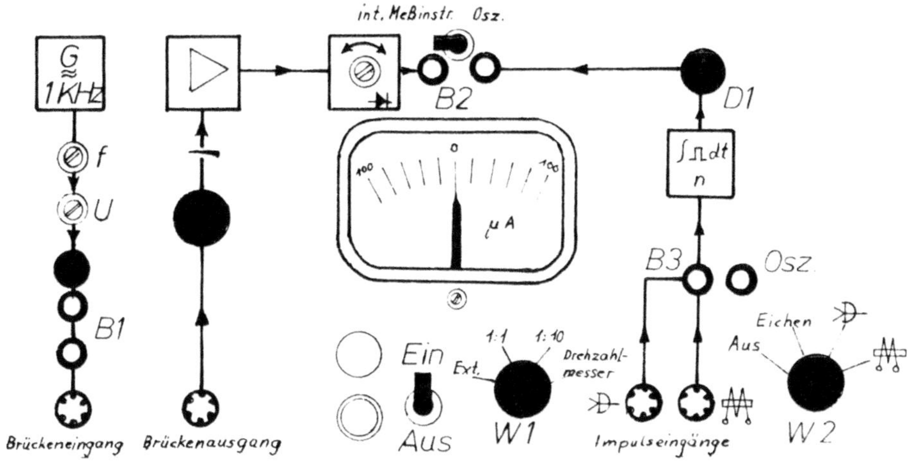

Bild 15

Alle Brücken A, B, C und D sind fertig zusammengeschaltet. Zugänglich sind jeweils nur die Anschlüsse für die Brückenspeisespannung und die Brückendiagonalspannung. Die ohmschen Brücken einerseits und die induktiven Brücken andererseits haben einen gemeinsamen Nullzweig. Das angegebene Anschlußbild befindet sich auf der Platte des Versuchstisches (Bild 16).

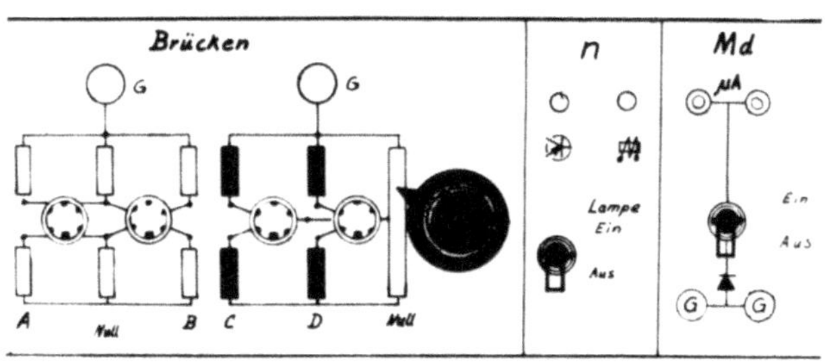

Bild 16

Aufgaben

1) Messung der Wellendurchbiegung. Brücke D
1.1) Man erläutere das Meßverfahren
1.2) Es ist die Brückenausgangsspannung zu oszillographieren und zu erklären.
1.3) Die gleichgerichtete Brückenausgangsspannung ist zu oszillographieren und zu erklären.
2) Dehnungsmeßstreifenbrücke (Biegebalken). Brücke A

2.1) Man taste mit dem Biegebalken das Profil einer Nockenscheibe ab und trage die gemessenen Werte auf Polarkoordinatenpapier auf.

2.2) Man oszillographiere die Brückenausgangsspannung und die Instrumentenspannung.
Man stellt zunächst den Nullpunkt durch völlige Entlastung ein. Dann regelt man die Instrumentenanzeige bei maximaler Durchbiegung mit dem Verstärkereingangspotentiometer auf 100 Skalenteile.

3) Drehmomentmessung. Brücke B
Der Drehmomentmesser, bestehend aus zwei Generatoren an den Wellenenden, ist mit Dehnungsmeßstreifen zu eichen (mit und ohne Drehzahlkorrektur).

4) Drehzahlmessung

4.1) Man eiche die induktive und photoelektrische Drehzahlanzeige mit einem Tachodynamo.

4.2) Man oszillographiere die Instrumentenspannungen.

5) Induktive Wegmessung. Brücke C
Der durch einen Fliehkraftregler erzeugte Weg ist als Funktion der Drehzahl (Tachometermaschine) aufzunehmen.

6) Messung einer Unwucht
Man ermittle oszillographisch die Stelle der Unwucht und beseitige sie.

Literatur

Hengstenberg, Sturm, Winkler: Messen und Regeln in der chemischen Technik.

S. John: Die Fernmessung. Band 1: Allgemeine und Verfahren für kürzeste Entfernungen. 2. Aufl. Braun, Karlsruhe 1961. Band 2: Fernmeßverfahren für beliebige Entfernungen und Übertragungskanäle. Braun, Karlsruhe 1957.

Versuch 17

Strahlungsmessung, Zählrohre

1. Physikalische Grundlagen

Bei Atomkernumwandlungen, also auch beim radioaktiven Zerfall, tritt energiereiche Strahlung auf. Man unterscheidet dabei schnelle Teilchen und elektromagnetische Wellenstrahlung.

Schnelle Korpuskeln können Neutronen, beschleunigte Atome sowie geladene Teilchen sein, bei denen man Protonen, α- und β-Strahlen unterscheidet. Beim Eintritt in Materie treffen die Teilchen in ihrer Bahn auf andere Moleküle und geben Bewegungsenergie bei diesen Zusammenstößen ab. Die getroffenen Atome oder Moleküle können dabei angeregt, dissoziert oder ionisiert werden.

Die energiereichen Wellenstrahlen (γ-Strahlung) können beim Eintritt in Materie auf drei Arten schnelle Elektronen erzeugen:

1.1. Photoeffekt

Weiche Röntgenstrahlen lösen Elektronen aus der Atomhülle. Dabei wandelt sich die gesamte γ-Quantenenergie in Auslösearbeit und Bewegungsenergie des Elektrons.

1.2. Comptoneffekt

Härtere γ-Strahlen, wie sie bei üblichen Radioisotopen auftreten, übertragen bei einem Stoß einen Teil ihrer Energie auf das Elektron. Der Rest bleibt bei dem aus der alten Richtung abgelenkten γ-Quant.

1.3. Paarbildungseffekt

Hochenergetische γ-Quanten (über 1,02 MeV) zerstrahlen unter Bildung eines Positron-Elektron-Paares, sie materialisieren sich.

2. Einheiten der Kerntechnik

2.1. Strahlungsenergie

In der Physik ist es gebräuchlich, die Energie der einfallenden Teilchen oder γ-Quanten in eV (Elektronenvolt) oder MeV anzugeben. 1 eV ist die Energie, die ein Elektron beim Durchlaufen von 1 V Potentialdifferenz gewinnt.

$1\ \text{MeV} = 10^6\ \text{eV}$;

$1\ \text{MeV} = 1{,}6 \cdot 10^{-13}\ \text{Ws} = 1{,}64 \cdot 10^{-14}\ \text{mkp} = 3{,}83 \cdot 10^{-14}\ \text{cal}.$

2.2. Aktivität

Die Menge eines radioaktiven Stoffes kann entweder in den normalen Mengenmaßen oder durch die Anzahl der radioaktiven Zerfälle in der Sekunde angegeben werden, was man als Aktivität bezeichnet. Ihre Einheit ist das Curie (c), gebräuchlich sind Millicurie (mc), Mikrocurie (μc) und Nanocurie (nc).

$1 \text{ c} = 3{,}7 \cdot 10^{10}$ Zerfälle in der Sekunde.
$1 \text{ c} = 10^3 \text{ mc} = 10^6 \,\mu\text{c} = 10^9 \text{ nc}$.
1 g reines Radium hat eine Aktivität von 1 c.

Über Art und Energie der Strahlung ist mit der Angabe der Aktivität nichts ausgesagt.

Die Aktivität eines Strahlers klingt mit der Zeit nach einer e-Funktion ab. Als Halbwertzeit t_h bezeichnet man die Zeit, in der die Aktivität auf die Hälfte gesunken ist.

Die Aktivität A pro Masseneinheit von zerfallenden Elementen kann man bei Kenntnis ihrer Halbwertzeit t_h und Massenzahl M aufeinander umrechnen, z.B. gilt für

Radium $^{226}_{88}$Ra: $M_1 = 226$; $t_{h1} = 1620$ a (Jahre)
Phosphor $^{32}_{15}$P: $M_2 = 32$; $t_{h2} = 14{,}3$ d (Tage)

$$A_2 = A_1 \frac{M_1\ t_{h1}}{M_2\ t_{h2}} = 1 \cdot \frac{226 \cdot 1620 \cdot 365}{32 \cdot 14{,}3} = 2{,}9 \cdot 10^5 \text{ c} \quad \text{für 1 g.}$$

2.3. Dosis

In Materie einfallende Strahlung gibt ihre Energie ab. Die in der Materie absorbierte Energie bezeichnet man als Dosis (D). „1 Röntgen (1 r) ist die Menge Röntgen- oder γ-Strahlung, die in 1 g Luft $1{,}61 \cdot 10^{12}$ Ionenpaare erzeugt.“

Da diese Einheit nur für Wellenstrahlung gilt, definiert man allgemein:

„1 rad ist die Einheit der absorbierten Dosis“.

1 rad = 100 erg je Gramm. Als Dosisleistung bezeichnet man den Differentialquotienten der Dosis nach der Zeit. Die mittlere Dosisleistung ist die Dosis je Zeiteinheit während eines bestimmten Zeitraumes (r/h; rad/h).

Als zulässige Strahlenbelastung für den menschlichen Körper gibt man heute eine mittlere Dosisleistung von 0,1 r/Woche an. Eine einmalige Dosis von 400 r wirkt tödlich. Strahlungsenergie und Aktivität sind Angaben über Eigenschaften des Strahlers. Die Dosis sagt etwas aus über die Wirkung einer Strahlung in einem abgegrenzten Raum, bezieht sich also auf das bestrahlte Objekt.

2.4. Halbwertdicke, Reichweite

Bei der Messung der γ-Strahlung mit einem Zählrohr fällt die Zählrate I nach dem Durchgang der Strahlung durch eine Materieschicht (Absorber) infolge der drei oben erwähnten Effekte exponentiell mit steigender Dicke des Absorbers ab:

(1) $I = I_0\ e^{-\mu d}$

oder auch

(2) $I = I_0\ e^{\frac{\mu}{\rho} \cdot s}$

I_0 Zählrate ohne Absorber
μ Absorptions-Koeff. in cm^{-1}
d Absorberdicke in cm
ρ Dichte des Absorbers in g/cm^3
s Flächenmasse des Absorbers in g/cm^2

Die zweite Darstellung ist zweckmäßiger, weil die Größe $\frac{\mu}{\rho}$ im Gebiet 0,1 . . . 10 MeV nur wenig von dem Absorbermaterial abhängt. Analog zur Halbwertzeit beim radioaktiven Zerfall definiert man die Halbwertflächenmasse $s_h = \ln 2 \cdot \frac{\rho}{\mu}$, das ist also diejenige Flächenmasse, hinter welcher die Zählrate auf die Hälfte der Zählrate ohne Absorber gesunken ist.

3. Nachweis von Kernstrahlen

Messung und Nachweis radioaktiver Strahlung erfolgen durch Sekundärprozesse, die von den einfallenden Strahlen ausgelöst werden. Diese Vorgänge, bei denen Strahlungsenergie umgewandelt wird, sind recht vielfältig.
Man verwendet photochemische Methoden, die auf der Dissoziation der Moleküle lichtempfindlicher Schichten beruhen. Die Schwärzung von Filmen ist abhängig von Intensität und Dauer der Bestrahlung (Dosismessung). Zum Nachweis hoher Dosen können chemische Reaktionen herangezogen werden.

Die größte Verbreitung haben wegen ihrer größeren Empfindlichkeit und Genauigkeit elektrische Meßgeräte gefunden. Sie beruhen entweder auf Ionisation oder Anregung der Moleküle eines Detektors, dessen Signale durch Zusatzgeräte verarbeitet werden.

4. Elektrische Geräte zur Kernstrahlungsmessung

4.1. Grundlagen der Messung durch Ionisierung von Gasen

Bringt man ein Gasvolumen mit elektrischen Ladungsträgern (Ionen und Elektronen) in ein elektrisches Feld, so werden diese Ladungsträger zu den ungleichnamigen Elektroden beschleunigt. Als Beispiel sei eine Elektrodenanordnung nach Bild 1 an Gleichspannung gelegt und das eingeschlossene Gasvolumen radioaktiv bestrahlt.
Es ergibt sich die im Bild gezeigte Strom-Spannungs-Charakteristik. Sie ist so zu erklären:

Zunächst steigt der Strom mit der Spannung proportional an, bis bei einer bestimmten Spannung alle gebildeten Ladungsträger zu den Elektroden gelangen. Von hier ab bleibt der Strom zunächst konstant, er ist in diesem *Sättigungsbereich* (I) nur von der Anzahl der gebildeten Ladungsträger, jedoch nicht von der Spannung abhängig. Der Sättigungsstrom ist also proportional der absorbierten Strahlungsleistung (Dosisleistung); Anwendung im Radiameter.

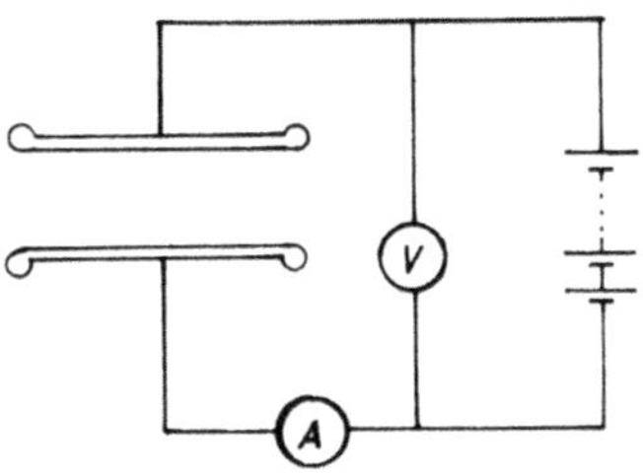

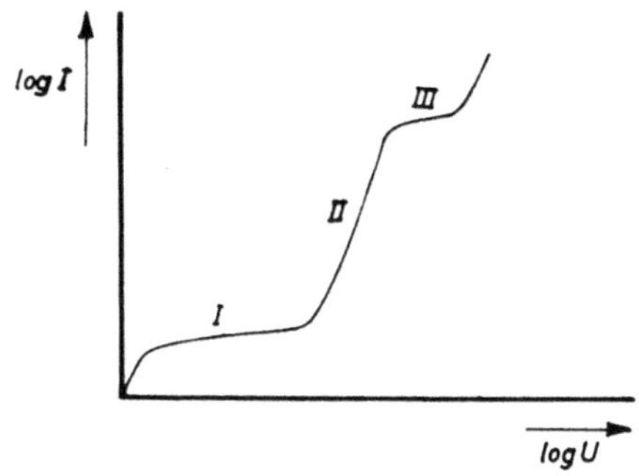

Bild 1

Steigert man die Spannung weiter, so werden durch Stoßionisation zusätzlich Ladungsträger erzeugt, man spricht von einer Gasverstärkung, weil die Anzahl der gebildeten Ladungsträger proportional vergrößert wird. In diesem *Proportionalbereich* (II) ist der Strom also abhängig von der angelegten Spannung und bei konstanter Spannung proportional der absorbierten Dosisleistung.

Im Bereich III wird die Stoßionisation so stark, daß sich die Entladung, d.h. die Stoßionisationslawine über den ganzen Raum ausdehnt. Diese Entladung trägt sich dann selbst und muß künstlich unterbrochen werden, um die Anordnung in den Ausgangszustand zu versetzen. Jedes einfallende Teilchen, das ausreichende Energie besitzt, diesen Vorgang auszulösen, gibt einen Stromimpuls. Dieses Gebiet der Charakteristik bezeichnet man als *Auslösebereich oder Geigerbereich* (III). Die erzeugten Stromimpulse sind unabhängig von der Energie des einfallenden Strahles und weitgehend unabhängig von der angelegten Spannung. Eine weitere Spannungssteigerung würde die Gasstrecke auch ohne einfallende Strahlung zum Glimmen bzw. zum Durchschlag bringen.

4.2. Detektoren für die Messung durch Gasionisation

Im Bereich I der Kurve (Bild 1), im Sättigungsgebiet, arbeitet die *Ionisationskammer*. Der Sättigungsstrom ist ein Maß für die einfallende Strahlungsenergie. Stromimpulse durch einzelne Strahlen sind dagegen mit den gebräuchlichen Anordnungen nicht zu messen. Bild 2 zeigt die übliche Bauart zylindrisch angeordneter Elektroden. Das Volumen wird durch die äußere Elektrode (Katode) abgeschlossen. Die Füllung besteht gewöhnlich aus Luft unter Atmosphärendruck oder

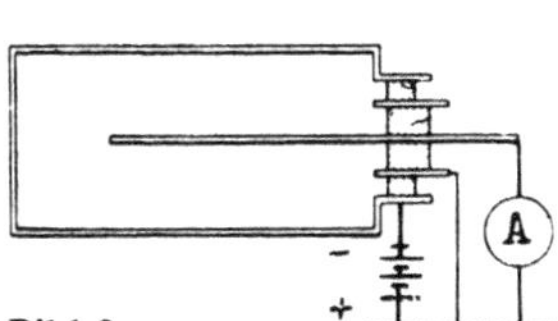

Bild 2

Edelgas (Argon). Zur Messung wenig durchdringender Strahlen kann man in die Kammerwand ein dünnes Glimmer- oder Aluminiumfenster einfügen. Meßfehler können bei hohen Strahlungsenergien entstehen, weil dann die Strahlen ihre Energie in der Kammer nicht vollständig abgeben und den Raum durchfliegen. Dieser Effekt ist von der Strahlungsart abhängig, γ-Quanten z. B. haben große Reichweiten. In solchen Fällen vergrößert man das Kammervolumen, oder man umgibt die Kammer mit einem Metallmantel, aus dem die γ-Quanten Sekundärelektronen auslösen. Diese geben dann ihre Energie innerhalb der Kammer ab.
Ionisationskammern sind auch die im Strahlenschutz verwendeten Taschendosimeter von der Größe eines Füllfederhalters. Es sind im Prinzip Fadenelektrometer, also aufgeladene Kondensatoren, deren Spannung ablesbar ist. Sie werden definiert aufgeladen, und die Entladung (infolge der einfallenden Strahlen) ist ein Maß für die absorbierte Dosis.
Im Proportionalbereich (II; Bild 1) arbeitet das *Proportionalzählrohr*. Es unterscheidet sich in seiner Bauart nicht grundsätzlich von der Ionisationskammer. Die Mittelelektrode ist gewöhnlich ein Draht, in dessen Nähe, dem Gebiet der größten Feldstärke, die Stoßionisation, d.h. die Gasverstärkung erfolgt. Der Strom ist proportional der Dosisleistung, die Höhe eines Stromimpulses entspricht der Energie eines einzelnen Strahles. Die Anzahl der Impulse ist ein Maß für die Aktivität des Strahlers.
Die *Auslösezähler – oder Geiger-Müller-Zählrohre* – arbeiten im Bereich III (Bild 1). Wie schon gesagt, muß die ausgelöste Entladung unterbrochen werden. Im einfachsten Fall läßt man die Arbeitsspannung an einem hochohmigen Reihenwiderstand zusammenbrechen. Spezielle elektrische Löschschaltungen zielen darauf ab, möglichst kurze Impulse zu erhalten. In der Zeit nach der Entladung liegt um die Mittelelektrode, im Gebiet der größten Feldstärke, eine Raumladungswolke. Sie verhindert, daß neue Impulse entstehen können. In dieser Zeit, der sogenannten „Totzeit", ist das Zählrohr unempfindlich gegen einfallende Strahlen, und bei höheren Zählraten muß man mit einem bestimmten Ausfall an Impulsen rechnen. Verbesserte Löscheigenschaften erhält man durch den Zusatz von Löschgasen (Halogene oder organische Dämpfe). Mit ihnen gelingt es, selbstlöschende Zählrohre zu bauen, die allerdings eine kürzere Lebensdauer haben. Halogenzählrohre sind heute am weitesten verbreitet und in den verschiedensten Formen bekannt.
Entsprechend dem Verwendungszweck kennt man z.B. Anordnungen nach (Bild 3a) zur Messung von β- und γ-Strahlen. Für besonders energiearme β-Strahlung und für α-Strahlen verwendet man Endfensterzählrohre, wie z.B. das Glockenzählrohr (Bild 3b), bei denen ein dünnes Glimmerfenster (Flächengewicht etwa 1 mg/cm^2 bei 3,5 μDicke!) den Durchtritt der Teilchen gestattet. Für energiereiche γ-Strahlen, die normalerweise das Zählvolumen durcheilen, ohne einen Impuls auszulösen, versieht man das Zählrohr wie bei Ionisationskammern und Proportionalzählern mit einem Metallmantel. Die in ihm auftretende Sekundärstrahlung löst dann das Zählrohr aus.

Da Impulse gezählt werden, ist das Ergebnis im Arbeitsbereich des Zählrohres ziemlich unabhängig von der Spannung. Ein Zählrohr ist als gut zu bezeichnen, wenn bei Erhöhung der Arbeitsspannung die prozentuale Änderung der Impulszahl je Sekunde klein ist, d.h., wenn das sogenannte „Plateau" nur eine sehr geringe Steigung hat (in % pro 100 V).

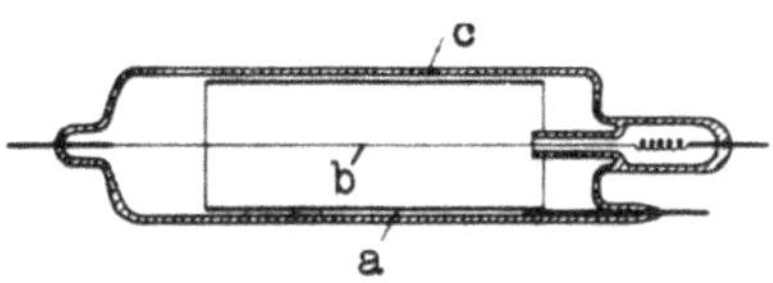

Bild 3a

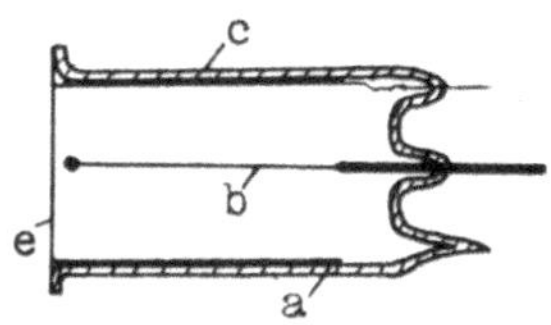

Bild 3b

Bauformen von Auslösezählrohren
a Katodenzylinder, b Zähldraht, c Glashülle, e Glimmfenster

Ein selten benutzter Detektor ist eine Funkenstrecke, bei der die Spannung kurz unterhalb der Funkeneinsatzspannung gewählt wird. Der einfallende Strahl löst dann die Entladung aus, die wie beim Zählrohr gelöscht werden muß. Solche Funkenzähler messen also Aktivität und können zur Bestimmung kleiner Impulsraten eingesetzt werden.

4.3. Messung durch Anregung von Kristallen

Fällt ein energiereiches Teilchen auf einen NaJ- oder ZnS-Kristall, so wird es dort abgebremst und gibt seine Energie in Ionisations- und Anregungsprozessen an die Gitterbausteine des Kristalls ab. Die an die Kristallatome und -moleküle übertragene Energie geht zu einem kleinen Teil in Gitterschwingungen (Kristallerwärmung) über, zum größeren Teil wird die absorbierte Energie wieder emittiert in Form von sichtbaren und ultravioletten Lichtquanten.

Dieser *Szintillatorkristall* (scintillare = blitzen) ist umgeben von einer Fotakatode, die die Basis des nachgeschalteten Sekundärelektronenvervielfachers (multiplier) mit Verstärkungsfaktor etwa 10^6 ist. Die Amplitude jedes Ausgangsimpulses an der Anode ist dann der im Leuchtstoff absorbierten Energie proportional, und die Häufigkeitsverteilung der Spannungsamplituden an der Anode ist ein Abbild des vom Strahler ausgesandten Energiespektrums. Die Anaylse des Spektrums erfolgt mit dem Impulshöhenanalysator, Bild 4:

In dieser elektronischen Schaltung wird mit „Diskriminatoren" die Anzahl der Impulse bestimmt, die eine einstellbare Impulshöhe ($\hat{=}$ Energie) überschreiten. Aus Bild 4 erkennt man, daß zwei solcher Diskriminatoren parallel auf eine Antikoinzidenzstufe arbeiten. Diese Stufe gibt nur dann den Impuls weiter an den Zähler, wenn der eine Diskriminator ihn schon durchließ (Impulshöhe größer als eingestellter Schwellwert), der andere Schwellwert dagegen noch nicht erreicht war. Der Unterschied der Schwellwerte in Volt wird als „Kanalbreite" bezeichnet, die eingestellte Impulshöhe als „Kanallage" in Volt. Mit einem solchen Gerät erhält man das für jeden Strahler charakteristische Energiespektrum, wenn man (bei konstanter Kanalbreite) für verschiedene Kanalhöhen die Impulsrate aufnimmt.

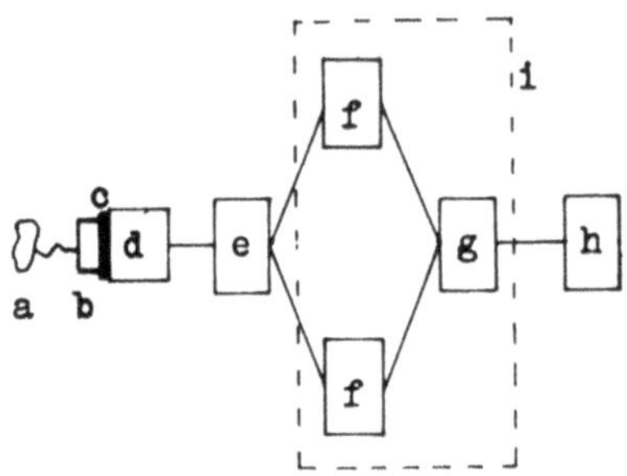

a) Strahler
b) Szintillationskristall
c) Fotokathode
d) Sekundärelektronen-Vervielfacher
e) Verstärker
f) Integraldiskriminatoren
g) Antikoinzidenzstufe
h) Zählgerät
i) Differentialdiskriminator

Bild 4
Szintillationszähler mit Impulshöhenanalysator

4.4. Zusammenstellung über die Geräte zur elektrischen Strahlungsmeßtechnik mit Leistungsfähigkeit und Anschlußmöglichkeit von Zusatzgeräten

Detektor	Ausgangssignal (Strom, Spg. imp.)	Totzeit	Anwendung für	erforderliche Zusatzgeräte
Ionisationskammer	etwa 10^{-14} A	–	Dosisleistungsmessung	Gleichspannungsquelle, Schwingkondensatorverstärker, Strommesser
Proportionalzählrohr	etwa 10^{-10} A; 10^{-5} V	10^{-7} s	Dosisleistungs- u. Aktivitätsmessung (Strahlungsenergiemessung)	Stabilisierte Gleichspannungsquelle, Verstärker, Zählgerät
Geigerzählrohr = Auslösezählrohr	0,1 V	10^{-5} s	Aktivitätsmessung	Gleichspannungsquelle, Verstärker, Zählgerät
Szintillationszähler	0,5 V	10^{-9} s	Strahlungsenergie- und Aktivitätsmessung	Hochstabilisierte Gleichspannungsquelle, Verstärker, Zählgerät, Impulshöhenanalysator

Aufgaben

1. Aufnahme der Plateaukurve eines Geiger-Müller-Zählrohres

Bei konstanter radioaktiver Bestrahlung wird die Zählrohrspannung bis zum Einsetzen der Impulse gesteigert (Einsatzspannung) und das Plateau um weitere 250 V ausgemessen. Eine Spannungssteigerung darüber hinaus zerstört das Zählrohr. Die Arbeitsspannung wird zweckmäßig 100 V oberhalb der Einsatzspannung gewählt. Mit der Alterung des Zählrohres wird das Plateau unten kürzer, d.h., die Einsatzspannung rückt allmählich etwas höher.

Die Zählrate ist über der Spannung aufzutragen und daraus Plateausteigung (in % je 100 V) und zweckmäßige Arbeitsspannung zu bestimmen.

Strahler: Kobalt CO 60, etwa 10 μc.

2. Strom-Spannungscharakteristik einer Ionisationskammer

An einer luftgefüllten Ionisationskammer (Kammervolumen = 10 *l*) ist bei radioaktiver Einstrahlung die Abhängigkeit des Ionisationsstromes von der Spannung aufzunehmen und graphisch aufzutragen. Hieraus kann die Kniespannung abgelesen werden.

Strahler: Radium Ra; etwa 60 μc.

3. Impulshöhenanalyse mit dem Szintillationszähler

Mit einem Szintillationszähler und angeschlossenem Impulshöhenanalysator (großer Strahlungsmeßplatz) ist das Energiespektrum eines γ-Strahlers aufzunehmen. Bei einer Kanalbreite von 1 V wird die Diskriminatorspannung zwischen 100 V (international gebräuchlich) und 5 V verändert.

Strahler: Kobalt CO 60, etwa 10 μc
γ-Energie: $E_\gamma = 1{,}33$ MeV und 1,17 MeV

4. Messung der Halbwertdicke

Mit einem Endfensterzählrohr ist die Absorption von γ-Strahlen in Materie zu ermitteln. Vor dem Zählrohr liegt zum Schutz gegen β-Strahlung immer ein Absorber aus Messingblech 0,58 g/cm^2. Er schluckt außerdem im Blei ausgelöste Sekundärelektronen. Mit zusätzlichen Bleiabsorbern ist die durchdringende γ-Strahlung in Abhängigkeit von der Absorberdicke (Flächengewicht: 10 mm Pb = 11,3 g/cm^2) aufzunehmen. Von den Ergebnissen ist der Nulleffekt zu subtrahieren, dessen Rate man über eine Meßzeit von mindestens 5 min ermittelt. Das Ergebnis ist einfach-logarithmisch aufzutragen und die Halbwertdicke daraus zu bestimmen.

Strahler: Cäsium Cs 137, etwa 10 μc
γ-Energie: $E_\gamma = 0{,}662$ MeV
β-Energie: $E_\beta = 0{,}52$ MeV und 1,18 MeV

5. Demonstration und Arbeitsweise von Taschendosimeter und Radiameter
(kleines tragbares Meßgerät zur Messung der Dosisleistung)

Anmerkung:

Um den Einfluß der Gerätebetriebstemperatur auf die Messungen auszuschalten, werden die Meßgeräte 30 min vor Beginn des Praktikums eingeschaltet. Während der Versuche sollen sie deshalb auch nicht kurzzeitig ausgeschaltet werden. Eine genaue Betriebsvorschrift der elektronischen Meßgeräte zur Versuchsdurchführung ist den Versuchsaufbauten beigegeben.

Anhang:

Hinweise zum Arbeiten mit radioaktiven Strahlern.

Bei allen Versuchen werden Strahlungsquellen verwandt, deren Aktivität zwischen 0,1 und 60 μc liegt. Bei diesen relativ kleinen Aktivitäten sind besondere Vorsichtsmaßnahmen nicht erforderlich. Dennoch sollen die Strahler nie länger als nötig unabgeschirmt benutzt werden. Zur Aufbewahrung dienen Bleiziegelkammern und Messingkapseln, bei der Messung liegen die Strahler in bleigeschirmten Meßkammern oder hinter Bleiziegelwänden.

Die strahlenden Substanzen sind in Aluminiumschälchen eingedampft und mit einer Schutzschicht aus Stahl, Aluminium oder Kunststoff bedeckt. Trotzdem sind die Strahler vorsichtig zu behandeln (keine Druckbelastung). Etwaige Beschädigungen an den Präparaten sind auf alle Fälle unverzüglich zu melden! So wird auf jeden Fall vermieden, daß auch nur kleinste Spuren radioaktiven Materials verschleppt werden.

Literatur

W. Riezler, Walcher: Kerntechnik. Physik. Technologie. Teubner, Stuttgart 1958.

H. Fassbender: Einführung in die Meßtechnik der Kernstrahlung und der Anwendung der Radioisotope. 2. Aufl. Thieme, Stuttgart 1962.

Fünfer, Neuert: Zählrohre und Szintillationszähler. 2. Aufl. Braun, Karlsruhe 1959.

Zusammenfassende Darstellung:
VDI Zeitschrift, 99, 1285–1295 (1957).

uni—texte

Lehrbücher

G. M. Barrow, Physikalische Chemie I, II
W. L. Bontsch-Brujewitsch / I. P. Swaigin / I. W. Karpenko / A. G. Mironow, Aufgabensammlung zur Halbleiterphysik
W. Czech, Übungsaufgaben aus der Experimentalphysik
H. Dallmann / K.-H. Elster, Einführung in die höhere Mathematik
M. J. S. Dewar, Einführung in die moderne Chemie
D. Geist, Physik der Halbleiter I, II
J. G. Holbrook, Laplace-Transformationen
S. G. Krein / V. N. Uschakowa, Vorstufe zur höheren Mathematik
H. Lau / W. Hardt, Energieverteilung
R. Ludwig, Methoden der Fehler- und Ausgleichsrechnung
E. Meyer / E.-G. Neumann, Physikalische und technische Akustik
E. Meyer / R. Pottel, Physikalische Grundlagen der Hochfrequenztechnik
E. Poulsen Nautrup, Grundpraktikum der organischen Chemie
L. Prandtl / K. Oswatitsch / K. Wieghardt, Führer durch die Strömungslehre
W. Rieder, Plasma und Lichtbogen
F. G. Taegen, Einführung in die Theorie der elektrischen Maschinen I
W. Tutschke, Grundlagen der Funktionentheorie
H.-G. Unger, Elektromagnetische Wellen I, II
H.-G. Unger, Quantenelektronik
H.-G. Unger, Theorie der Leitungen
H.-G. Unger / W. Schultz, Elektronische Bauelemente und Netzwerke I, II
W. Wuest, Strömungsmeßtechnik

In Vorbereitung

G. M. Barrow, Physikalische Chemie III
N. W. Efimow, Höhere Geometrie I, II
A. Erk / M. Schmelzle, Elektrische Energieanlagen I, II
A. P. French, Spezielle Relativitätstheorie
E. Hàla / T. Boublìk, Einführung in die statistische Thermodynamik
I. E. Irodov, Aufgaben zur Atom- und Kernphysik
E. Meyer / H.-D. Guicking, Schwingungslehre
E. Meyer / K. H. Zimmermann, Elektronische Meßtechnik
H. Sachsse, Einführung in die Kybernetik
H. Seidler, Optimierung informationsübertragender Systeme I, II
J. E. Spice, Chemische Bindung
F. G. Taegen, Einführung in die Theorie der elektrischen Maschinen II
W. Tutschke, Grundlagen der reellen Analysis I, II
R. Walter, Analytische Geometrie und Algebra I, II

Skripten

H. Jordan / M. Weis, Asynchronmaschinen
H. Jordan / M. Weis, Synchronmaschinen I
W. Schultz, Einführung in die Quantenmechanik
W. Schultz, Dielektrische und magnetische Eigenschaften der Werkstoffe

In Vorbereitung

H. Jordan / M. Weis, Synchronmaschinen II
W. Krull, Algebra I, II
G. Lamprecht, Programmierkurs für Naturwissenschaftler und Ingenieure (FORTRAN IV)
E. Macherauch, Praktikum in Werkstoffkunde

GPSR Compliance

The European Union's (EU) General Product Safety Regulation (GPSR) is a set of rules that requires consumer products to be safe and our obligations to ensure this.

If you have any concerns about our products, you can contact us on ProductSafety@springernature.com

In case Publisher is established outside the EU, the EU authorized representative is:

Springer Nature Customer Service Center GmbH
Europaplatz 3
69115 Heidelberg, Germany

Batch number: 10577876

Printed by Printforce, the Netherlands